Johannes

Vier Bücher in drei Theilen.

Von

Dr. Edmund Reitlinger,

k. k. Professor am Polytechnikum in Wien;

unter Mitwirkung von

C. W. Neumann,

k. bayer. Hauptmann in Regensburg; Inhaber der k. k. österr. großen goldenen Medaille
für Kunst und Wissenschaft; Mitglied mehrerer historischen Vereine;

und dem Herausgeber

C. Gruner,

k. württ. Ober-Justiz-Revisor in Ulm; Geschäftsführer beim Kepler-Denkmal; Inhaber des
k. bayer. Verdienst-Ordens vom heil. Michael, des k. k. österr. Franz-Joseph- und des
k. preuß. Kron-Ordens.

———

Mit vielen Illustrationen.

———

Erster Theil.

Im Selbstverlag des Herausgebers.
Druck und Commissions-Verlag von Carl Grüninger in Stuttgart
(K. Hofbuchdruckerei zu Guttenberg).
1868.

M Jo: Kepler

Nach dem Original zu Strasburg

Inhalt.

Vorwort.

Zu den Lieblingshelden des deutschen Volkes, zu den Heroen der Menschheit, zählt ganz hervorragend Johannes Kepler, der Vater der neueren Himmelskunde, der edle Märtyrer seines Glaubens, der hochherzige, unerschrockene Vorkämpfer für wahre freie Wissenschaft.

Wenn gleich bei Lebzeiten vielfach verkannt, gedrückt und verfolgt, von Schicksalen aller Art betroffen, ja sogar nicht selten, nebst seinen Lieben, dem Mangel und der Entbehrung preisgegeben, so daß sich die bekannte Sage von seinem „Hungertode" zu bilden und fast bis in unsere Tage herein unbedingten Glauben zu verschaffen vermochte, sollte der herrliche deutsche Mann doch noch vor seinem Heimgange die glänzende Genugthuung erfahren, als eine leuchtende Erscheinung, als der Stolz seiner Nation, an dem Ehrentage seines ältesten Kindes, sich vor Aller Augen geehrt und gefeiert zu sehen.

Als nämlich am 22. März 1630 seine Tochter Susanna, der Schrecken des dreißigjährigen Kriegs wegen, viele Meilen vom Vater entfernt, in Straßburg, „mit Herrn Dr. Jacobus Bartsch, rühmlichen Angedenkens", ihr hochzeitliches Freudenfest beging und in feierlichem Zuge zum Traualtar wallte, unter Theilnahme — wie Mathias Bernegger, der treueste Freund Kepler's als Augenzeuge diesem nach Sagan schreibt — „der auserlesensten Männer aller Stände, ja geradezu der Blüthe der ganzen Reichsstadt, so waren allwärts die Straßen von einer Menschenmenge gefüllt, wie sie noch nicht leicht gesehen worden." „Glaube nicht" sagt Bernegger weiter, „diese Ehre habe nur Braut und Bräutigam gegolten — Dir vor Allem, Dir allein galt sie. In beinen Verwandten als Ebenbildern, in deiner Tochter, die wie der Mond unter kleinen Gestirnen leuchtete, in deinem Bruder (Christoph), deiner Schwester (Margaretha) und deinem Sohn (Ludwig), welche die Leute einander durch Winken und Fingerdeuten zeigten, staunten wir Dich an.“

In solch’ erhebender Weise sah also Kepler vor seinem nicht lange darauf erfolgten einsamen Dahinscheiden den Zauberklang seines Namens tief im Herzen des deutschen Volkes wurzeln!

Nur die Sündfluth des dreißigjährigen Krieges vermochte Eindrücke, die, wie Kepler’s Wirken, für Ewigkeiten geschaffen waren, wieder derart abzuschwächen, daß die Erinnerungsplätze seines Lebens und Leidens, die Art und der Ort seines Heimganges, seine letzte Ruhestätte und sein Grabmal dem Gedächtnisse späterer Geschlechter gänzlich entschwinden konnten! —

Uebrigens wird der freundliche Leser trotz alledem in vorliegendem Buche, aus dem Laufe der folgenden zwei Jahrhunderte, von den verschiedenartigsten Verherrlichungen des unsterblichen Gelehrten durch Bild und Wort Bericht erhalten und so das deutsche Volk vor dem weitverbreiteten, schweren Vorwurfe der Undankbarkeit gegen einen seiner größten Wohlthäter, wenigstens einigermaßen, gerechtfertigt sehen.

So z. B. war, nur wenige Jahrzehnte nach Kepler’s Tod, sein ältestes Ehrendenkmal zu Schloß Windhag im Erzherzogthum Oesterreich ob der Ens entstanden; so erhoben sich, allerdings geraume Zeit später, die Büsten und Statuen Kepler’s in den Anlagen zu Regensburg; in der Walhalla, unweit dieser Stadt; zu Kremsmünster, in dem gelehrten, oberösterreichischen Benedictinerstifte; im Polytechnikum zu Karlsruhe; an der Nikolaikirche zu Hamburg u. s. w., um unwiderlegbar Zeugniß zu geben von der lebendigen Verehrung Deutscher für ihren großen Landsmann. So erschienen ferner in gleichem Sinne all’ die Wohnstätten seines Erdenwallens, „von der Wiege bis zum Grabe“, in Weilderstadt, Graz, Mühleck, Linz, Sagan und Regensburg mit Gedenktafeln; in den Städten Ulm, Stuttgart, Nürnberg, Regensburg, Wien und Berlin aber jene Straßen, die zu ihm bereinst in Beziehung standen oder solche, mit denen man ohne weiteren Anlaß sein Andenken ehren wollte, mit seinem Namen geschmückt. Nicht minder war auch die deutsche Kunst geschäftig, dem unsterblichen Denker durch plastische und bildliche Darstellungen ihren Tribut darzubringen, wie dieß in rühmlicher Weise von den Bildhauern Professor von Wagner in Stuttgart, Braun (†) in Untertürkheim, Wildt in Prag, insbesondere aber von Wilhelm v. Kaulbach zu München, in dessen wundervollem Carton „das Zeitalter der Reformation“, geschah.

Auch in numismatischer Form fand Kepler seine Verherrlichung. Eine sehr schöne aber äußerst seltene Broncemedaille aus dem Jahr 1823 in der Größe eines doppelten Vereinsthalers trägt auf der einen Seite Keplers Brustbild und Namen, auf der andern Ort und Datum der Geburt und des Todes.

Es ist also für Kepler's Andenken in Deutschland gewiß viel mehr geschehen, als bis jetzt angenommen wurde!

Aber immer wieder hob die alte, häßliche Sage vom Hungertode des unsterblichen Gelehrten ihr Haupt empor und schien, der großen deutschen Nation gegenüber, in drastischer Weise den Vorwurf aufrecht halten zu wollen: als ob diese an einem ihrer hervorragendsten Geister noch zur Stunde eine schwere Schuld gut zu machen hätte!

Freilich blieb auch manche Stimme von Männern, die Kepler's unendliche Verdienste zu schätzen wußten, für Errichtung eines würdigen Denkmals ein Ruf in die Wüste. — Wenigen dürfte es bekannt sein, daß auch Schiller mit dem geschickten und geistvollen Architekten Joh. Jak. Atzel den Plan zu einem Keplerdenkmal entwarf. Näheres darüber erfährt der freundliche Leser im III. Theil dieses Werkes.

Das „Jahrhundert der Denkmäler und Ehrenrettungen", dem sogar manch' zweifelhafte Größe ein schimmerndes Lorbeerblättlein zu verdanken hat, mußte daher um so mehr bemüht sein, die Manen Kepler's, des Stolzes aller Zeiten, durch ein großartiges, weithin leuchtendes Dankopfer endlich bleibend zu versöhnen. Dieses Dankopfer aber, in Gestalt eines herrlichen majestätischen Denkmals, konnte selbstverständlich nirgends passender, als an dem Orte seiner Geburt: zu Weilderstadt in Württemberg dargebracht werden.

Eine kurze Erwähnung der zu diesem Behufe seit Jahren eingeleiteten, so erfolgreichen Schritte dürfte nun hier um so mehr am Platze sein, als mir gerade durch sie der Anlaß zur Herausgabe dieses Buches gegeben worden ist.

Schon zu Anfang des Jahres 1850 war von der Stadt Weil der Gedanke erfaßt worden, die unermeßlichen Verdienste Kepler's, ihres größten Sohnes, unter Mithilfe der zahlreichen Verehrer des großen Mannes in aller Welt, durch Aufstellung eines würdigen Denkmales unweit seiner Geburtsstätte zu ehren. Ein Comité wurde zur Verwirklichung dieser schönen Idee gewählt, und etwa 10 Jahre dauerte und — siechte das Wirken für dieselbe, meist in Folge der Ungunst jener Zeiten. Dann aber 1860—61 wurde die Sache frisch aufgenommen; das neuorganisirte Comité,

deſſen Führer zu werden mir die Ehre zukam, begann die Sammlungen nach
umfaſſendem Plan, und hatte nach 3—4jährigem energiſchen Bemühen die Freude
und Genugthuung, eine Summe von etwa 22,000 fl. eingebracht zu ſehen. Frei=
lich bedurfte es nicht geringer Anſtrengungen, wohin gerechnet werden darf:
die Ausfertigung und Verſendung von etwa 3300 ſpeziellen **Eingaben** und
Geſuchen an Souveraine, Angehörige des Adels, Würdenträger der Kirche,
gelehrte Klöſter, Ständekammern, Sternwarten, Akademien, Univerſitäten,
polytechniſche und techniſche Anſtalten, gelehrte Vereine und Geſellſchaften,
Corporationen, Städte, Turnvereine und viele hervorragende **Privaten**; ferner
von etwa 10,000 öffentlichen **Aufrufen**, Proſpekten, kleinen **Biographien**,
und der **Correſponden**z in mehr als 60 deutſche Zeitungen. Die Schwie=
rigkeiten, ein Denkmal zur Verherrlichung des vor bald 300 Jahren aufgetretenen
großen Weltgelehrten zu Stande zu bringen, waren um ſo bedeutender, als zu
gleicher Zeit allwärts derartige Beſtrebungen zu Ehren von Männern der jüng=
ſten Vergangenheit und Gegenwart Statt fanden, die dem Volke näher ſtanden
oder bekannter waren, wie Schiller, Uhland, Kerner u. A. —

Und bereits harrt das fertige hohe Piedeſtal in kunſtreicher Architektur
auf dem ſchönen Marktplatz der Geburtsſtadt Weil ſeiner demnächſtigen Krönung
durch die im Guß von Lenz=Heroldt in Nürnberg ſo prächtig gelungene,
von der kunſtfertigen Hand des Direktors von Kreling daſelbſt modellirte
koloſſale Figur Kepler's mit ihren 4 Seitenſtatuen, Reliefs und anderen
ſinnigen Verzierungen.

Ein prachtvolles Bild in Oelfarbendruck, ebenfalls von tüchtigen
Meiſtern Nürnbergs nach den Originalarbeiten hergeſtellt und von E. Waide=
lich in Ulm herausgegeben, ſtellt ſchon die ganze Compoſition nebſt Umgebung
in Weil der Stadt dar, und prägt jedem Erwerber ein wahres, lebendiges
und bleibendes Bild des Denkmals ein. —

Die erreichten ſchönen Reſultate, in Verbindung mit den vielſeitigen
Aufmunterungen von Verehrern meines gefeierten Landsmannes, ließen den
Wunſch in mir rege werden, die Herausgabe einer populären Lebensgeſchichte
Kepler's zu verſuchen und ihm in ſolcher Weiſe, neben dem ehernen, gleichzeitig
auch ein „geiſtiges Denkmal" im Herzen des deutſchen Volkes zu ſtiften.
Allerdings war ſchon ein „geiſtiges Denkmal", und zwar der herrlichſten,
unerreichbarſten Art, mit großen Opfern von Herrn Rektor Dr. Ch. Friſch in
Stuttgart durch Herausgabe ſämmtlicher Werke Kepler's ſeinem An=
denken gewidmet worden; aber da dieſes umfaſſende, höchſt ſchätzbare Unterneh=
men vermöge ſeiner ſtreng wiſſenſchaftlichen Richtung doch eigentlich nur für

gelehrte und weniger für Volkskreise bestimmt sein konnte, so blieb hier immerhin noch eine fühlbare Lücke auszufüllen.

Ein solches Lebensbild aber, welches einerseits wissenschaftlichen Anforderungen entsprechen, andrerseits nicht minder auch dem Laien zugänglich, überdieß mit zahlreichen Illustrationen von Künstlerhand ausgestattet sein sollte, ins Dasein zu rufen — das und nichts Anderes war gerade die Aufgabe, die ich mir stellte. Wohl hatte ich dabei die Schwierigkeit eines solchen Unternehmens vor Augen, und verhehlte mir von Anfang an keinen Augenblick, daß ich zu dessen Ausführung fremder, tüchtiger Mithilfe bedürfe.

Gleich dem Unternehmer eines Kunstbaues wollte ich meine Aufgabe hauptsächlich darin vorgezeichnet sehen: anregende Gedanken bei der Entwerfung des Planes beizusteuern, die nöthigen Materialien zu beschaffen, und endlich zu dem stylgerechten, würdigen Aufbau des Ganzen die rechten Kräfte aufzufinden und zu gewinnen.

In diesem Sinne glaube ich keine Mühe und Opfer gespart zu haben, und daher über den Erfolg meines Strebens nun getrost den freundlichen Leser und eine wohlwollende Kritik entscheiden lassen zu können. Mit dem Suchen und Sammeln des Materials (insoweit es nicht schon vollständig erforscht war) an all' den Orten, wo Kepler weilte und wirkte, glaubte ich beginnen zu müssen, im Vertrauen, bei diesem Anlaß auch die rechten Kräfte zur Mitausführung des Werkes zu finden, und so nahm ich denn zum Schluß des Jahres 1863 und Anfang des Jahres 1864 die Sache in Angriff, nachdem Seitens des höchstseligen Königs Wilhelm von Württemberg Genehmigung und Urlaub zum Austritt aus meinem Amte gnädigst ertheilt worden war. Ich begann mit dem Forschen und Sammeln an den Orten, wo Kepler in's Leben eintrat, seine Jugend zubrachte. Schon im Geburtsort Weilderstadt glückte es mir gegen alle Vermuthung, (da man sämmtliche Akten aus der einschlägigen Zeit für vernichtet hielt,) manches Interessante über seine Familie zu entdecken, was seither völlig unbekannt war, und für seine Lebensgeschichte gar nicht unwerth sein möchte. Dasselbe war in Leonberg, dem Jugend-Aufenthalt Kepler's, der Fall. Diese Funde von Anfang an gewährten mir große Ermunterung bei den vielen Mühen im Nachschlagen und Studiren aller etwa 300 Jahre alten Dokumente und Bücher, die, kaum geordnet, ohne übersichtliche Darstellung, mit verblichener, undeutlicher Schrift, von Alter mürbe und zerfressen, sehr schwer zu enträthseln waren. Von Anfang an war mein Bestreben, nicht nur Alles, was sich auf Kepler und seine Lebensgeschichte, auf seine Familie, soweit sie Erwähnung finden muß,

zu erforschen, sondern auch wo möglich all' die Stätten zu erfahren, wo
Kepler gelebt und gewohnt hat, um sie im Bilde dem Leser ebenfalls vor
Augen führen zu können. Und so gelang es z. B. in Leonberg nach vieler
Mühe, das bisher ungekannte älterliche Haus zu erforschen, von dem er
seine Schritte in die erste Bildungsanstalt zu machen hatte. Ueber das liegenschaft=
liche Besitzthum seiner Aeltern und dessen Wechsel vermochte ich dort überhaupt
sehr eingehende Entdeckungen zu machen. Sichere Auskunft gaben namentlich
die Kirchenbücher und Rathhausakten über die Aeltern, Geschwister und deren
bisher unbekannte Nachkommen. Im Stift zu Tübingen ließen sich noch
sämmtliche Vierteljahrszeugnisse von der Studienzeit Kepler's auffinden, die
so rühmliches Zeugniß seines Talents und Fleißes geben, neben anderem höchst
Werthvollem, was die Universitätsbibliothek birgt. In Eltingen, der
Heimath von Kepler's Mutter, kamen Nachweise über deren Familie, über die
materielle Unterstützung Kepler's im Studium zum Vorschein. Nach diesen
Forschungen an den Orten von Kepler's Jugend setzte ich meine Wanderungen
in die Orte seines Weilens und Wirkens fort, oder wo irgend Beziehungen
zu ihm Statt hatten, wo Funde über ihn zu machen waren. Nürnberg,
der Stammort von Kepler's Vorältern bot Manches, wie sich dort auch bei
der gegenwärtigen Generation das wärmste Interesse für Kepler, sein dort
zur Ausführung kommendes ehernes Denkmal und das geistige, geltend machte,
was auch die große Theilnahme aus den ersten Kreisen an einem öffentlichen
Vortrag, den ich auf Ersuchen im dortigen Rathhaussaale abhielt, kund gab.
Regensburg, ein Lieblingsaufenthalt Kepler's und seiner Familie, und der
Ort, wo sein irdisches Dasein schloß, führte wieder zu manchen interessanten
Entdeckungen. Dort kam ich mit dem hochgeschätzten Geschichtsforscher, Herrn
Carl Woldemar Neumann, k. bayr. Hauptmann ꝛc., in Verbindung, dessen
erstes Eingreifen die höchst interessante Ermittelung des „wahren Sterbehauses
Kepler's" — im Gegensatz zu einem seit 16 Jahren dafür irrigerweise aus=
gegebenen, und sogar mit einer „Gedenktafel" versehen gewesenen Gebäude, das zu
dem großen Astronomen niemals in Beziehung gestanden — mit sich führte, während
ihm kurze Zeit darnach auch die Auffindung des Wohnhauses glückte, welches
Kepler's Familie von 1626 bis 1628 in eben dieser Stadt beherbergt hatte.
Ein öffentlicher Vortrag in demselben Saale des Rathhauses, wo Kepler
einst „vor Kaiser und Reich" den gregorianischen Kalender vertheidigt
hatte, erhöhte auch hier die Theilnahme an den Bestrebungen zur Ver=
herrlichung seines Andenkens beträchtlich, wie die nach der Hand für
das Denkmal in Weil gespendeten reichlichen Beiträge bewiesen haben. —

Nachdem ich in Regensburg an Herrn Hauptmann Neumann zugleich einen
thätigen und kenntnißreichen Mitarbeiter gewonnen hatte, begab ich mich in
Begleitung desselben nach Oesterreich, dem Lande, wo Kepler den größten
Theil seines Lebens zubrachte, und wo sich nicht nur die reichste Ausbeute für
seine Biographie, sondern auch das größte Interesse für das Unternehmen
durch unsere beiderseitigen Bemühungen hoffen ließ. Und in keiner Richtung
täuschten wir uns. Hatte sich ja Oesterreich ohnehin schon bei den Sammlungen für das eherne Denkmal in hervorragendster Weise betheiligt.

In Linz, wo Kepler sich 16 Jahre aufgehalten, vom Landeshauptmann
für Oberösterreich: Herrn Prälaten Lebschy vom Kloster Schlegl, vom Hrn. Prälaten Reslhuber, Abt zu Kremsmünster und Direktor der Sternwarte, einem
der größten Förderer des Keplerdenkmals, von hervorragenden Vertretern der
Landschaft, in deren Diensten ehemals Kepler war, von den Herren Vorständen
des Museum's Franzisko-Carolinum: Ritter von Schwabenau, Dr. Ehrlich ꝛc.; von städtischer Seite und von manchen anderen angesehenen Persönlichkeiten in aufmerksamster Weise aufgenommen, ward uns jede Förderung im
Aufsuchen und Erlangen von Materialien zu Theil, die sich dort nicht unspärlich
vorfanden. Seine Durchl. der Fürst Camillo von Starhemberg, ein hoch-
herziger Nachkomme der mit Kepler so eng befreundeten, ruhmreichen von Starhemberg'schen Familie und zumal der Pflegemutter von Kepler's zweiter Frau
(des schönen Susschens von Efferding), räumte uns die unbeschränkteste Durch-
forschung seines reichhaltigen Familien-Archivs nebst Bibliothek in dem schönen
Schlosse daselbst ein, wo sich unter anderen Reliquien aus Kepler's Zeit noch
ein von ihm benützter großer Himmelsglobus befindet. Am bedeutendsten aber
waren die Funde in Wien, die wir durch das ehrenvolle, aufmerksame Entgegenkommen in den ersten und angesehensten Kreisen machen konnten. Durch
den K. württ. Gesandten Freiherrn von Ow bei den damaligen Herren Mini-
stern, Graf von Rechberg und von Schmerling, eingeführt, und mit großer
Freundlichkeit aufgenommen, ward uns der Zutritt und die unbeschränkteste
Forschung in den Archiven des k. k. Staatsministeriums, der Adelskammer,
des Finanzministeriums und mit höchster Bewilligung, selbst im Geh. Haus-
und Hof-Archiv der kais. Hofburg in liberalster Weise eingeräumt, und machten
wir denn auch überall neue interessante Entdeckungen, deren Resultate das Buch
zeigen wird. In der k. k. Hofbibliothek, die noch so viele Schätze von Kepler
birgt, in allen andern Bibliotheken, Archiven und Sammlungen wurde uns
von den Herren Vorständen und Beamten jede Förderung zu Theil. Viele
Notabilitäten, wie die Herren: Minister Freiherr von Baumgartner, Präs.

der kaiſ. Akademie; Ritter von Bergmann, Direktor des Münz= und
Antik.=Cabinets; Präſ. Ritter von Karajan; von Littrow, Direktor der
Sternwarte; Prof. Ferd. von Hochſtetter; Dr. L. A. Frankl; Archivar
Oberleitner und noch manche andere hervorragende Männer ſuchten dem
Unternehmen nützlich zu ſein und gewährten mir bei demſelben große Er=
munterung. Hier in Wien war es denn auch, wo die Verbindung mit dem
als Phyſiker wie als Schriftſteller beſtens bekannten Herrn Dr. Edm. Reit=
linger, k. k. Profeſſor am Polytechnikum daſelbſt — dem Hauptverfaſſer dieſes
Werks — ſtattfand, der mir von achtbarſten Seiten als diejenige Kraft bezeich=
net wurde, welche der ſchweren Aufgabe am vollkommenſten gewachſen ſei.

Während dann weiter von da aus mein Freund Hr. Hauptmann Neu=
mann Steiermarks Landeshauptſtadt Graz, wo Kepler 6 Jahre zubrachte,
und das Schlößchen Mühlegg beſuchte, und dort ebenfalls unter vielſeitigem
freundlichſtem Entgegenkommen und Unterſtützung Seitens der Herren: Landes=
hauptmann Graf Gleispach, Direktor Dr. Göth, Prof. Dr. Weiß, Prof.
Dr. Joſ. Zahn u. A. mit günſtigſtem Erfolge forſchte und ſammelte, gieng
ich nach Prag, mit den beſten Empfehlungen insbeſondere Seitens des
k. k. Staatsminiſteriums verſehen, die mir auch an den geeigneten Orten
Zutritt verſchafften: ſo in der königl. Statthalterei von Böhmen, deren
Archive ebenfalls neue intereſſante Materialien zur Hand gaben; in der reich=
haltigen Univerſitätsbibliothek; im Prämonſtratenſer Chorherrenſtift Strahow,
unter deſſen würdigem Abte und Keplerfreunde: Freiherrn von Zeidler;
im Kloſter der Ritterlichen Kreuzherren; im Benediktinerſtift Sct.
Emaus=Montſerrat, dem ehemaligen Wohnſitz Kepler's. Freund=
liche Aufnahme und Förderung wurde mir im Vereine für deutſche
Geſchichte, in deſſen Lokal ich ausgeſprochenem Wunſche gemäß ebenfalls einen
öffentlichen Vortrag über Kepler hielt, bei den Herren Prof. Dr. Joſeph Löſch=
ner, kaiſerl. Leibarzt; Dr. Joſeph Haſner Edler von Artha; Dr. Herbſt,
Dr. Alois Brinz, Dr. Conſtantin Höfler, W. Umrath, Oberrechnungsrath;
Dr. Dreßler, Dr. Rudolph Haaſe, Carl Andre, Eduard von Seutter
Edler von Lötzen; Rich. Dotzauer u. ſ. f. — Dank dieſen biederen deutſchen
Männern!

Nach meiner Rückkehr in die Heimath ſollte zur Ausführung des Wer=
kes geſchritten werden. Es war urſprünglich nur Ein Buch beabſichtigt, deſſen
wiſſenſchaftlicher Theil von Profeſſor Dr. Reitlinger in Wien, und deſſen
hiſtoriſch=biographiſch=genealogiſcher Theil von Hauptmann Neumann und mir
bearbeitet werden ſollte. Denn auch eine Kepler=Genealogie war beabſichtigt.

Es gelang mir nämlich, nicht blos Seiten = Verwandte in nahen und entfernteren Linien, sondern selbst noch direkte Nachkommen Kepler's (in mehreren Provinzen Preußens, wo die allein groß gewordenen zwei Kinder Kepler's Friedrich und Susanna lebten und starben) ausfindig zu machen, deren Vorhandensein seither nicht bekannt und von Biographen geradezu bestritten war. Durch die Entdeckung von Descendenten kamen aber zugleich sehr werthvolle Dinge*) aus Kepler's Zeit zum Vorschein, z. B. drei Oelbilder auf Kupfer in Medaillonform, ein Gebet= und Stammbuch von Kepler's Tochter Susanna mit einer Menge der interessantesten Einzeichnungen von Angehörigen und den vorzüglichsten Freunden und Bekannten der Kepler'schen Familie u. s. f. Aus letzterem wird der III. Theil Mehreres veröffentlichen. Soweit Kepler's Verwandtschaft zu seiner Lebensgeschichte Beziehung hatte, glaubte ich sie hier auch erwähnen zu müssen. Die Resultate meiner Forschungen in Auffindung von Keplerverwandten bis auf die jetzige Generation wurden aber so bedeutend und umfangreich, daß eine Trennung der Genealogie von der Biographie Kepler's um so mehr geboten schien, als die Verwandten zu seinen Verdiensten, für welche allein das allgemeine Publikum Interesse hegen mag, in keiner näheren Beziehung stehen, und selbst ein Theil der Verwandtschaft kein besonderes Gewicht auf ihre Familien-Verbindung mit dem großen Märtyrer geistiger Freiheit legte. So trennte ich die Genealogie in ihrer weiteren Fortbildung von der Biographie, und cultivirte jene mittelst Ausführung von Stammbäumen für eine Anzahl von Keplerverwandten. Es möge hier noch erwähnt werden, wie sich bei den Forschungen für diese Keplergenealogie eine Verwandtschaft mit den schwäbischen Dichtern Schiller, Uhland, Hauff, Pfizer 2c. herausstellte. Im Uebrigen findet sich die Seitenverwandtschaft in großer Menge über die ganze Welt verbreitet, und gehören ihr sowohl angesehene Adelsgeschlechter in mehreren deutschen Ländern, in Rußland u. s. w., als berühmte und geachtete Familien aller anderen Stände an. Was irgendwie aus der Genealogie für die Leser Interesse bieten möchte, enthält der dritte Theil dieses Werks.

Die abgesonderte Ausführung des biographisch = historischen Theiles kam jedoch in der Folge nicht zu Stande, da die Trennung desselben von den wissenschaftlichen Capiteln den Zweck, auch den Laien mit Kepler's Verdiensten näher vertraut zu machen, gänzlich zu verfehlen schien, indem mancher Leser sich mit dem biographisch = historischen Theil begnügt, und den wissenschaftlichen,

*) Dieselben befinden sich im Besitz der Nachkommen von Kepler's Tochter Susanna, verehel. Bartsch, nämlich der Kinder des † Rechtsgelehrten Schnieber in Lauban.

aus Furcht vor der Schwierigkeit seines Verständnisses, übergangen haben
möchte. Die Fassung durch verschiedene Federn hätte zugleich die Einheit des
Ganzen gestört. So wurden denn die wissenschaftlichen mit den lebensgeschichtlichen
Capiteln verschmolzen, und beide in ihrem Text durch Prof. Dr. Reitlinger,
welchem auch die gegenwärtige Eintheilung in die später zu erwähnenden vier
Bücher zu verdanken ist, nach den gesammelten Materialien und unter Einflechtung
der Arbeiten und Beiträge des Hauptmann Neumann und des Herausgebers
verfaßt. Die unter dem Text angebrachten und diesen ergänzenden und
erläuternden Noten jedoch sind größtentheils eigene Arbeiten jedes, der drei
Mitwirkenden und geben je am Ende der Note den Anfangsbuchstaben des
betreffenden Verfassers an. Auf gleiche Weise ist bei jeder Beilage am
Schluß des Buchs bemerkt, von wem sie gesammelt oder bearbeitet worden ist.

Selbstverständlich war bei den bis in's kleinste verzweigten Quellen-
forschungen, wie überhaupt bei einer so schwierigen und umfassenden Aufgabe,
nicht selten fremde Hülfe und Unterstützung in Anspruch zu nehmen, und
habe ich hier in dankbarer Anerkennung ihrer Bemühungen namhaft zu
machen, die Herren: Oberstudienrath Dr. Haßler, Prof. Dr. Offterdinger,
Prof. Dr. Preßel in Ulm, der überdieß noch eine interessante theologische
Abhandlung beigesteuert hat, Präzeptor Haßler in Eßlingen und Ehmann
in Münsingen, der k. k. Kämmerer Reichsgraf Hugo von Walderdorf zu
Hauzenstein, Oberlieutenant G. Rübel, Militärprediger Lukas, Hauptmann Hans Weininger, Vikar Wilhelm Steinmayer in Regensburg. In der umfassendsten Weise aber geschah dieß durch Uebersetzungen von Herrn Präceptor Fischer am Gymnasium in Ulm, welcher sich
damit um das Werk großes Verdienst erwarb. Noch mancher Freundlich-
keit durch Beiträge, durch Rath und That, durch Suchen und Forschen wäre
zu rühmen, so Seitens der Herren: Otto von Struve, Direktor der kais. russ.
Haupt-Sternwarte in Pulkowa, Geh. Archivrath Dr. Merker in Berlin,
Prof. Dr. Garthe in Cöln, k. Consul von Hecht in Straßburg, Prof.
Dr. Joseph von Hasner, Oberbibliothekar Hanus, Bibliothekar Zeidler,
Prof. Bernh. Grueber in Prag, Hauptmann Würdinger, Oberbibliothekar
Dr. Föhringer, Direktor Sigm. Merz, Inhaber des Frauenhofer-Merz'schen
Optischen Instituts in München, k. Professor und Bibliothekar Fr. Harrer
in Regensburg, Prof. Dr. Frommann, zweiter Vorstand des germ. Museums,
der k. Archivrath Dr. Baader und der städtische Archivar Rektor Dr. Loch-
ner in Nürnberg, Archivrath Dr. Baber in Carlsruhe, Professor C. G.
Fecht in Durlach, Oberbibliothekar Dr. von Stälin, Dr. Fr. Notter,

Prof. Dr. Blum, Dr. Gg. Scherer, Dr. W. Vollmer in Stuttgart, Prof. Dr. Reusch, Ephorus Dr. Oehler, Prof. Dr. Kommerell, Bibliothekar Dr. Klüpfel und Dr. Kurz in Tübingen, Prof. Buttersack in Ludwigsburg, Helfer Abel in Leonberg, Pfarrverweser Leuze von Nürtingen, Stadtpfarrer Staudenmaier in Güglingen und Pfarrer Weizsäcker in Adelberg.

Mit dem größten Danke habe ich aber auch hier wieder die liberale Unterstützung durch den Herausgeber sämmtlicher Werke Keplers: Herrn Rektor Dr. Frisch in Stuttgart zu erwähnen und hervorzuheben, wie mir derselbe sogar von ihm gesammelte und noch nicht gedruckte Aufzeichnungen Kepler's in uneigennützigster Weise zur Benützung einräumte. —

Unser Werk nun besteht aus vier Büchern, mit den in seiner Einleitung von deren Verfasser, Prof. Dr. Reitlinger, motivirten Titeln: Berufen, Auserwählt, Verklärt und Auferstanden, und erscheint je abgesondert und für sich abgeschlossen in 3 Theilen, von welchen der gegenwärtige erste Theil das erste Buch, der zweite Theil das zweite Buch und der dritte — das dritte und vierte Buch umfaßt. Zum zweiten und dritten Theil sind ebenfalls die Materialien gesammelt, die Vorbereitungen getroffen, mehreres schon bearbeitet, und sämmtliche biographische Illustrationen hergestellt.

Nicht läugnen will ich, daß mit diesem, finanziell auf mir allein lasten- den Unternehmen bedeutende Opfer und Kosten verbunden waren. Ein fast zweijähriger Austritt aus dem Amte, dessen Einkommen durch die Verwesereikosten beinahe absorbirt wurde, die Material=Sammlungen an Ort und Stelle, eine halbjährige Reise von den verschiedenen schwäbi- schen Orten nach Bayern: München, Nürnberg und Regensburg, dann (mit Herrn Hauptmann Neumann) nach Oesterreich: Wien, Graz und Prag, das Zusammensein mit den beiden Mitarbeitern einige Monate lang in Regensburg, eine zweimalige Reise des Prof. Dr. Reitlinger von Wien nach Ulm, je mit längerem Aufenthalt hier, die Honorarzahlungen, die Menge von Illustrationen, endlich Papier, Satz und Druck, ferner eine große Zahl von Widmungen auf Kepler bezüglicher Kunstgegenstände aller Art behufs Erweckung des Interesses u. s. f., verschlangen Summen, deren Rückgewinnung nur durch den Absatz einer großen Auflage denkbar ist. Unter dieser Last von Mühen und Sorgen war mir allerdings das — meinem Unternehmen, wie auch meinen Bemühungen um das Zustandekommen des ehernen Denkmals gegenüber — wiederholt ausgesprochene Allerhöchste Wohlwollen Seitens Sr. Majestät meines Königs und dessen gnädigste Genehmigung des Antrags des Cultministeriums auf Anschaffung

des Werkes für die Lehranstalten, sowie die von Seite der erlauchten Souveräne
Bayerns, Oesterreichs und Preußens mir verliehenen ehrenvollen
Auszeichnungen ein mächtiger Sporn zum Ausharren in der eingeschlagenen
Richtung — welch' letzterer in der Folge noch die huldvollste Anerkennung
Sr. Majestät des Kaisers von Rußland; zugleich mittelst freiwilliger
„Beiträge zum geistigen Denkmal Kepler's" von: Sr. Majestät dem König
von Sachsen, von Ihren Majestäten den Königinnen von England und
Holland, von Sr. Königl. Hoheit dem Fürsten Carl Anton von Sig-
maringen, Sr. Exc. dem Herrn Grafen Rechberg-Rothenlöwen in
Donzdorf, wie nicht minder von den H. H. Finanzrath L. A. Riebinger und
Magistratsrath Alb. Erzberger in Augsburg, Fabrikant Joh. Zeltner in
Nürnberg, Landtags-Abgeordneter W. Neuffer in Regensburg — reelle
Unterstützung „in Erwägung, daß ja auch das geistige Denkmal ein
nationales sei", zu Theil geworden ist! — Mit besonderem Dank aber
habe ich noch die große Aufmerksamkeit Ihrer Exc., der Herren Cultminister
von Mühler in Berlin und von Golther in Stuttgart für dieses Unternehmen anzuerkennen. — —

Und so übergebe ich denn, unter innigstem Danke für jede Förderung, den
ersten Theil des Werks, die Frucht so großer Mühen und Opfer zu Ehren
Kepler's, getrost der deutschen Nation und der gesammten gebildeten Welt, indem auch ich — zumal im Hinblicke auf das demnächst sich erhebende herrliche
Keplerdenkmal zu Weilderstadt und auf die von Hrn. Rektor Dr. Frisch
veranstaltete musterhafte „Gesammtausgabe der Werke Kepler's" — mit
freudiger Rührung ausrufe:

> „Die Zeit ist da! nun wird er aufersteh'n,
> Und herrlicher als je, sein Volk ihn wiederseh'n!"

Der Herausgeber C. Gruner.

Einleitung.

Eine der merkwürdigsten Persönlichkeiten aller Länder und Zeiten war Kepler. Der Astronome nennt ihn den unsterblichen Gesetzgeber der Planetenbewegung und der Geschichtsschreiber „seltsamer und räthselhafter Menschen" kann ihn auf seiner Liste nicht missen. Eine Wissenschaft, deren Bedeutung man erst seit wenigen Jahrzehnten, ja, man könnte sagen, erst seit heute völlig zu würdigen weiß, die physiologische Optik, verdankt ihm ihre ersten Grundlagen, ihm, der die ersterbende Astrologie mit einem letzten täuschenden Schimmer der Wahrheit bekleidete. Durch seine Weltharmonik feierte die uralte Weisheit der Pythagoräer eine flüchtige Auferstehung, zwei Jahrtausende nach Pythagoras, während ihn zugleich seine induktive Methode als den frühesten Naturforscher im modernen Sinne, im Sinne der Gegenwart erkennen läßt. Bevor noch Baco diese Methode anrieth, übte sie Kepler bereits aus. Er, der zum Märtyrer seines protestantischen Glaubensbekenntnisses wurde, betrachtete dennoch nicht die Worte der Bibel, sondern die Werke der Natur, als die herrlichste und unmittelbarste Offenbarung Gottes. Er war zweimal verheirathet und sowohl die stattliche Barbara von Mühleck, als das liebliche Suschen aus Efferdingen war von jenem poetischen Zauber umflossen, den Schönheit und Jugend verleihen. Wie viel des Glückes ihm aber auch die beiden geliebten Frauen bereiteten, es ward mehr als aufgewogen durch jenes fürchterlich tragische Verhängniß, das ihn im Hexenprozesse seiner siebzigjährigen Mutter ereilte. Als angesehenen Mathematikus kaiserlicher Majestät trifft ihn der Historiker am Hofe Rudolfs, des Zweiten, und später begegnet er ihm in der Umgebung des mächtigsten Heerführers jener Zeit, des Herzogs von Friedland; dennoch stirbt er in solcher Bedrängniß, daß die Volkssage lange an seinen Hungertod glaubte. Und bei so bewegtem und wechselndem Schicksal erwarb er den immergrünen Lorbeer des Nachruhmes, nicht etwa im „Thatensturm", sondern in der einsamen Studirstube des Gelehrten, rechnend und forschend mit eisernem Fleiß und unermüdlicher Ausdauer.

Kepler. I.

1

Kepler bezeichnet den Wendepunkt der modernen Geistesentwicklung, wie Sokrates den der antiken. Neidisch hätten die Götter dem Menschen das Geheimniß der Planetenbewegung verhüllt, meinte Sokrates. Deshalb mahnte er von den „müssigen" naturfilosofischen Spekulationen der italischen und jonischen Schulen ab, und wies die Filosofie „vom Himmel zur Erde". Da er die Natur ja doch nicht begreifen könne, so rief er dem Menschen mit dem Delphischen Orakel zu: „Erkenne dich selbst". Was aber dem Menschen unfaßbar ist, sieht er auch bald als ihm fremd und selbst als ihm feindlich an — das Christenthum betrachtete die Natur als Gegner des Menschen. Jene verhängnißvollen anderthalb Jahrtausende brachen über die Menschheit herein, wo es neben Weltgenuß nur Weltentsagung gab, und die höhere Vermittlung der Welterkenntniß fehlte. Kepler aber gelang es durch seine berühmten drei Regeln das Geheimniß der Planetenbewegung zu entschleiern, von welchem Sokrates gemeint hatte, daß es sich die Götter vorbehalten hätten. So rechtfertigte er nachträglich die Kühnheit, mit welcher er bereits seiner ersten Schrift die Worte vorangeschickt hatte:

> „Was ist die Welt? Und warum und nach welcherlei Plane erschuf sie Gott? Wie fand er die Zahl, das Gesetz so gewaltiger Massen?"

Hatte Sokrates die Filosofie vom Himmel zur Erde gewiesen, Kepler führte sie wieder von der Erde zum Himmel — aber nach einem Himmel, welcher die Erde mitumfaßte, nach dem Himmel des Copernikus. In diesem kreiste die Erde mit allen übrigen Planeten um die Sonne. Hiernach war das Weltall nicht mehr blos das Wohnhaus des Menschen, sondern der Mensch nur der Bewohner einer kleinen Scholle himmlischen Bodens. Konnte der Mensch nun noch Selbsterkenntniß ohne Welterkenntniß hoffen? Wollte man den Theil des Theils begreifen, mußte man das Ganze zu erforschen trachten. Weßhalb sollte man aber auch länger an der Welterkenntniß verzweifeln, nachdem es Kepler gelungen war, mittelst des von Copernikus verkündeten Laufes der Erde um die Sonne, die vielverschlungenen Wege der Planeten zu entwirren? Drang er doch dort zur lichten Klarheit und Gewißheit vor, wo alle antiken Filosofen nur phantastische Vermuthungen gehegt hatten und wo von Sokrates der mächtigste Beleg für die Vergeblichkeit naturfilosofischer Spekulationen gesucht worden war. Kepler's drei Gesetze straften die „gelehrte Unwissenheit" des Sokrates Lügen, denn sie entschleierten die elliptischen Bahnen der Planeten und zeigten einen merkwürdigen Zusammenhang zwischen deren Entfernungen und Umlaufszeiten, welche sämmtliche Gegenstände Sokrates für unerforschlich erklärt hatte. Kepler's glücklicher Erfolg ließ ein neues Geschlecht von Denkern erstehen, die nicht mehr vor der Aufgabe zurückschreckten, die Natur zu ergründen, welche an die Stelle des vorsichtigen Spruches: „Erkenne dich selbst", die kühne Frage: „Was ist die Welt", setzten und all' ihr heißes Bemühen auf deren Beantwortung richteten. Mag man sie wie die Deutschen „Naturforscher" oder wie die Engländer „philosophers" nennen, sie sind es, die in

den letztverflossenen drei Jahrhunderten der Menschheit auf dem Wege zur Wahr=
heit vorangingen und der stetige Fortschritt, der die Neuzeit vor allen früheren
Perioden der Geschichte auszeichnet, er ist das Werk ihrer Erfindungen und
Entdeckungen.

Wenn wir Kepler für die moderne Geistesentwicklung eine ähnliche
Bedeutung beilegen, wie Sokrates für die antike, so geschieht dies keineswegs,
um ihn von seinen Vorläufern und Mitstrebenden zu isoliren. Kein Herkules
konnte einzeln den Augiasstall mittelalterlicher Vorurtheile reinigen. Die treff=
lichsten Geister mußten sich zu einem Argonautenzuge verbinden, um das goldene
Vlies der Wahrheit aus der Macht jener Unholde, die es am mitternächtigen
Gestade des Aberglaubens bewachten, zu befreien, und es ins sonnige Land der
Vernunft zu führen. Am allerwenigsten ist es aber unsere Absicht, Kepler auf
Kosten von Copernikus zu erheben. Copernikus war ein Mann von größtem
Geiste und was bei solchen Untersuchungen das Wichtigste ist, von freier Ge=
sinnung, sagt Kepler in der Vorrede zu den rudolfinischen Tafeln. Wie
Kepler in seinem schönen hinterlassenen allegorischen Mährchen: Der Traum
vom Monde, den Genius der Astronomie durch einen Zauberspruch in 21 Buch=
staben: „Astronomia Copernicana", beschwören läßt, so wurde sein eigener
Genius zu all' seinen großen Entdeckungen durch die copernikanische Hypothese
angeregt und veranlaßt. Aber wie die gleichzeitige Kirchenreformation, so hatte
auch die von Copernikus begonnene Reformation der Sternkunde zunächst nur
Haber und Streit geweckt. Die Mehrzahl der Filosofen erklärte die Hypothese
von der Bewegung der Erde für unwahrscheinlich und absurd. Bei beiden
Reformationen konnte nur der Himmel endgiltig entscheiden, und Einigkeit und
Frieden unter den sich bekämpfenden Parteien herstellen. Wie man nun dem
materiellen Himmel, der sich über uns wölbt und seinen Sternen ewige Gesetze
abfrägt, dies zeigte Kepler. Er lieferte damit das Vorbild der modernen
induktiven Methode der Naturforschung und verschaffte dem copernikanischen
Systeme den Sieg: Seine Entdeckungen waren Ursache, daß man von ver=
schiedenen Weltsystemen zu reden aufhörte und das copernikanische allein als
das „wahre" ansah. Noch heute wartet man vergeblich auf denjenigen, der
die gleiche Kunst der Fragestellung für den religiösen Himmel besäße, der die
Sterne in unserer Brust so zu ergründen vermöchte, daß es, wie nur ein
astronomisches Wissen, so auch nur einen Glauben unter den Menschen gäbe.

Trotz des großen Verdienstes und des überwiegenden Antheiles von
Copernikus an der Entdeckung des nach ihm benannten „wahren" Weltsystemes,
muß man es doch als eine in der Geschichte der Astronomie zwar herkömmliche,
aber irrige Erzählung bezeichnen, daß er einzig und allein der Entdecker des
wahren Weltsystemes sei. Apelt spricht dies bereits in seinen „Epochen der
Geschichte der Menschheit" aus und fügt hinzu, man müsse gestehen, daß Coper=
nikus in der That nur den Grundstein zu diesem Gebäude gelegt hat, und daß
die weitere Ausführung desselben das Werk von Kepler's großem Genie sei*).

---

*) Apelt, Epochen der Geschichte der Menschheit, 1. Bd., S. 239.

Im gleichen Sinne drückt sich Humboldt im Kosmos aus: „Die große Ent=
deckung Kepler's, daß alle Planeten sich in Ellipsen um die Sonne bewegen
und daß die Sonne in dem einen Brennpunkt dieser Ellipsen liegt, hat endlich
das ursprüngliche copernikanische System von den excentrischen Kreisen und von
allen Epicykeln befreit; der planetarische Weltbau erschien nun objektiv, gleichsam
architektonisch in seiner einfachen Größe *)". Obwol Copernikus die Sinnes=
täuschung, als ob die Erde ruhe, zu besiegen wußte, so wagte er doch gegen
das Jahrtausende lang gehegte Vorurtheil, es müßten die Planeten sich gleich=
förmig in Kreisen bewegen, nicht einmal den leisesten Zweifel. Die Meinung
von der gleichförmigen Kreisbewegung der Sterne ist aber nach Bailly das
charakteristische Merkmal des Alterthums. Erst mit ihrem Verschwinden beginne
die Neuzeit. Nicht mit Copernikus, selbst nicht mit Tycho, sagt daher Bailly
ausdrücklich, sondern mit Kepler nehme die Ueberlegenheit der modernen über
die ältere Astronomie ihren Anfang. Kepler, der die wahren, elliptischen
Planetenbahnen entdeckte, sei der eigentliche Begründer der modernen Astro=
nomie — „ein Geschenk, das Deutschland Europa gemacht hat **)". Manche
werden Bailly hier widersprechen und der Ansicht sein, daß Copernikus, indem
er den Traum des Archimedes verwirklichte und die Erde titanengleich von
ihrer Stelle rückte, Kepler übertraf. Unzweifelhaft aber ist es, daß die Ent=
deckung des wahren Weltsystemes als die gemeinsame That von Copernikus
und Kepler angesehen werden muß, eine epochemachende That, wie wenige,
welche an die Stelle des Scheins das Sein, an die Stelle des Vorurtheils die
Erfahrung setzte. Durch Copernikus wich die Sinnestäuschung der ruhenden
Erde, durch Kepler die vorgefaßte Meinung der gleichförmigen Kreisbewegung
der Sterne. So wurden die zwei Feinde überwunden, welche so lange die
Erkenntniß der wahren Beschaffenheit der Welt gehindert hatten: Sinnenschein
und vorgefaßte Meinung, Trübung des körperlichen oder geistigen Auges.
Ob es nun größerer Geisteskraft bedurfte wie Copernikus das erste Blend=
werk, oder wie Kepler das zweite zu zerstören, dürfte kaum zu beurtheilen
möglich sein. Genug, daß sie sich in den unsterblichen Ruhm der Entdeckung
des wahren Weltsystemes theilen. Fand nämlich Copernikus, daß sich die
Erde und Planeten um die Sonne bewegen, so ermittelte doch erst Kepler
in welchen Bahnen dies geschähe. Bezüglich der Frage, ob Copernikus
oder Kepler größer sei, möchten wir aber an das Wort Göthe's erinnern,
den die Streitigkeiten deutscher Kritiker, ob er oder Schiller größer sei, zu dem
Ausrufe veranlaßte, die Deutschen sollen froh sein, zwei solche Männer zu
besitzen. Auch ergeht es dem Historiker, wenn er die Entdeckung des coper=
nikanischen Weltsystemes näher ins Auge faßt, wie dem Astronomen, wenn er
auf einen Doppelstern das Fernrohr richtet; wo er nur Einen Stern sah, da
erblickt er jetzt zwei Sonnen.

---

*) Humboldt, Kosmos, 2. Bd., S. 353.
**) Bailly, Histoire de l'astronomie moderne, 2. vol., p. 5.

So mächtige Sonnen im Kreise der Geister aber auch Copernikus und Kepler waren, selbst ihren vereinten Anstrengungen wäre es nicht gelungen, den dichten Nebel des Mittelalters zu durchbrechen. Hiezu bedurfte es zahlreicherer und mächtigerer Faktoren. „Vier Elemente — innig gesellt" vollbrachten dieses Werk: die Humanisten, welche die antike Welt mit ihren Künsten und Wissenschaften erneuerten, die Conquistadoren, welche eine neue Welt entdeckten und eroberten, die Reformatoren, durch deren Glaubensinnigkeit die andere Welt zur bewegenden Macht in dieser wurde, und endlich die Astronomen, welche die Sternenwelt zum ersten Male wieder seit Jahrhunderten selbstständig beobachteten und erforschten. Unter den Letzteren waren allerdings Copernikus und Kepler die hervorragendsten. Was wäre aber Copernikus ohne Peuerbach und Regiomontan, Kepler ohne Tycho geworden? Also durften wir auch nicht die zwei Heroen allein, sondern mußten die gesammten deutschen Astronomen des fünfzehnten und sechzehnten Jahrhunderts unter jenen Faktoren anführen, welche den Uebergang aus dem Mittelalter in die Neuzeit bewirkten. Wie Humboldt im Kosmos*) erzählt, ist die Atmosphäre Peru's in der Zeit des „Nebels" (tiempo del garua) für das Licht der Sterne undurchdringlich. Wahrscheinlich verhielt sich in einer früheren geologischen Periode die gesammte Erdatmosphäre in gleicher Weise. Was wäre aus der Menschheit geworden, ruft Humboldt an der angeführten Stelle aus, wenn sich der „unastronomische Himmel Peru's" dauernd über sie gewölbt hätte, alle Kenntniß des Weltbaues wäre dann dem Forschungsgeiste entzogen, der Mensch hätte der mächtigsten Anregungen zum Fortschritte entbehrt. In der Freude des Errungenen, fügt Humboldt hinzu, gedenkt man auch gerne der Gefahr, der die geistige Ausbildung unseres Geschlechtes entgangen ist, der physischen Hindernisse, welche dieselbe unabwendbar hätten beschränken müssen. Von derselben Empfindung geleitet, gedenken wir hier des dichten Nebels, der sich im Mittelalter über die Geister gelagert hatte. Eben so vollständig als der Wolkenhimmel Peru's verhüllte er die wirkliche Beschaffenheit des Weltalls. Noch heute wäre uns die Kenntniß des Weltbaues ebenso verborgen, als hätte sie uns der neidische Schleier urweltlicher Dünste entzogen, wäre der mittelalterliche Nebel nicht durch die Wiedererweckung der Künste und Wissenschaften, durch die geografischen Entdeckungen und die Reformation durchbrochen, durch die Copernikus und Kepler, Giordano Bruno und Galilei zerstreut und aufgelöst worden. Dank, unaussprechlichen Dank schuldet darum die Menschheit den Heroen jenes Zeitalters!

Der Historiker nennt dieses Zeitalter, wo das Dunkel des Mittelalters vom Lichte der Neuzeit verdrängt wurde, nach jenem Elemente, das damals den kräftigsten und in die weitesten Kreise sich fortpflanzenden Wellenschlag der Begebenheiten erregte, das Reformationszeitalter. Auch wir wollen uns dieses Ausdruckes als des gebräuchlichsten bedienen. Es trifft jedoch Kepler's Leben

---

*) Humboldt, Kosmos, 3. Bd., S. 143.

nicht mit dem ersten mächtigen Aufschwung des Reformationszeitalters zusammen. Es fällt in das Ende des sechzehnten und in den Anfang des siebzehnten Jahrhunderts. Damals war der begeisterte Athemzug einer in allen Tiefen und Höhen bewegten Zeit bereits einer Erschlaffung gewichen. Der freie Geist der Forschung und Kritik, welcher die Stifter des Protestantismus beseelt hatte, war durch einen neuen Buchstabenglauben verdrängt worden. Durch das Augsburger Glaubensbekenntniß und noch mehr durch die Concordienformel wurden jeder selbstständigeren Regung der Geister die Fesseln einer neuen Orthodoxie angelegt, ohne daß es jedoch gelang, Spaltungen in der jungen Kirche zu vermeiden. Sie erlangte nicht die Einheit des Katholicismus und ihr ureigenes Princip, die Freiheit, war sie nahe daran aufzugeben. Der mißglückte Versuch, den Hutten und Sickingen gemacht hatten, zugleich mit der „Kirchenverbesserung" eine politische Wiedergeburt Deutschlands herbeizuführen, war ohne Nachfolge geblieben und beinahe aus dem Gedächtnisse der deutschen Nation geschwunden. Von den zwei großen deutschen Erfindungen, dem Schießpulver und dem Bücherdruck, hatte die erstere zwar dazu gedient, die Burgen der Ritter zu zerstören, aber keineswegs der Herrschaft der Gewalt ein Ende zu machen und den ersehnten Landfrieden zu begründen; nur war an die Stelle der Fehde für ritterliche Ehre, das ehrlose Reislaufen im Solde des Meistbietenden getreten. Den beweglichen Lettern Guttenberg's waren längst nicht blos die Mönche, die ihr Einkommen als Abschreiber gefährdet sahen, sondern auch alle Jene, welche die durch sie hervorgerufene Bewegung der Geister zu scheuen hatten, feindlich gesinnt. Schon hatte man gelernt, die zunehmende Bedeutung der Buchdruckerpresse durch geistliche und weltliche Censur zu bekämpfen und Bücher durch Henkershand verbrennen zu lassen, wobei nicht selten der Autor von den Flammen mitergriffen wurde. In der Kunst war an die Stelle der großen Meister, der Dürer und Holbein, ein Geschlecht von Epigonen getreten. Die meisten jener Reichsstädte, welche sich, wie Augsburg, Nürnberg und andere, in Kunst und Kunstgewerben auszeichneten, nahmen nicht mehr wie ehedem an Wohlstand und Blüthe zu. Hieran trugen die neuen Handelswege Schuld, welche die Entdeckungen der großen Seefahrer eröffnet hatten. Die wieder erweckte klassische Literatur hatte, Dank den allzu fleißigen Commentatoren, schon einen großen Theil ihres Reizes eingebüßt, und der frische Glanz des Humanismus war unter dicken Lagen von Schulstaub verblichen. —

Nur ein Kulturelement, damals weniger als die übrigen beachtet, aber seither zu einem der wichtigsten Ausgangspunkte moderner Geistesentwicklung geworden, war noch in stetigem Fortschritt begriffen und nahm einen immer höheren Aufschwung: die Sternkunde, „getragen vom Flügelpaar der Raum- und Zahlenlehre". Auch ihre Erneuerung war, wie die aller andern Künste und Wissenschaften, aus der Wiedererweckung des klassischen Alterthums hervorgegangen. Mit dem regsten Eifer hatten die Griechen Astronomie und Geometrie getrieben. Es waren dies ihre Lieblingswissenschaften. Selbst Sokrates trug der Neigung seiner Landsleute Rechnung und ließ Geometrie und Astronomie, nachdem er sie beim Hausthor hinausgewiesen hatte, durch ein Hinterpförtchen wieder ein. Soferne sie nützlich sind, die Geometrie zur Landvermessung, die Astronomie zur Zeitbestimmung, sollte ihre Pflege erlaubt sein. Plato, obwohl ein Schüler des Sokrates, verschloß seine Philosophenschule allen Jenen, die nicht Geometrie kannten; ja er ging so weit zu sagen, die Augen seien dem Menschen um der Astronomie willen gegeben. Auch zeichnete sich das alexandrinische Museum durch nichts in höherem Maße aus, als durch geometrische Erfindungen und astronomische Beobachtungen. Zwar hielt es starr an der Täuschung von der ruhenden Erde fest, einigen hervorragenden Geistern gegenüber, die bereits Richtigeres ahnten und wagte das Dogma von der gleichförmigen Kreisbewegung der Sterne nicht zu verlassen. So trefflich es jedoch nur unter diesen beiden Voraussetzungen möglich war, stellten die alexandrinischen Astronomen die Himmelserscheinungen, wie sie das Auge des Beobachters wahrnimmt, durch geometrische Constructionen dar, am vollendetsten Ptolomäus in seinem Almageste. Wenn dieser auch niemals die himmlische Urania in ihrer wahren Gestalt, wie Kepler und dessen Nachfolger, erblickte, so lieferte er doch die Grundlage, das Piedestal, worauf die Statue der Muse in künftigen Tagen gestellt werden konnte. Nach der Eroberung von Byzanz durch die Türken flüchteten die klassischen Musen und fanden im ganzen Abendlande begeisterte Aufnahme. Hierbei erging es nun dem Deutschen, wie dem Sohne des Zauberers in tausend und einer Nacht. Derselbe hatte von seinem Vater acht Statuen aus kostbaren Edelsteinen, die eine aus Rubin, die andere aus Smaragd ꝛc. geerbt. Aber von einer neunten Statue fand er nur das Piedestal. Von rosenrothem Diamante sollte sie sein. Sie war jedoch im Besitze des Geisterkönigs und konnte nur durch Mühsal, Kampf und Arbeit erworben werden. Aber ohne sie schien ihm die Schatzkammer leer, und sein ganzes Streben und Trachten ging nach ihrem Besitze. So erfuhr auch der Deutsche in der humanistischen Periode von keiner der klassischen Musen, die wie Melpomene oder Calliope bereits im Alterthume ihre höchste Vollendung gefunden hatten, eine so mächtige Anregung, wie von der Muse der Sternkunde, zu welcher ihm bestenfalls im Ptolomäus ein „Piedestal" überliefert war. Sie entzündete die Begeisterung seiner edelsten und besten Talente, und in ihrem Cultus offenbarte er eine Selbstständigkeit des Gedankens und eine Tiefe der Auffassung, die ihn hier rascher, als in jedem anderen Gebiete, über seine Vorbilder hinausführte. Die geistige Eigenthümlichkeit des germanischen Stammes, die Vereinigung von Scharfsinn mit Enthusiasmus, von Phantasie mit prüfender Beobachtungsgabe befähigte den Deutschen in vorzüglichster Weise zu den mathematisch-astronomischen Wissenschaften. Diese sind die wahre Zierde des gesammten Deutschlands (verum decus sunt unius Germaniae), schrieb der junge Kepler, bevor er sie noch selbst auf die höchste Stufe hob. Schon Peuerbach und Regiomontan begnügten sich nicht mit der Wiederherstellung der geometrischen Konstruktionen des Ptolomäus, sondern verknüpften mit ihnen die Frage nach den mechanischen Ursachen der Himmelserscheinungen. Sie eröffneten die Reihenfolge jener großen deutschen Astronomen des fünf= zehnten und sechzehnten Jahrhunderts, deren merkwürdige Leistungen ihren Gipfelpunkt in Copernikus und Kepler erreichten und deren unvergäng= lichen Anspruch auf die Bewunderung der Nachwelt das wahre Weltsystem bildet. Die von ihnen vollbrachte Reformation der Sternkunde ist eben so als eine deutschnationale That aufzufassen, wie die gleichzeitige Reformation des Glaubens, wenn dies auch gemeiniglich nicht hervorgehoben wird. Vor der letzteren besitzt sie den unzweifelhaften Vorzug, daß sie nicht zur Zerrissenheit Deutschlands geführt hat, und auch an Wichtigkeit steht sie ihr keineswegs nach. Jede spätere Zeit wird dies immer mehr zugeben, denn wie schon Fries sagt: „für die Selbstdenker ist die Fortbildung der positiven Religionen von der Be= richtigung der astronomischen Weltansichten abhängig".

Auch äußere Umstände begünstigten den steten, ununterbrochenen Fort= schritt der Astronomie im fünfzehnten und sechzehnten Jahrhundert. Selbst der Aberglaube der Astrologie, deren Prophezeiungen bei der Unsicherheit und dem Wechsel aller damaligen Lebensverhältnisse von Hoch und Nieder mit äußerster Begier gesucht und aufgenommen wurden, war hierbei nur nützlich; denn seinetwegen legte man in weiteren Kreisen Werth auf astronomische Vor= herbestimmungen, was man sonst wohl kaum gethan hätte. Je mehr man auf äußere Formen der Religion hielt, desto störender mußte man empfinden, daß der Kalender, dessen man sich zur Festsetzung der großen Kirchenfeste bediente in arge Verwirrung gerathen war — die gewünschte Kalenderreform konnte aber nur der Astronome liefern. Auch die Seefahrer bedurften bei ihren weiten transoceanischen Reisen der Hilfe des Astronomen, insbesondere um das so schwierige Problem der Meereslänge zu lösen und bei der Theilnahme, welche die Entdeckung von Amerika und der neue Seeweg nach Indien fanden, trug dies nicht wenig zur Werthschätzung der Astronomie bei. Selbst daß die Fürsten= macht sich während des sechzehnten Jahrhunderts in ganz Europa auf Kosten älterer ständischer Rechte und Freiheiten vergrößert hatte, fügte der Astronomie keinen Schaden zu. Unter ihren Förderern findet man Kaiser, Könige und Fürsten, wie den dänischen König Friedrich den zweiten und den deutschen Kaiser Ru= dolf den zweiten. Ja der Landgraf Wilhelm von Hessen begnügte sich nicht, Astronomen zu unterstützen, sondern wurde selbst einer von ihnen, ausgezeichnet durch treffliche Beobachtungen. In dieser Förderung der Astronomie wetteiferten reiche Patrizier der freien Reichsstädte mit den Souveränen, wie Bernhard Walther zu Nürnberg, wie die Gebrüder Heinzelen zu Augsburg. Sie gaben einer dem andern die Fackel — Peuerbach, Regiomontan, Bern= hard Walther, Stoffler, Peter Appian, Copernikus, Rethicus, Reinhold, Landgraf Wilhelm, Rothmann, Mästlin, Tycho Brahe — bis zuletzt die Fackel in den Händen Kepler's den ganzen Weltbau erhellte und eine neue Weltanschauung begründete. Mit Hilfe der copernikanischen Hypothese erneuerte Kepler die den Anfang aller mathematischen Naturforschung

bildende Lehre der Pythagoräer von der Weltharmonik, und schrieb zugleich
das ewige Gesetzbuch der Planetenbewegung; so blickte er janusköpfig in die
fernste Vergangenheit und späteste Zukunft der Wissenschaft — unsterblich, wie
kaum ein zweiter!

Vier Momente können wir in dem Leben jedes großen Mannes unter=
scheiden und mit vier Worten „inhaltsschwer" bezeichnen. Zuvörderst muß
ihn Natur mit ihrer kostbarsten Gabe, mit angebornem „Genie" beschenken;
natura facit habilem, die Natur verleiht die Fähigkeit, lautet der oft an=
geführte Ausspruch der Alten. „Was hilft es, daß ein Unfähiger nach Sala=
manka des Studirens halber reist", sagt der Spanier Juan Huarte in seiner
„Prüfung der Köpfe zu den Wissenschaften". Weitläufig setzt Huarte in diesem
berühmten Werke auseinander, daß es verschiedene Arten des Genies gäbe,
von welchen jede zu einer anderen Kunst oder Wissenschaft geeignet mache;
der Arzt Galen hätte nie als Rechtsgelehrter, der Jurist Balbus nie als Heil=
künstler berühmt werden können. Wie der Most feurig gährt, bevor er zu
köstlichem Wein wird, so verräth auch der große Mann schon in seiner jugend=
lichen Entwicklung durch Pläne, Entwürfe, Versuche seine natürliche Anlage,
zeigt deren eigenthümliche Beschaffenheit durch die Leichtigkeit und Begeisterung,
womit er die ihr angemessenen Gegenstände erfaßt, und offenbart so, daß und
wozu er berufen ist. — Um aber Leistungen zu vollbringen und Erfolge zu
erlangen, bedarf der große Mann außer der Fähigkeit auch noch günstiger
Umstände. Eine passende Aufgabe (bei Cäsaren und Religionsstiftern nennt
man dieselbe „Mission") muß sich ihm darbieten; er muß den rechten Moment
finden; der Boden in dem er Wurzeln schlagen soll, muß gelockert und gedüngt
sein; die äußeren Verhältnisse müssen ihn unterstützen oder um astrologisch zu
reden, „die Sterne" müssen ihm gewogen sein; dem In=Uns muß das Außer=
Uns entsprechen — denn das Genie ist nichts ohne das Glück, erst mit diesem
im Bunde ist es auserwählt. — So mächtig, selbst übermächtig jedoch der
Einfluß des günstigen Geschickes auf den Erfolg des Tages ist, so sicher auch
„Cäsar und sein Glück" in den Hafen einlaufen, so muß sich dennoch ein
fernerer Faktor hinzugesellen, soll das glückliche Genie von jener unauslöschlichen
Glorie umstrahlt sein, wodurch es zum Vorbilde aller späteren Geschlechter
wird: der große Mann muß Vertreter einer Idee, eines Gedankens sein,
der ihn und den er unsterblich macht. Hat er diesen Gedanken seines Lebens
gefunden, so muß er sich ihm völlig hingeben und opfern, muß, zugleich Mönch
und Soldat, dafür leiden und kämpfen, muß sein Leben, Besitzthum, Familien=
glück dafür in die Schanze schlagen. So wird er verklärt — denn ohne
Kreuzigung kein Christus. — Ruht er endlich im Grabe, so gehen noch
posthume Wirkungen von ihm aus. Er war „ein Bürger kommender Jahr=
hunderte" und diese betrachten ihn daher als den ihren. Indem die streb=
samen Geister aller Folgezeiten an ihn anknüpfen, ist er auferstanden und
der Tod hat seine Macht an ihn verloren — ter quaterque beatus.

Alle diese vier Momente finden sich nun bei Kepler nicht nur vereint, sondern zugleich in so charakteristischer Weise an verschiedene Zeitepochen vertheilt, daß sie uns in dem Leben dieses großen Mannes deutlicher ausgeprägt, als in dem jedes anderen, in die Augen springen. Sie bilden daher die Grundlage für die Eintheilung dieses Werkes in die vier Bücher: **Berufen, auserwählt, verklärt, auferstanden.**

Phantasie und Scharfsinn, ohne welche jede Leistung in Wissenschaft oder Kunst unmöglich ist, besaß Kepler beide im ungewöhnlichsten Ausmaß. So rege war seine Phantasie, daß sie ihn, wie er in seiner selbstverfaßten Nativität*) berichtet, schon im unreifen Knabenalter zu poetischen Versuchen führte. Zunächst wählte er zu deren Gegenständen Räthsel, Akrostichen, Anagramme. Bald verließ er aber bei entwickelterem Urtheil diese niederen Dichtungsarten und wendete sich zu den höheren Gattungen der Lyrik, wie pyndarischen Oden und dergleichen. Die ungewohnten Stoffe, die er in diesen besang: die Ruhe der Sonne, der Ursprung der Flüsse, des Atlas' Ausblick auf die Wolken, verriethen bereits die Richtung seiner feurigen Einbildungskraft auf räthselhafte oder erhabene Erscheinungen der Natur. Seinen Scharfsinn bezeigten die Disputationen, die er mit seinen Schulcollegen über die verschiedensten wissenschaftlichen Fragen hielt und wobei er sich in der Aufstellung und Vertheidigung von Paradoxen gefiel, wie z. B. daß die literarischen Studien ein Zeichen des Verfalls Deutschlands seien! Obwohl er auch Theologie, Filosofie und Geschichte mit Eifer betrieb, so hegte er doch schon frühe eine besondere Vorliebe für die mathematischen Studien. Kaum war ihm durch seinen Lehrer Mästlin das copernicanische System bekannt geworden, so fühlte er sich schon von dessen Wahrheit überzeugt; die Einfachheit und Großartigkeit der neuen Weltanschauung gewann ihn sogleich für dieselbe. Der siebzehnjährige Jüngling schrieb eine Abhandlung über die tägliche Bewegung der Erde und ersann für deren jährliche Bewegung, auf welche Copernicus durch geometrische Betrachtungen geleitet worden war, „physische oder vielmehr metaphysische" Ursachen**). Als er mit 23 Jahren Professor der Mathematik an der ständischen Stiftsschule zu Graz geworden war, womit er zugleich die astronomische Pflicht, jährlich einen Kalender anzufertigen, übernommen hatte, stellte er sich mit gereisteren Kräften neuerdings die Aufgabe, das copernicanische System fester zu begründen. Er glaubte dieses am besten zu erreichen, wenn er nach einer apriorischen Ursache für die aus dem copernicanischen System folgenden Entfernungen der Planeten um die Sonne frug. Eine solche Ursache meinte er in den fünf regelmäßigen Körpern der Geometrie entdeckt zu haben. Er legte diesen Gedanken, der eben so kühn in der Erfindung, als schwierig in der Durchführung war, in jener merkwürdigen Jugendschrift nieder, welche den Titel: das Geheimniß des Weltbaues (Mysterium cosmographicum), führt,

---

*) Frisch, J. Kepleri op. omn., v. V., p. 476 etc.
**) Frisch, J. Kepleri op. omn., v. I., p. 106.

und bereits zahlreiche Ahnungen späterer astronomischer Entdeckungen Kepler's enthält. So lehrt jeder Zug der Jugendgeschichte und Entwicklung Kepler's, daß er sich durch sein „besonderes Genie" (wir entlehnen den Ausdruck von Huarte) nicht nur zum Astronomen überhaupt, sondern zu eben jenem Astronomen eignete, der die gesammte Sternkunde reformiren sollte — daß er berufen war.

Mag aber auch Kepler viele jener Fragen, durch deren Beantwortung er nachher unsterblich wurde, schon im „Geheimnisse des Weltbaues" gestellt haben, die Lösungen zu denen er darin gelangte, sind noch durchwegs geistreicher Irrthum. Hätte Kepler diese Schrift allein verfaßt, so würde er das harte Urtheil des Sokrates über ähnliche Spekulationen nicht widerlegt haben; die lange Reihe phantastischer Vermuthungen hätte blos um Eine mehr gezählt. Noch fehlte Kepler der Schlüssel, der ihm die Riegel heben sollte. Aus den Beobachtungen, die ihm damals zu Gebote standen, konnte er die elliptische Form der Planetenbahnen nicht entnehmen. Doch waren die Beobachtungen, die er hiezu bedurfte, zu jener Zeit schon vorhanden. Tycho Brahe hatte sie in zwanzigjährigen Bemühungen und mit Hilfe zahlreicher Schüler zu Uranienburg dem Himmel abgewonnen. Sollte Kepler nicht blos zu jenen Vielen zählen, die berufen, sondern zu jenen Wenigen, die auserwählt sind, so mußte er Gelegenheit zur Benützung der tychonischen Beobachtungen finden. Ein Mißgeschick, das über seine Person hereinbrach, schlug zum Glücke seines Genies aus. Durch die Protestantenverfolgung des Erzherzogs Ferdinand verlor er seine Professur zu Graz. Da berief ihn Tycho, der damals am Hofe Rudolf des zweiten zu Prag weilte, zum Gehilfen seiner Arbeiten und Beobachtungen; und als Tycho schon ein Jahr nach Kepler's Ankunft in Prag starb, ward Kepler nicht nur sein Nachfolger als kaiserlicher Mathematikus und Sternwartdirektor, sondern aus der Erbschaft fielen ihm auch die Jahrbücher der tychonischen Beobachtungen, 24 geschriebene Folianten, als das ihm wünschenswertheste Vermächtniß zu. Er mußte dagegen nur die Verpflichtung übernehmen, aus diesem reichen Schatze von Beobachtungen neue und richtigere Himmelstafeln als die bisherigen zu berechnen. Durch die berühmten rudolfinischen Tafeln löste er, allerdings nach mehr als zwei Jahrzehnten, dieses Versprechen ein. Aber zunächst benützte er die tychonischen Beobachtungen, das große Räthsel der Planetenbahnen zu lösen und so der bevorzugte Nachfolger der vorsokratischen Filosofen zu werden. Im achten Jahre nach dem Tode Tycho's veröffentlichte Kepler in seinem epochemachenden Werke: die neue Astronomie, zwei Gesetze, durch deren erstes er die elliptische Figur der Planetenbahn, durch deren zweites er das Gesetz der Bewegung der Planeten in dieser Bahn angab. Es sind dies die zwei ersten Kepler'schen Gesetze. Ueber deren Verhältniß zu den tychonischen Beobachtungen spricht sich Kästner trefflich in folgenden Worten aus: „Ohne Tycho's Beobachtungen wäre die elliptische Bewegung der Planeten nicht entdeckt worden, aber nur Kepler konnte aus diesen Beobachtungen die elliptische Theorie herleiten. Die Beobachtungen verhielten sich ungefähr zu Kepler, wie ein Block parischer Marmor zum Phidias. Und daß der Künstler, ehe er Marmor hatte, auch in Holz bewundernswerth schnitzte, zeigt sein Mysterium cosmographicum". Aber das Holz, fügen wir bei, wird vom Würmerfraße zerstört und Unvergängliches läßt sich nur in Marmor schaffen. Also erst indem Kepler in den Besitz der tychonischen Beobachtungen gelangte, erhielt sein Genie die Gelegenheit, Unsterbliches zu leisten — erst dadurch war er auserwählt.

Auch das Märtyrerthum des großen Mannes blieb Kepler nicht erspart. Ja, wie einer der größten, war er auch einer der unglücklichsten. Die Idee jedoch, der er diente, bestand die Probe. Binnen einem einzigen Jahre (1611) sah er seinen kaiserlichen Beschützer Rudolf entthront, sich die Besoldung vorenthalten, seine Frau im Fieberparoxismus verscheiden, drei Kinder an den Pocken erkrankt und eines derselben auf der Bahre. Aber damit war der Köcher des Unglücks noch nicht erschöpft, weitere Pfeile waren für spätere Zeiten aufbewahrt. Im Jahre 1615 wurde seine beinahe siebenzigjährige Mutter in ihrem Wohnorte Leonberg als Hexe angeklagt und bis 1621 dauerte der unglückselige Prozeß. Kepler litt während dieser Zeit unsäglich. Er, der die Schande für „der Uebel größtes" erklärte, mußte jahrelang in der Furcht schweben, seine Mutter werde zu Tortur und schimpflicher Hinrichtung verurtheilt werden; er, der einer der aufgeklärtesten Geister aller Zeiten war, mußte mit der finstersten Ausgeburt mittelalterlichen Aberglaubens um das Leben seiner Mutter ringen. Nur mit Mühe und nur durch seine persönliche Dazwischenkunft konnte er dieselbe vom Scheiterhaufen retten. Stellung und Heimat zu Linz, wo er nach seiner Entfernung vom kaiserlichen Hofe Professor der Mathematik am ständischen Gymnasium geworden war, raubte ihm der dreißigjährige Krieg. So fehlte schließlich demjenigen, der dem Menschengeiste die Gesetze des Himmels erschlossen hatte, jeder feste Wohnsitz auf der Erde. Er irrte die letzten Jahre bis zu seinem Tode heimatlos herum. Unter solchen Trübsalen und Wirrnissen entfaltete Kepler dennoch eine so unermüdliche Thätigkeit, daß er zahlreiche bedeutende Werke schrieb, die rudolfinischen Tafeln vollendete und seinen unvergänglichen Entdeckungen neue hinzufügte. Wie vermochte er dazu die Kraft der Seele und die Freiheit des Geistes zu finden? Darauf antwortet er uns selbst mit den bedeutungsvollen Worten: „Als mein Töchterchen starb, verließ ich die Tafeln und wandte mich zur Harmonie der Welt." Die alte pythagoräische Idee von der Harmonie der Welt, die erhabenste Auffassung der Natur, welche uns das Alterthum überlieferte, war es demnach, welche ihn in den schweren Prüfungen seines späteren Lebens aufrecht erhielt. Diese Idee war der Ausdruck einer ewigen Wahrheit, denn ihr tieferer Sinn ist: harmonische Weltordnung unter der Herrschaft von Naturgesetzen. Allerdings sind dann die Tongesetze nicht die einzigen Naturgesetze und durfte man unter Sphärenharmonie nicht Sphärenmusik verstehen. Die schöne Idee von der Weltharmonie begeisterte Kepler zu einem Versuche, ob man nicht mit den richtigen Dimensionen des Weltalls und den wahren Bahnen der Planeten noch herrlichere Sphärenakkorde entdecken könne, als Ptolemäus und andere mit den falschen aufgestellt hatten. Doch beschränkte er die harmonischen Beziehungen, die er suchte, nicht auf musikalische Intervalle, auch andere Zahlenverhältnisse zog er in den Kreis seiner Betrachtung. Diesem letzteren Umstande verdankt man es, daß Kepler's „Harmonie der Welt," dieses merkwürdigste Werk seines reiferen Alters, eine Perle enthält, wie kein zweiter Forscher eine wunderbarere aus dem tief geheimnißvollen Schoße der Natur ans helle Tageslicht verständiger Erkenntniß emporzog. Wir meinen das dritte Kepler'sche Gesetz. Während sich die ersten zwei Gesetze auf die Bahn jedes Planeten einzeln genommen beziehen, schlingt dieses Gesetz ein natürliches Band um sämmtliche Planetenbahnen. Es bewirkt nicht blos, wie ein Sphären= akkord, einen äußeren Zusammenklang, es stellt einen inneren ursachlichen Zu= sammenhang zwischen den Erscheinungen her. Es ist ein Stück Weltharmonie anschaubar durch den Geist. Derselbe wird dadurch, wie schon Kepler sagt, ebenso entzückt, wie das Ohr durch Musik. Eben dieses Entzücken des Geistes über die Harmonie der Welt war es, was Kepler über den Verlust eines geliebten Kindes tröstete und in dem entsetzlichen Hexenprozesse der Mutter auf= recht erhielt; er vergaß darüber alles Irdische und gerieth in jene Noth und Be= drängniß, in welcher er auch starb — in des Wortes bestem Sinn: verklärt.

Wir glauben im Vorhergehenden die Bezeichnung der drei Hauptperioden im Leben Kepler's: von der Geburt bis zum Zusammentreffen mit Tycho, eilfjähriger Aufenthalt zu Prag, und endlich: Zeit von der Uebersiedlung nach Linz bis zum Tode, durch die drei Worte: „Berufen," „Auserwählt," „Verklärt," hinlänglich gerechtfertigt zu haben. Daß wir die posthumen Schicksale Kepler's unter der Ueberschrift: „Auferstanden," selbstständig be= handeln, dazu veranlaßt uns ein besonderer Umstand. Mit Hartnäckigkeit, ja mit Erbitterug hielten die Menschen zu Kepler's Zeit an der Sinnestäuschung von der ruhenden Erde fest. Mit Hülfe der copernikanischen Lehre konnte man sich aber im Geiste auf jeden anderen Körper unseres Systemes versetzen und die Himmelserscheinungen so construiren, wie sie sich von dort aus einem Auge darstellen würden. Eine solche Construktion für den Standpunkt des uns nächsten Himmelskörpers, des Mondes, entwarf Kepler in einem phantastischen Werke: der Traum vom Monde. Darin erzählt ein Genius dem fingirten Helden Durakoto von der Reise nach dem Monde und von den Himmelser= scheinungen, wie sie die Mondbewohner wahrnehmen. Für diese ruht der Mond, wie für uns die Erde. Daß aber der Mondbewohner irrt, sieht jeder Leser als Erdbewohner ein. Dadurch werde er, hoffte Kepler, auch die Täuschung be= züglich des von ihm selbst bewohnten Himmelskörpers begreifen lernen. Den Plan dieser merkwürdigen Schrift hatte Kepler schon in früher Jugend als Student zu Tübingen gefaßt und beinahe bis zu seinem Ende legte er Hand daran. Er hinterließ den Traum vom Monde, ohne dessen Drucklegung auch nur begonnen zu haben; erst einige Jahre nach seinem Tode veröffentlichte ihn sein Sohn. Einsam, verlassen, unbeachtet war Kepler gestorben. Nun rief sein Geist den Menschen vom Monde aus zu: Auferstanden.

Der Ruf verhallte aber im Waffengetöse des breißigjährigen Krieges. Durch ein seltsames Verhängniß hatte in demselben Jahre, wo Kepler seine „Harmonie der Welt" vollendete, der blutige Bruderzwist begonnen. Man stritt um den besten Weg zum Himmel, und machte die Erde zur Hölle. Der unselige, ein Menschenalter dauernde Krieg hinterließ Deutschland verwüstet, seine Bevölkerung auf die Hälfte gesunken und nicht nur seinen Wohlstand, sondern auch seine gesammte geistige Kultur vernichtet. Die Astronomie Kepler's wanderte aus und fand ihre fernere Pflege in England und Frankreich; seine Weltharmonie gestaltete sich im Geiste Newtons zur Mechanik des Himmels um, und das Fernrohr bestätigte in den Händen der Cassini's, Halley's, Bradley's 2c., daß den Gesetzen Keplers und Newton's das Sternenall gehorche. Ja, Deutschland sollte nicht einmal die zurückgebliebenen Manuscripte Kepler's behalten. Den Verwüstungen des breißigjährigen Krieges waren sie entgangen; wie durch ein Wunder waren sie bei jenem großen Brande gerettet worden, welcher 1679 beinahe sämmtliche Bücher und Manuscripte ihres damaligen Besitzers, des berühmten Astronomen Hevelius, verzehrte. Dennoch verlor sie das Vaterland. Den weitaus größten Theil derselben kaufte Kaiserin Katharine II. und während sein geistiges Erbe westwärts nach England und Frankreich ging, führte man seine Handschriften ostwärts nach Rußland.

Doch nicht für immer sollte solche Barbarei in Deutschland herrschen. Zugleich mit jener großen Literaturperiode, in welcher Deutschlands Dichter mit Shakespeare wetteiferten, fand Kepler's Astronomie in ihrer Heimat erneuerte Pflege. Wenn auch nicht ihm selbst, seinen Nachfolgern in anderen Ländern, vermochten nun deutsche Astronomen die Palme wieder streitig zu machen. Leonhard Euler, Tobias Mayer, Gauß, Bessel, Encke, Hansen, und Mädler sind Namen, würdig der Nation, die Kepler den ihren nannte. Die Idee von der Harmonie der Welt, von einem solchen inneren Zusammenhange des Weltganzen, daß „wie beim Webermeisterstücke, ein Tritt tausend Fäden regt," kehrte gleichfalls in das Vaterland Kepler's zurück; von ihr begeistert schuf Humboldt seinen Kosmos und entwarf in der Sprache Göthe's und Schiller's ein so wunderherrliches Naturgemälde, wie kein zweites Volk ein gleiches aufzuweisen hat. Mußte aber bei einem Manne, von welchem Förster mit Recht sagt, daß er gerade „durch die menschliche Bedeutung seines Forschens" hervorragte, mit der Wiedererweckung seiner Leistungen und Ideen nicht auch das Andenken seiner Persönlichkeit der Vergessenheit entrissen werden? Kaestner, Herder, Ostertag und Andere erhoben ihre Stimme; mehrfach erschienen Schriften über sein Leben und die Nation führt seinen Namen an, so oft sie von ihren größten Geistern spricht. Nicht in Rußland, wie Katharina einst stolz beabsichtigt hatte, in Deutschland, in seinem engeren Vaterlande Württemberg werden jetzt seine hinterlassenen Handschriften veröffentlicht, als Bestandtheil jener Gesammtausgabe seiner Werke, welche Rektor Frisch in Stuttgart mit eben so viel Glück als Geschick besorgt. Kepler's Genius ge-

langt darin zu einer alle Zweige seines reichen Schaffens und Wirkens um=
fassenden Auferstehung.

Hatte in England Watt allein fünf große Statuen und Newton außer
seinem prächtigen Monumente in der Westminsterabtei noch ein zweites zu
Cambridge erhalten, so konnte sich Deutschland doch nicht mit jener Marmor=
büste in einem Ruhmestempel begnügen, welche dem Gedächtnisse Kepler's in
Regensburg, seinem Sterbeorte, gewidmet ist. 1808 hatte Carl von Dalberg
dieses erste Denkmal Kepler gesetzt. Aber nicht ein Einzelner, sondern nur
die gesammte deutsche Nation konnte Kepler ein seines Genius, seiner unsterb=
lichen Leistungen würdiges Denkmal errichten. Seit beiläufig einem Jahrzehnt
fließen aus allen Gauen Deutschlands Beiträge nach Kepler's Geburtsort, nach
Weilderstadt, um daselbst ein Monument des Gründers der modernen Astronomie
erstehen zu lassen, wie kein Gelehrter, kein Mann der Wissenschaft bis jetzt ein
herrlicheres besitzt. Mit dem Denkmale Friedrichs des Großen in Berlin, mit
dem Lutherdenkmale zu Worms wird das Kepler=Denkmal zu Weilderstadt das
„dritte im Bunde" sein; an Schönheit, Großartigkeit und — an nationaler
Bedeutung. Wie im Denkmale Friedrichs des Großen die deutsche Aufklärungs=
periode durch ihre größten Heroen Kant und Lessing, im Lutherdenkmale
das gesammte deutsche Reformationszeitalter durch Melanchthon und andere
Mitstreiter für die Freiheit des Glaubens und der Forschung vertreten ist, so
feiert auch das Kepler=Denkmal nicht blos ihn, sondern zugleich jene ältere Epoche
deutscher Astronomie, welche er zur höchsten Vollendung, zu einem ruhmreichen
Abschlusse geführt hat. An den vier Ecken des Piedestals schmücken das Mo=
nument Statuen. Durch diese werden dargestellt: Copernikus, der die wahre
Weltordnung entdeckte, auf welche Kepler baute; Tycho Brahe, der das
Erz jener Beobachtungen schürfte, welches Kepler in die Formen seiner ewigen
Gesetze goß; Mästlin, der Lehrer, der Kepler und Galilei dem neuen Welt=
system gewann; und endlich Jobst Byrg, der gelehrte Mechaniker, der dem
Landgrafen Wilhelm, dem Astronomen unter den Fürsten, und Kepler, dem
Fürsten unter den Astronomen, optische und astronomische Instrumente lieferte*).
Man frage bezüglich des Letztgenannten nicht: Wie kömmt Saul unter die
Propheten, wie der Mechaniker unter die Astronomen? Auf dem Denkmale
des Gelehrten auch den Mechaniker zu verewigen, der ihm die Werkzeuge zu
Beobachtungen und Versuchen anfertigte, ist ein Gedanke, höchst würdig des
Zeitalters der Dampfmaschinen und Weltausstellungen. Daß aber Kepler's
Monument nicht blos ihn selbst, sondern überhaupt die deutschen Architekten
jenes Gebäudes verherrlicht, das er krönte, entspricht auf das trefflichste dem
großen nationalen Aufschwunge, von dem heutzutage die deutsche Nation er=
griffen ist**).

---

*) Der Vorschlag, die Statuen der genannten vier Männer am Piedestale des
Monumentes anzubringen, rührt von Herrn Rektor Frisch her.

**) Zu den „deutschen Architekten" glaubten wir hier auch Tycho zählen zu dürfen.
Obschon in Dänemark geboren, gehört er doch unzweifelhaft zur „deutschen Bauhütte".

Wie das Kepler=Denkmal zu Weilderstadt auch die vorliegende Lebens=
geschichte veranlaßte, in welcher Weise diese entstand, aus welchen Quellen sie
schöpfte, erfuhr der Leser bereits aus dem Vorworte des Herausgebers. Möge
es ihr gelingen, aus den bunten bewegten Lebensschicksalen des großen er=
habenen Mannes einen Kranz zu flechten, würdig auf die Stufen seines Denk=
mals niedergelegt zu werden. Einst glaubte man das Loos des Menschen in
den Sternen lesen zu können und Kepler selbst suchte in seiner eigenen, von
uns schon erwähnten Nativität die merkwürdige Beschaffenheit seines Geistes und
Gemüthes aus der Stellung der Sterne bei seiner Geburt abzuleiten. Längst
ist nun aller Glaube an einen solchen Einfluß der Sterne auf Schicksal und
Charakter verschwunden. Dennoch muß jede Biographie Kepler's die hohe
Bedeutung der Sterne für dessen Leben anerkennen, nur, daß nicht die Sterne
ihm, sondern er ihnen unabänderliche Gesetze gab.

Erstes Buch.

Berufen.

Erstes Kapitel. Abstammung.

Ein jedes Band, das noch so leise die Seelen an einander reiht,
Wirkt fort in unsichtbarer Weise, durch unberechenbare Zeit.
Platen.

Wie es am Firmamente zwei mächtige Leuchten gebe, schrieb der Meister-
pabst Innocenz III, eine größere, welche den Tag, und eine kleinere, welche die
Nacht erhelle, so seien auf Erden zwei Gewalten eingesetzt, die größere über
die Seelen, die kleinere über die Leiber: das geistliche und weltliche Herrscher-
thum. Das letztere borge seinen Glanz ebenso vom Pabste, wie der Mond sein
Licht von der Sonne. Erst indem der Pabst die Kaiserkrone bewillige, erhalte
die deutsche Königswahl ihren Abschluß; dann erst seien der Pabst und der
Kaiser die beiden Schwerter, die beiden Hälften Gottes. Aber nicht nur der
Pabst, der hierauf seinen stolzen Anspruch, über dem Kaiser zu stehen, gründete,
sondern das ganze Mittelalter bekannte sich zu dem Grundsatze: daß der von
den deutschen Churfürsten gewählte König erst durch die Krönung in Rom zum
deutschen Kaiser werde, daß ihm der Pabst allein die Krone Karls des Großen
auf das Haupt setzen könne. Jeder deutsche König war daher auf eine Romfahrt bedacht; so auch Sigismund aus dem Hause Luxemburg. In dessen Gefolge begegnen wir zum erstenmale den Ahnen Kepler's.

Cicero findet es in dem bekannten Ausspruche: Proavum nescire turpe
est, schimpflich, seine Ahnen nicht zu wissen. Vor diesem Vorwurfe war Kepler
gesichert; seinen eigenen Aufzeichnungen verdanken wir die Kenntniß seiner
Voreltern*). Er war aus altem adeligen Geschlechte. Man kann die Zeit
vor Kepler's Geburt rauh, ja selbst roh nennen, Eines muß man ihr aber
nachrühmen, sie liebte Treue und Wahrhaftigkeit. Sie kannte daher noch nicht
jene moderne Erfindung: „Titel ohne Mittel". Als der Ururgroßvater Kepler's
in der freien Reichstadt Nürnberg ein bürgerliches Gewerbe ergriff, so bediente
er sich auch nicht mehr des adeligen Prädikates. Und Kepler unterzeichnete
sich in seinen Briefen und Werken stets als ein Bürgerlicher. Dennoch wurde
der Nachweis seiner adeligen Herkunft von entscheidender Bedeutung für ihn in
der wichtigsten Herzensangelegenheit seiner Jugend. Unsere Leser werden sehen
in welcher Weise. Auch sonst konnte Kepler sich seines Ursprungs gar wohl

---

*) Hanschius, Joannis Keppleri vita, p. V.

erinnern, wenn ihm Adelsstolz hochmüthig entgegentrat. So schrieb an ihn Graf Vincenz Blanchus aus Venedig, er danke täglich Gott, dem Höchsten und Besten, daß er ihn aus einer alten und ritterlichen Familie entspringen ließ und daß Kaiser Sigismund alle rechtmäßigen Angehörigen seiner Familie mit dem Grafentitel geschmückt habe*). Kepler antwortete ihm mit feiner Ironie: „die Philosophie selbst, welche bis jetzt bei mir im bürgerlichen Kleide wohnte, hat heute auf die Nachricht hin, zu welch' hochabligem Manne sie mir als Botin dienen solle, ein vornehmeres Gewand angezogen. Denn auch in mir hat Kaiser Sigismund einigen adeligen Geist erweckt. Er hat, wie mir überliefert wurde, einen meiner Ahnen Friedrich, zugleich mit dessen Bruder Heinrich, unter anderen schwäbischen Reitern, die in seinem Gefolge waren, 1430 auf der Tiberbrücke zu Rom zum Ritter geschlagen. Durch Dürftigkeit sanken jedoch meine nächsten Vorfahren schon seit etwa hundert Jahren zu Kaufleuten und Handwerkern herab. Die erst vernachlässigten Dokumente gingen endlich verloren, bis sodann Maximilian, der zweite, 1564 eine allgemeine Bestätigung neuerdings gab. Doch zur Sache**)." Und an einer späteren Stelle desselben Briefes führt Kepler den lateinischen Spruch an: „Das Geschlecht und die Ahnen und Alles, was wir nicht selbst gethan haben, halte ich kaum für unser eigen".

Wie Kepler in diesem Briefe von seinem Ahnen Friedrich und dessen Bruder Heinrich, so erzählt ein erst kürzlich im Wiener Adelsarchive aufgefundener Wappenbrief***) von zwei Brüdern: Friedrich und Konrad. Sonderlicher Ehre werth nennt darin Kaiser Sigismund alle Jene, deren Vorvordern nicht minder als sie selbst dem heiligen Reiche deutscher Nation Dienste erwiesen haben. Eben deßhalb habe er, fährt er fort, nach empfangener Krone die zwei Kepler „auf der Tiber=Prucken allhie zu Rom mit aygen Hentten zu Ritter geschlagen, erhohet vnd gewirdiget". Allerdings spricht Kepler von 1430, während Sigismund erst 1433 gekrönt wurde. Auch heißt bei ihm Friedrichs Bruder Heinrich statt Konrad. Doch sind dies kleine Gedächtnißfehler, welche der Uebereinstimmung in der Hauptsache nur um so mehr Beweiskraft verleihen. Das Wappen, welches der kaiserliche Brief beschreibt, ist dasselbe, das später Kepler und seine unmittelbaren Vorfahren zu führen berechtigt waren. Nur die Krone über dem Helme fehlt noch. Es ist sonach erwiesen, daß Kepler's Ahne Friedrich auf der Tiberbrücke von Kaiser Sigismund zum Ritter geschlagen wurde†).

An die Tiberbrücke geleitete der Pabst den Kaiser, nachdem er ihm die Krone im Dome zu St. Peter aufs Haupt gesetzt und vor demselben die goldene Rose gegeben hatte. Kaiser und Pabst ritten unter einem Baldachine bis zur Tiberbrücke. Hier kehrte der Pabst zurück, und der Kaiser ließ das Reichspanier mit dem Doppelaare und die St. Georgsfahne entfalten. Zur Feier der ge=

---

*) Hanschius, Joannis Keppleri aliorumque epistolæ, p. 603.
**) Ebendaselbst p. 607.
***) Beilage I.
†) Aus eben jener Zeit stammt auch eine Nachricht von einem „Ritter, Herrn Hanns Keppler", deren Kenntniß wir dem kön. bair. Archivconservatorium Nürnberg verdanken.

lungenen Romfahrt schlug er nun die treuen Gefährten zu Rittern, so Fürsten und Grafen, wie einfache Herren und Edelleute.. Sodann zog er, die Krone auf dem Haupte und die goldene Rose in der Hand, durch die jubelnde Menge, unter welche von seinen Kammerherren klingende Münze ausgeworfen wurde. Den neuen Rittern in seinem Gefolge mochte es dabei dünken, es gebe zwischen Himmel und Erden nichts Fürnehmeres und Edleres, als sie.

Die beiden Kepler, die so durch Kaiser Sigismund ausgezeichnet wurden, sollen aus dem alten Geschlechte der Kappel, Kappler oder Kapeller abstammen. Manche wollten diesen Namen von dem Worte: „Kapelle" herleiten*). Ebenso unerwiesen ist es, ob zu den von Kaiser Sigismund erwähnten Vorvordern der heldenmüthige Berthold Kappler gehört habe, welcher in der Schlacht bei Laa wider König Ottokar am 26. August 1278 dem Kaiser Rudolf von Habsburg das Leben rettete. Nicht lange vorher hatte Alfons von Castilien durch die von ihm angeordneten und nach ihm benannten Tafeln die Sternkunde aus dem Oriente nach Europa verpflanzt. Rudolf von Habsburg war der Nachfolger Alfons' von Castilien auf dem deutschen Kaiserthron. Noch aber fand die Himmelskunde keine Heimath auf deutscher Erde, und viertehalb Jahrhunderte sollten noch vergehen, bevor ein anderer Kepler unter dem Schutze und im Namen eines anderen Rudolf von Habsburg die alfonsinischen Tafeln durch bessere, durch die rudolfinischen ersetzte und der Astronomie zu

Nach Archivalquellen ist vor dem Rathe der Stadt Nürnberg ein Ritter, Herr Hanns Keppler, erschienen und hat einen offenen Brief vorgewiesen, „den ihm", lassen wir die Alten selbst sprechen, „unser gnädigster Herr, der römische König, an männiglich gegeben hat, ihm Förderung zu thun nach des Briefes Ausweisung". Zufolge dieses Briefes schrieb der Rath der Bitte des Ritters entsprechend am 21. März 1431 an die Städte Ulm und Konstanz. Waren nicht vielleicht jene Kepler, die den Kaiser auf der Römerfahrt begleiteten, mit Ritter Hanns Kepler verwandt? Dann hätten wir wohl auch den Stammsitz der Familie in und um Nürnberg zu suchen. Dies gewinnt dadurch einige Wahrscheinlichkeit, daß die Vorfahren Kepler's, als sie am Ende des fünfzehnten Jahrhunderts Nürnberg zum Wohnsitz wählten, sich Kepner, auch Keppner schrieben, wie solches auch einmal von Kepler selbst in einer Zuschrift an den Nürnberger Magistrat geschah (siehe Beil. Vª), während sich Personen mit dem gleichen Namen schon lange vorher, schon im vierzehnten Jahrhundert in Nürnberg nachweisen lassen. Die betreffenden archivalischen Daten findet der Leser in Beil. Vᶜ. Dort theilt der Herausgeber auch jene von ihm an verschiedenen Orten aufgefundenen älteren Keplernamen mit, bei welchen er bis jetzt keinen Zusammenhang mit dem Ahnenstamme Kepler's nachweisen konnte. Weder die Uebersiedlung der Vorfahren Kepler's nach Nürnberg, noch deren Namensänderung nöthigt jedoch mit zwingender Gewalt zur Annahme der Hypothese, daß die früheren Kepner oder Keppner in Nürnberg zu den Ahnen Kepler's gehört hätten. Die Niederlassung zu Nürnberg läßt sich auch aus Lage und Wohlstand der Stadt, die Namensänderung aus den sozialen Verhältnissen des Mittelalters erklären. Näheres darüber wird der Leser an einer späteren Stelle des Textes finden.

*) A. F. C. Vilmar äußert sich in dem Werkchen „Die Entstehung und Bedeutung der deutschen Familiennamen" (II. Aufl. Marburg, J. A. Koch, 1855) über die Bedeutung des Namens „Kepler", wie folgt: „Den alten Verhältnissen der Kirche gehören Namen an, wie z. B. Kepler (Augustinermönch), aber auch Gogelmönch — Kugelherr — und Augustiner)" — der Name hieß also ursprünglich „Käppeler" von Kappe (Gugel) nicht aber „Kapeller" von Kapelle. N.

2*

unblutigen Siegen am Himmel verhalf. Von der Zwiſchenzeit mochte man mit
Göthe ſagen:

> „Eingefroren ſahen wir ſo Jahrhunderte ſtarren,
> „Menſchengefühl und Vernunft ſchlich nur verborgen am Grund.“

Nicht ganz 30 Jahre nach dem Wappenbriefe Kaiſers Sigismund, im Jahre
1463, folgte ein zweiter — Kaiſer Friedrich des dritten. Auch dieſer iſt noch
im Wiener Adelsarchive vorhanden*). Er beſtätigt den früheren und fügt dem
Wappen noch eine Krone über dem Helme hinzu und zwar ob der treuen
Dienſte, die Cunz (Konrad) Keppler dem Kaiſer in Wien geleiſtet hatte.
Bekanntlich war 1462 ein Aufſtand daſelbſt ausgebrochen und die Empörer
belagerten den Kaiſer in der Burg ſeiner Väter. Wie ſpäter Mathias gegen
Rudolf II., war des Kaiſers Bruder Albrecht ſelbſt wider ihn. Der ſonſt
träumeriſche und etwas weichmüthige Kaiſer erwies ſich aber in dieſer Noth
muthvoll und energiſch. Die Gegenwart ſeiner Frau und ſeines dreijährigen
Söhnchens, des künftigen Kaiſers Maximilian, mochte ihn noch beſonders an=
ſpornen. Er griff entſchloſſen zum Schwerte. Laut, daß es die horchenden
Belagerer vernehmen mußten, gelobte er, ſeine Ahnenburg ſo lange zu ver=
theidigen, bis ſie ſein Gottesacker würde. Und ſo gelang es ihm, ſich mit wenig
hundert Getreuen zwei Monate lang zu behaupten, bis Entſatz kam. Unter
dieſen Getreuen war nun offenbar Cunz Keppler geweſen, denn 1463 ſchrieb
der Kaiſer im Wappenbriefe, er habe ihm und ſeiner Familie die Krone in's
Wappen bewilligt, weil er ihm während der Belagerung ſeines Schloſſes durch
die Wiener treue Wehr und Rettung bewieſen. Obſchon in dieſem ſpäteren
Wappenbriefe die zwei Brüder Kepler Heinrich und Konrad genannt werden,
ſo können wir dennoch nicht daran zweifeln, daß Kepler's Ahne, welcher von
Kaiſer Sigismund zum Ritter geſchlagen wurde, Friedrich hieß. Denn dieſen
Namen geben Kepler ſelbſt und der ältere Wappenbrief übereinſtimmend an.
Vielleicht haben wir es beim zweiten Wappenbriefe mit einem Verſehen des
Schreibers zu thun, der Heinrich ſtatt Friedrich ſetzte. Oder da Kepler dem
Bruder Friedrich's nicht wie der Wappenbrief den Namen „Konrad“ ſondern
„Heinrich“ beilegt, der zweite Wappenbrief aber gleichfalls einen Heinrich als
Bruder des in beiden Wappenbriefen vorkommenden Konrad anführt, ſind drei
Brüder Kepler: Friedrich, Konrad und Heinrich zu jener Zeit in den Ritter=
ſtand erhoben worden.

Als Sohn Friedrichs nennt der von Hanſchius nach Kepler's eigenen
Aufzeichnungen mitgetheilte Stammbaum: Kaspar. Dieſer bekleidete das ehren=
volle Amt eines kaiſerlichen Hofpoſtſtallmeiſters zu Worms. Er rüſtete als
ſolcher die prächtige Geſandtſchaft nach Spanien aus, welche Maximilian der
erſte an ſeinen Sohn, Philipp den erſten, ſchickte**). Es iſt nicht überliefert,
ob Kaſpar Kepler auch ſelbſt mitging; jedenfalls trugen aber ſeine Be=
mühungen nicht wenig zum Glanze der Sendung bei. Philipp, der erſte, war

---

*) Beilage II.
**) Hanſchius, Joannis Keppleri vita, p. II.

mit Johanna, der Tochter Ferdinand des Katholiſchen und der Königin Iſa=
bella, vermählt. Durch ihn kam das Haus Oeſterreich in den Beſitz der
ſpaniſchen Erbſchaft in beiden Hemiſphären, ſo daß ſein Sohn, Karl der fünfte,
ſagen konnte, es gehe in ſeinem Reiche die Sonne nicht unter. Da Rudolf
der zweite, deſſen Hofaſtrologe Kepler war, in Spanien erzogen wurde, was
auf des Kaiſers wunderliche Gemüthsart gewiß nicht ohne Einfluß war, ſo
ſetzte ſich der Wellenſchlag jenes hiſtoriſchen Ereigniſſes, der Erwerbung Spaniens
durch das Haus Habsburg, bis zu Kaſpar's Urenkels=Enkel fort.

Die Wiener Hofbibliothek bewahrt einen eigenhändigen, unvollendet ge=
bliebenen Entwurf Kepler's zu einem Geſuche an den Rath der Stadt Nürn=
berg *), worin Kepler als ſeinen Urgroßvater Sebald Kepner bezeichnet.
Sowohl Sebald, als ſein Bruder Heinrich, ſeien Bürger zu Nürnberg geweſen
und der erſte habe daſelbſt „eine lange Zeit als Buchbinder in guttem Leumutth
heüslich und häbig geſeſſen". Nach dem Stammbaume waren die beiden Brüder,
Sebald und Heinrich, die Söhne Kaſpars. Auf ſie bezieht ſich alſo die ſchon
oben citirte Stelle in Kepler's Brief an Graf Blanchus: es ſeien ſeine nächſten
Vorfahren, ſeit etwa hundert Jahren, durch Dürftigkeit zu Kaufleuten und
Handwerkern herabgeſunken **). Daß wir aber den Sohn des kaiſerlichen
Hofpoſtſtallmeiſters, welch letzterer ſich alſo noch in ſtolzeſter ritterlicher Stellung
befand, als Bürger und Buchbinder zu Nürnberg treffen, daran war vielleicht
gerade die zu prachtvolle Ausrüſtung der oben erwähnten Geſandtſchaft nach
Spanien Schuld.

Die Ueberſiedlung von Kepler's Ahnen nach Nürnberg fiel in jene Periode
der Stadtgeſchichte: Ende des fünfzehnten und Anfang des ſechszehnten Jahr=
hunderts, wo ſich zu dem durch Gewerbsfleiß und Handel erzeugten Reichthum
die höchſte Blüthe in Kunſt und Wiſſenſchaft geſellte. Damals ſchufen Adam
Krafft, Veit Stoß und Peter Viſcher Meiſterſtücke der Plaſtik, der greiſe Michael

---

*) Beil. V^a.

**) Ob andere Zweige vom Ahnenſtamme Kepler's, als der zunächſt ihn betreffende,
von ſolchem Looſe damals verſchont blieben, iſt heute ſchwer zu entſcheiden. Weiß man doch
auch nicht, ob der am Ende des fünfzehnten Jahrhunderts ſtreitberühmte Feldhauptmann
Friedrich Kappler, ein Nachkomme des ſchon oben von uns erwähnten Berthold Kappler,
zu dieſem Stamme gerechnet werden darf. Die berühmteſte Waffenthat Friedrich Kappler's
war ſein Sieg in der „Callianer-Schlacht" am 10. Auguſt 1487. Er überfiel die viermal
ſtärkeren Venetianer, gegen welche ihm die Vertheidigung Trients anvertraut worden war.
Als der Hauptmann ſeiner Vorhut ſchon zurückgetrieben war, ergriff er ſelbſt das tiroliſche
Banner, ſtellte ſich den Fliehenden in den Weg und rief: „Mir nach, getreue liebe Lands=
leute, gedenket des Streits, in welchem wir zuſammen wider den mächtigen Herzog Carl
von Burgund obgeſiegt. Zählt die Wälſchen nicht, ſchlagt ſie in Gottes Namen und
ſchont weder Menſchen noch Vieh." Nach hartnäckigem Kampfe erfocht er einen glänzenden
Sieg. 1494 erhielt er von Kaiſer Max 400 fl. Ratſold auf Lebenszeit. Im Schweizerkriege
1499 ward er als Anführer der Kaiſerlichen unweit Baſel zweimal verwundet. Er erſcheint
ſodann als Landvogt zu Mömpelgardt im Beſitze ausgedehnter Ländereien. Und endlich
nennt ihn noch Cruſius in ſeiner ſchwäbiſchen Chronik unter Jenen, welche 1504 die Ueber=
gabe der Stadt Beſigheim an Herzog Ulrich von Würtemberg vermittelten. (Vergl. Taſchen=
buch für die vaterländiſche Geſchichte von Hormayr. 1837, S. 339.) N.

Wolgemuth und sein weltberühmter Schüler Albrecht Dürer herrliche Gemälde — es entstanden jene wunderbaren, „Gebilde aus Menschenhand", welche wenige Jahrzehnte später Nikodem Frischlin zu dem Ausrufe veranlaßten: „Nürnberg ist Deutschlands Korinth, betrachtet man der Künstler Wunderwerke". Hans Sachs und andere Meistersänger verfaßten werthvolle Dichtungen, die von Nürnberg leichter, als von jedem andern Orte aus, zu Beachtung und Anerkennung gelangten. Denn dort hatten die vierundzwanzig Bleisoldaten, welche die Standarte des Geistes siegreich von einem Ende der Welt zum andern tragen, damals ihr Hauptheerlager aufgeschlagen. Die Druckerei Anton Koburger's zu Nürnberg war die vorzüglichste jener Zeit, und von ihren Setzkästen und Pressen aus verbreitete sich die erst kurz zuvor gemachte Erfindung nach allen Weltgegenden. Angezogen durch die günstige Lage im Mittelpunkte Deutschlands, wie durch den großen Ruf der Nürnberger Mechaniker und Typographen ließ sich 1471, im selben Jahre, wo Albrecht Dürer geboren wurde, Regiomontan, der berühmteste Astronom des fünfzehnten Jahrhunderts, daselbst nieder. Für den wahren Katheder der Neuzeit hielt er die Buchdruckerpresse und zog sie dem Lehramte an der Wiener Universität, so wie der Kanzel der Kirche vor. Der Erfolg gab ihm Recht. Denn nicht unter denen, die er persönlich seinem Fache gewann, sondern unter Jenen, die das von ihm der Presse übergebene Wort fern vom Druckorte und noch nach des Verfassers Tode begeisterte, befand sich — Copernicus. Darwin erzählt von Bienen, welche den Samen zwischen weit entfernten zweigeschlechtigen Blumen hin- und hertragen und so die Befruchtung bewirken. Solchen geflügelten Insekten gleichen die Bücher und bewirken die Vermählung der Geister, woraus der Fortschritt der Welt entsteht. Regiomontan hatte auf einer Reise nach Italien beinahe die gesammte Bibliothek der alexandrinischen Mathematiker und Astronomen im Manuscripte erworben. Sowohl die besten der alten, als seine eigenen Schriften wollte er nun in Nürnberg dem Drucke übergeben. Da sogar Koburger's Pressen ihm hiezu nicht genügten, so errichtete er selbst, von dem reichen Patrizier Bernhard Walter unterstützt, eine Druckerei, welche er mit von ihm neu ersonnenen Einrichtungen versah, wodurch er sich einen Platz in der Geschichte der Typographie gewann. Lieferte er den Gelehrten Ephemeriden auf 32 Jahre, die bald vergriffen waren und mit Gold aufgewogen wurden, so vergaß er doch des großen Publikums so wenig, daß er ihm ein Geschenk machte, gleich wichtig für den Höfling, wie für den Bauer, für den Gläubiger, wie für den Schuldner, für den Reichen, wie für den Armen; er veröffentlichte den ersten Kalender, welchem er im wesentlichen schon die noch heute übliche Anordnung gab. Bis tief in das sechzehnte Jahrhundert erstreckte sich die Nachwirkung von Regiomontans Druckerei, beinahe alle mathematischen und astronomischen Werke erschienen in Nürnberg, so auch des Copernicus epochemachende „Umwälzungen des Himmels". Aber nicht geringere culturhistorische Bedeutung als Regiomontan's Thätigkeit durch Druckwerke beansprucht dessen persönliche Wirksamkeit in Nürnberg. Aufgefordert vom Magistrate der Stadt, hielt er den Nürnbergern öffentliche, heute würde man sagen „populäre" Vorlesungen über Mathematik und Astronomie, die ersten

dieser Art und zu solchem Zwecke. So entzündete Regiomontan in Nürnberg
eine Liebe zu Mathematik und Astronomie, wie sie keine zweite Stadt Deutsch=
lands aufzuweisen hatte. Selbst ein Künstler, wie Albrecht Dürer, konnte sich
so wenig dieses Einflusses erwehren, daß er ein geometrisches Werk schrieb; es
wird als ein ihm eigenthümliches Kunststück gerühmt, daß er mit freier Hand
einen Kreis ziehen konnte, der, mit dem Cirkel gemessen, sich als fehlerfrei
erwies. Regiomontan, den die fürstliche Freigebigkeit Walthers in die Lage
versetzt hatte, sich die erste vollkommener eingerichtete Sternwarte Europa's zu
erbauen, stellte auf derselben zahlreiche Beobachtungen an. Unter seiner An=
leitung verfertigen geschickte Nürnberger Mechaniker theils astronomische Instru=
mente für seine Sternwarte, theils aber auch mannigfaltige andere wissen=
schaftliche Apparate. Die nach seiner Anweisung hergestellten Compasse und
Himmelsgloben wurden ein Nürnberger Handelsartikel. Den verwunderten Zu=
schauern zeigte er die Bewegung der Gestirne an einem künstlichen „Automaton".
Nach seiner Angabe wurde die Stadtuhr von Nürnberg verbessert. So leitete
er jenes Bündniß zwischen Naturwissenschaft und mechanischem Gewerbe ein, auf
welchem unsere moderne Civilisation zum besten Theile beruht. Keine Armee
hat noch je ihre Waffen rascher und gründlicher vervollkommnet, als die Armee
der Naturforscher — man denke nur an Fernröhre, Mikroskope u. s. w. Welche
Siege sie aber dafür erfocht, bedarf im Zeitalter der Eisenbahnen und Telegra=
phen wohl keiner Erörterung. All' diese verschiedenartige folgenreiche Thätigkeit
vollbrachte Regiomontan in einem Zeitraume von — kaum fünf Jahren. Schon
1476 starb er auf einer Reise nach Rom, wohin ihn der Pabst zur Kalenderreform
berufen hatte, nachdem er ihm zuvor das Bisthum Regensburg verliehen *). In

---

*). Regiomontan, der 1436 geboren war, stand bei seinem Tode erst im vierzigsten
Lebensjahre. Er hieß ursprünglich Johann Müller und erhielt den Beinamen Regiomon=
tanus nach seinem Geburtsorte Königsberg in Franken. Er bezog die Universität Leipzig
schon mit 12 Jahren, und da ihn neben den lateinischen, vorzüglich die mathematisch=astro=
nomischen Studien fesselten, begab er sich von dort im fünfzehnten Lebensjahre nach der
Universität Wien, wo diese Studien damals am meisten blühten. In Wien lehrte und wirkte
zu jener Zeit der berühmte Peuerbach. Derselbe hatte die Planetentheorie von Ptolomäus
wieder hergestellt und mit des Eudoxus Lehre von den Sphären in scharfsinniger Weise
verknüpft. Es war dies die erste selbstständige That der abendländischen Astronomie. Bald
umschloß ein inniges Freundschaftsband den bedeutenden Lehrer und den begabten Schüler;
Peuerbach und Regiomontan forschten und beobachteten zusammen. Zur selben Zeit befand
sich der gelehrte griechische Kardinal Bessarion, ein eifriger Liebhaber der Astronomie, in
Wien. Obschon die damaligen Astronomen den Almagest des Ptolomäus als ihre Bibel
betrachteten, benützten sie doch nur eine Art „Vulgata", eine lateinische Version aus einer
arabischen Uebersetzung, die selbst nicht nach dem griechischen Originale, sondern nach einer
syrischen Uebertragung angefertigt worden war. Daß sich unter solchen Umständen, zu welchen
noch die blos handschriftliche Vervielfältigung durch Abschreiber kam, zahlreiche Irrthümer
eingeschlichen hatten, war natürlich. Bessarion forderte deßhalb Peuerbach auf, sich an den
Urtext selbst zu wenden und mit dessen Benützung den Almagest von seinen Fehlern zu
reinigen. Da Peuerbach aber nicht griechisch konnte, auch kein griechisches Exemplar des
Almagestes sich derzeit in Wien befand, so suchte Peuerbach die richtige Meinung des Pto=
lomäus, wie er es schon in seiner Planetentheorie gethan hatte, selbstständig zu rekonstruiren.
Er hatte aber das Werk, das er in dieser Absicht entwarf, noch nicht zur Hälfte vollendet,

weniger als einem Luſtrum hatte Regiomontan Nürnberg zum Centralſitze aller mathematiſchen und aſtronomiſchen Beſtrebungen Deutſchlands erhoben, was es noch lange nach ſeinem zu früh erfolgten Tode blieb; theils durch das Anſehen von Männern, welche wie Walther, Schoner, Werner europäiſchen Ruf beſaßen, theils durch deren für eine einzelne Stadt ganz ungewöhnliche Anzahl. Auch verdankte man ſchon in Nürnberg dem von Regiomontan geſtifteten Bunde mathematiſcher Einſicht mit mechaniſcher Fertigkeit zahlreiche neue Erfindungen, wie z. B. die der Taſchenuhr, des ſogenannten Nürnberger Eies, durch Peter Hele im Jahre 1500. Erhielt die Zeit ſelbſt täglich durch den Fortſchritt größeren Werth, ſo daß der Engländer endlich ſagte: Time is money, ſo mußte man auch darauf bedacht ſein, ſie beſſer meſſen zu lernen. Denſelben Bund zwiſchen Wiſſenſchaft und Mechanik ſtellt Jobſt Byrg an der Seite Kepler's dar. Ihm entſtammen, näher beſehen, jene zahlloſen Erfindungen, Anwendungen aller Art, durch welche ſich heute Jeder, und wäre er der einfachſte Handwerker, zugleich als Sklave und Beherrſcher der Natur fühlt. Er frägt daher mit einem Eifer, den keine frühere Zeit kannte, nach den Geſetzen der Natur, wie noch der letzte

---

als er, erſt 38 Jahre alt, ſtarb. Auf dem Todtenbette ließ er ſich von Regiomontan geloben, er wolle das angefangene Werk zu Ende führen. Regiomontan hielt getreulich ſein Verſprechen und fügte die ſieben ſpäteren Bücher den ſechs erſten von Peuerbach bearbeiteten hinzu. Durch dieſes „Epitome" des Almageſtes ſetzten die beiden Aſtronomen ihren vereinten Studien ein ewiges Denkmal. Nicht lange nach Peuerbach's Tode begab ſich Regiomontan nach Italien und ſetzte dort das ſchon in Wien begonnene Studium der griechiſchen Sprache fort. Sein Hauptaugenmerk richtete er hierbei auf das Verſtändniß der Mathematiker und Aſtronomen. Er ſchöpfte daher, als er nach Rom kam, den größten Nutzen aus dem Verkehre mit Georg von Trapezunt, welcher eben mit einer Ueberſetzung des ptolomäiſchen Almageſtes und deſſen Commentators Theon aus dem griechiſchen Originale in's Lateiniſche beſchäftigt war. Auch in anderen Städten Italiens, in welchen er ſich längere Zeit aufhielt, vervollkommnete er ſeine Kenntniß des Griechiſchen durch den Umgang mit Humaniſten und mit griechiſchen Gelehrten, die ſich nach dem Falle von Byzanz dahin geflüchtet hatten. In Folge deſſelben Ereigniſſes waren auch zahlreiche griechiſche Codices nach Italien gebracht worden. Dieß benützte Regiomontan, um beinahe die geſammte mathematiſche und aſtronomiſche Literatur der Griechen, wie bereits im Texte erwähnt wurde, zu ſammeln. Manuſcripte, die er nicht erwerben konnte, ſchrieb er ab. Des Griechiſchen wurde er ſo mächtig, daß er Verſe darin zu improviſiren vermochte. So gelang es ihm, jene Aufgabe, die Beſſarion dem Peuerbach geſetzt hatte, zu erfüllen, nämlich: vor jeder einzelnen Stelle des ptolomäiſchen Almageſtes den wahren Sinn zu ermitteln und den richtigen Text dieſes Hauptquellenwerkes aller mittelalterlichen Aſtronomie feſtzuſtellen. Hiebei deckte er zahlreiche Fehler auf, welche Georg von Trapezunt bei der Ueberſetzung des Almageſtes und des theoniſchen Commentars zu demſelben begangen hatte. Dadurch entſtanden erbitterte Streitigkeiten zwiſchen ihm und dem wiſſensſtolzen Griechen, welche ihm den ferneren Aufenthalt in Italien verleideten, vielleicht ſogar gefährlich erſcheinen ließen. Nach ſiebenjähriger Abweſenheit kehrte er 1468 nach Deutſchland zurück; folgte jedoch bald nach ſeiner Rückkunft einem vortheilhaften Rufe des Königs Mathias Corvinus nach Ungarn. Er erhielt jährlich 200 Dukaten, eine für jene Zeit höchſt beträchtliche Beſoldung. Der Krieg aber, in den einige Jahre ſpäter Mathias Corvinus mit Georg von Podiebrad verwickelt wurde, beſtimmte ihn, einen ruhigeren Aufenthalt zu ſuchen. Wie wir im Texte ſahen, wählte er Nürnberg zu ſeinem Wohnſitz. Sein im Jahre 1476 erfolgter Tod ſoll nicht auf natürlichem Wege eingetreten ſein, ſondern durch Gift, das ihm die rachſüchtigen Söhne Georgs von Trapezunt beibrachten, herbeigeführt worden ſein.   R.

athenienfische Bürger sich um die Gesetze des Staates kümmerte, an dessen
Regierung er Theil nahm. Zu dem Bunde zwischen Wissenschaft und Mechanik
gesellte sich aber in Nürnberg ein zweiter, zwischen Kunst und Gewerbe,
wodurch sich Handwerke zu Kunstgewerben veredeln; man erinnere sich an die
berühmten Nürnberger Goldschmiede. Auch die Buchbinderei war so lange ein
Kunstgewerbe, als ihr die Seltenheit der Bücher gestattete, größeren äußeren
Schmuck anzubringen. Nicht sogleich veranlaßte die neue Erfindung der Buch=
druckerei zu schablonenhaftem Einbande. Wohl aber erhöhte sich sofort im Ver=
gleiche zur handschriftmäßigen Erzeugung der Bücher die Nachfrage. Es dürfte
demnach dieselbe Blüthe der Nürnberger Druckereien, welche zu Regiomontan's
Ansiedlung beitrug, Kepler's Ururgroßvater bewogen haben, sich daselbst als
Buchbinder niederzulassen. So nahe streifen sich hier geistiges und leibliches
Ahnenthum Kepler's; wie konnten wir uns des Erkurses auf das erstere
Gebiet enthalten?*)

Nürnberg werde, wie von anderthalb hundert Jahren her, vielleicht noch
zur Beförderung astronomischer Beobachtungen und Werke geneigt sein, schrieb
Kepler 1624, also gerade anderthalb Jahrhunderte nach Regiomontans Wirk=
samkeit, in einem Bittgesuche an Kaiser Ferdinand den Dritten. Deßhalb möge
ihm der Kaiser seine rückständige Hofbesoldung bei der Stadt Nürnberg an=
weisen; dort wolle er sich neue Zifferschrift für die rudolfinischen Tafeln gießen
lassen und meine er taugliche Setzer und Drucker zu finden**). Ebenso erwähnt
Kepler in dem schon oben (S. 21) citirten, unvollendet gebliebenen Gesuche
an den Nürnberger Rath, allezeit habe die Stadt die Astronomie hochgehalten
und gefördert, und insbesondere sei des Nicolai Copernici opus Revolutionum
vor 77 Jahren zum ersten Male in Nürnberg gedruckt worden. Wenige Worte
nachher bricht das Schriftstück, unsere wichtigste Quelle über den Aufenthalt der
Kepler in Nürnberg, ab. Da die „Umwälzungen" des Copernikus 1543 zum
ersten Male erschienen, so stammt es aus dem Jahre 1620. Am 30. April
desselben Jahres richtete Kepler ein Gesuch an den Rath der Stadt Nürnberg,
dessen vollständiges, Datum und Unterschrift führendes Concept, wenn auch
nicht mit Kepler's eigener Hand geschrieben, so doch von dieser mit Correk=
turen und Einschaltungen versehen, sich ebenso, wie das vorerwähnte Fragment,
in der Wiener Hofbibliothek befindet***). Es ist dies ein höchst merkwürdiges
Schreiben. In dessen Eingang erzählt Kepler, daß Abgeordnete der Stadt
Nürnberg, mit denen er am Kaiserhofe und 1614 am Regensburger Reichs=
tage zusammengetroffen, ihn in seinen astronomischen Bestrebungen ermuntert

---

*) Eine interessante Fügung des Zufalls ist es, daß das prachtvolle Weilderstädter
Denkmal Kepler's — des Urenkels von Nürnberg — vom jetzigen Direktor der Kunst=
gewerbeschule zu Nürnberg A. v. Kreling modellirt und von den dortigen Erzgießereibesitzern
Lenz=Herold gegossen wird.   G.

**) Karl Oberleitner, Johann Kepler in Prag und Linz, Beiträge zur Biographie des
großen Astronomen, S. 12—13. (Separatabdruck aus dem Notizenblatte Nr. 5 der k. Aka=
demie der Wissenschaften in Wien, Jahrgang 1857.)

***) Beilage Vb.

hätten. Nun glaube er die Astronomie ein Gutes weiter gebracht zu haben,
als seine Vorgänger und hoffe insbesondere, daß die Weltharmonik ein Werk sei,
das den Nachkommen überliefert und dauernd erhalten zu werden verdiene.
Unterdessen seien schwere Kriegsläufte eingetreten und noch mehrere vor der
Thüre. Dadurch seien nicht blos sämmtliche Gewerbe gestört und alle Bücher-
einkäufe unterbrochen, sondern auch ganze Werke trotz ihrer bereits erfolgten
Drucklegung, namentlich, wenn sie nicht nach Jedermanns Fassungsgabe und
nicht zur Unterhaltung dienlich, mit völliger Vernichtung bedroht. Daher habe
er für gut erachtet, von seiner Weltharmonik ein Exemplar in der Nürnberger,
als einer „uralten, des heiligen römischen Reiches Stadt=Bibliothek" unterzu-
bringen und gleichsam zu deponiren; um so mehr, da die Stadt Nürnberg sich
stets um die freien Künste angenommen und mit hochgelehrten Männern versehen habe, auch jetzt noch solche besitze, welche zum Verständniß und zur Verbreitung seines Werkes nebst anderen sehr Wenigen geeignet seien. Deßhalb bitte er Nürnberg, dem übersandten Werke einen Platz in seiner Bibliothek
zu gönnen und seine Gelehrten, ihn in der Erweiterung und Verbesserung des
ansehnlichen Inhaltes zu unterstützen. Das würde zur Ehre Gottes des
Schöpfers gereichen, durch Vermehrung von dessen Erkenntniß aus dem Buche
der Natur, zur Verbesserung des menschlichen Lebens und zur Erregung sehn-
licher Begier nach Harmonie im gemeinen Wesen bei dessen jetziger schmerzlich
übelklingender Dissonanz, endlich auch zum Ruhme der Stadt Nürnberg selbst
und ihres Rathes. — Zweifellos erblicken wir in dem so eben seinem wesentlichen Inhalte nach mitgetheilten Schreiben die Ausführung desselben Gesuches,
das Kepler bereits mit seinem vorher angeführten, unvollendet gebliebenen
Entwurfe an die Stadt Nürnberg zu richten beabsichtigt hatte. Auch der Regensburger Stadt=Bibliothek übermittelte Kepler in ähnlicher Weise, wie der
Nürnberger, ein Exemplar der Weltharmonik. Er suchte so Garantien zu gewinnen, daß trotz Kriegsgräuel und Verwüstung das Werk auf die Nachwelt
käme — das Werk, von dem er begeistert ausgerufen hatte: „Es könne seines
Lesers Jahrhunderte harren, da Gott selbst sechs Jahrtausende den erwartete,
der sein Werk betrachtete". In einer Einschaltung des Schreibens, welche
Kepler's Schriftzüge zeigt, lesen wir Folgendes: „Und habe ich mich dünken
lassen, daß es vielleicht nicht außer dem Wege sein werde, wenn ich mich statt
meines von Nürnberg abkommenden Geschlechtes inner hundert Jahren einmal
dieser Gestalt anmeldete und unserer verbreiteten Verwandtschaft meine Aufmerksamkeit bezeigete". Es strich jedoch Kepler diese Stelle wieder aus, wie
er schon früher den Gesuchsentwurf, in welchem er von seinen Nürnberger
Vorfahren ausgegangen war, verlassen hatte, ohne ihn zu Ende zu führen.
Hieraus und aus Kepler's anderen Nürnberg betreffenden Aussprüchen ersieht man deutlich, daß Kepler auf Regiomontan, auf Nürnberg's große
Mathematiker und geschickte Druckereien mindestens eben so viel Gewicht legte,
als auf seine dort wohnhaft gewesenen Ahnen, — wir befolgten also mit
dem auf Jene sich beziehenden Exkurse sein eigen Beispiel. In der letztange-
führten Stelle spricht Kepler rundwegs von hundert Jahren, die seit seiner

Vorfahren Wegzug von Nürnberg verstrichen seien. Nähere Auskunft liefert der oft citirte, als Fragment enthaltene Entwurf. Jüngst verflossenen 4. Januar, berichtet Kepler daselbst, sei es 98 Jahre gewesen, seit sein Urgroßvater, wie sein Vater Sebald genannt, vom Rathe der Stadt Nürnberg einen Geburtsbrief empfangen habe, worin ihm seines Vaters Bruder Heinrich Kepner nebst anderen Zeugen „Kundschaft gibt", daß er der eheliche Sohn des Buchbinders und Bürgers Sebald Kepner zu Nürnberg. Mit diesem Geburtsbriefe sei sein Urgroßvater Sebald nach Weilderstadt gezogen, wo sein Großvater Sebald, sein Vater Heinrich und er selbst geboren worden seien. Da aber Kepler in einer anderen handschriftlichen Aufzeichnung*) als Geburtszeit des Großvaters nach dessen eigener Aussage Juli 1519 angibt, so scheint er in jenem Concepte geirrt zu haben. Entweder waren seit dem Geburtsbriefe bis 1620, wo das Concept abgefaßt wurde, mehr als 98 Jahre vergangen, oder Kepler's Großvater Sebald, der dritte dieses Namens im Stammbaum, kam schon vor des Urgroßvaters Uebersiedelung nach Weil, also noch zu Nürnberg zur Welt. Sicher ist nur, daß um das Jahr 1520 herum Kepler's Urgroßvater Sebald von Nürnberg nach Weil übersiedelte.

Zwei Elemente waren es vor Allem: Der kleine deutsche Adel und das freie reichsstädtische Bürgerthum, welche den großen geistigen Aufschwung Deutschlands im sechzehnten Jahrhundert vermittelten. Dem Ritteradel entstammte ein Ulrich von Hutten. In ihm vereinte sich ritterliche Tapferkeit mit tiefem Wissen und begeisterter Liebe zur deutschen Nation und zur Freiheit. Die reichsstädtischen Bürger aber waren die ersten, welche den Werth der Arbeit erkannten. Während man auf den Ritterburgen, verleitet durch die Leibeigenschaft, noch wie im Mittelalter meinte, durch die Arbeit gehe der Adel verloren und Nichtsthun sei eine adelige Beschäftigung, hegten die Bürger der Städte bereits die Ansicht der Gegenwart, daß nur Arbeit adelt und wir nur auf der Welt seien, um zu arbeiten. Beide Elemente, das ritterliche und das städtische, finden sich nun, wie wir sahen, unter Kepler's Ahnen vertreten, in seiner Abstammung vereinigt. Seine Familie besaß also gewissermaßen doppelten Adel: den des Mittelalters durch Empfang des Ritterschlages auf der Tiberbrücke und den Adel der Neuzeit, den die Arbeit verleiht.

Unsern Lesern wird es vermuthlich schon oben aufgefallen sein, daß Kepler in dem citirten, an die Stadt Nürnberg gerichteten Fragmente seine Nürnberger Vorfahren Kepner nennt. Hanschius bemerkt dazu: Warum Kepler hier n statt l geschrieben habe, könne er nicht errathen. Warscheinlich war Kepler hiezu durch eine Familien-Tradition veranlaßt worden, welche ihm überlieferte, seine Vorfahren hätten zu Nürnberg das l ihres Namens mit n vertauscht. Denn gerade in jenen Jahren, wo Kepler's Ururgroßvater und dessen Bruder Heinrich zu Nürnberg lebten, führt das kön. Archiv daselbst einige Keppner an, wovon nur einer (Jörg) einmal auch als Kepler genannt ist, während das städtische Archiv allda niemals Kepler, des öfteren aber die Namen Kepner

---

*) Mittheilung von Rektor Dr. Frisch nach Pulkowaer Manuscripten.

und Keppner, enthält. Wiederholt ist unter letzteren Heinrich Keppner
erwähnt. Daß aber Kepner und Keppner gleichbedeutend, können wir nicht
bezweifeln, da im Archiv eine und dieselbe Person bald auf die eine, bald auf
die andere Art geschrieben erscheint *). Eine freiwillige Namensänderung der
Familie Kepler aber, welche das I bei der Uebersiedlung nach Nürnberg durch
n ersetzte, ist keineswegs unerklärlich. Sie dürfte mit dem mittelalterlichen
Vorurtheile, daß die Arbeit entable, zusammenhängen; der verarmte Ritter
schämte sich den edlen Namen seiner Vorfahren durch eine Handthierung zu
beflecken und änderte ihn. Die Aenderung mußte aber geringfügig sein, um
bei gebesserten Vermögensverhältnissen wieder unvermerkt zu dem alten glänzenden
Namen zurückzukehren. So erzählt Victor Hugo in seinen „Arbeitern des
Meeres" von der Sitte der Normandie, daß der zum Arbeiter herabgesunkene
Edelmann einen Buchstaben seines Namens ändere; so werde aus dem ritterlichen Grenville, Tangroville das bürgerliche Grenouille, Tangrouille. Es gab
also wie Kriegsnamen (nom de guerre), so Arbeitsnamen. Als sie zu Weilderstadt im Rathe saßen, ja einer von ihnen regierender Bürgermeister war,
da führten die Kepler auch wieder ihren ritterlichen Namen und alle Urkunden,
Stadtrechnungen 2c. von Weilderstadt zeigen durchwegs das n in l zurück-
verwandelt. Wie aber bei Kepner und Keppner die Schreibweise mit einem
oder mit zwei p keinen Unterschied in der Person begründet, so ist dies auch
bei Kepler und Keppler der Fall **). Vielfach wurde gestritten, ob hier
ein einfaches oder ein doppeltes p das Richtige sei. Wie wenig aber Kepler
selbst auf diesen Umstand Werth gelegt hat, sieht man daraus, daß man auf
den Titelblättern seiner Druckschriften wohl an ein Dutzendmal das doppelte
und ebenso oft das einfache p und einigemal das doppelte auf dem Titelblatte
und das einfache in der Widmung antrifft. Wir wollen also nicht „päbstlicher
als der Pabst" sein, und wenn wir in diesem Werke das einfache p wählten,
so wollten wir damit keine alleinseligmachende correcte Schreibweise aufstellen.
Die Streitereien, wie der Name „Shakespeare" zu schreiben sei, konnten uns
zum warnenden Beispiele dienen. Die in neuerer Zeit sicher erwiesenen Nachkommen von Kepler's Bruder Christoph, dem Zinngießer ***), schreiben sich
durch alle Jahrhunderte mit zwei p, wie überhaupt diese Schreibart des Namens
bei der vermuthlichen Aussprache desselben der deutschen Orthographie mehr
entspricht. Man findet deßhalb in deutschen urkundlichen Quellen, sowohl vor
als nach Kepler, Mitglieder seiner Familie öfter mit doppeltem als einfachem p
geschrieben; so auch in den Wappenbriefen. Der Genealoge wird daher geneigt
sein das doppelte p vorzuziehen †). Doch kann die Schreibweise mit doppeltem

---

*) Beilage V_c.

**) Auch Khepler und Kheppler kömmt vor; ja, Kepler selbst bediente sich hie
und da eines h nach dem K.

***) Diese waren früher nicht bekannt; erst durch die vom Herausgeber bearbeitete
„Keppler-Genealogie" erfuhr man von ihnen.

†) In den vom Herausgeber verfertigten „Keppler-Stammbäumen" ist mit
Rücksicht auf die Genealogie die Schreibart mit doppeltem p angenommen worden.   G.

ober einfachem p nie allein über eine Kepler verwandtschaft entscheiden. Im
Latein aber hat die Schreibweise mit doppeltem p etwas Barbarisches an sich.
Da nun zu jener Zeit der „Gelehrtenname" erst durch die lateinische Trans-
scription entstand, so darf man diese bei einem Gelehrten nicht vernachlässigen.
Also war gerade damals der Inhaber eines Namens für dessen Schreibart viel
maßgebender, als jetzt. Und Kepler selbst entschied — nicht. In seinen
Briefen unterzeichnete er allerdings öfter mit einfachem, als mit doppeltem p;
diese waren aber auch meistens Latein. So schwankt das Zünglein der Wage.
Lassen wir es fortschwanken, denn uns dünkt die Frage selbst nicht von Gewicht. Wir wählten die Schreibart mit einfachem p, weil sie eben die ein-
fachere ist und weil sie dort gewählt wurde, wo der Gelehrte in der Zukunft
am meisten eine nähere Kenntniß Kepler's suchen wird, in der Neu- und
Gesammtausgabe der Kepler'schen Werke von Rektor Frisch.

Durch den evangelischen Prediger Johannes Diepolb *) und noch mehr
durch den berühmten in Weil gebornen Reformator Schwabens Johannes
Brenz **) gewann die Reformation in Weil wie in anderen Reichsstädten sehr

---

*) Auch Dollfuß genannt. Wegen seines großen reformatorischen Eifers mußte er
Weil verlassen und wurde um's Jahr 1528 Prediger an der Liebfrauenkirche zu Ulm vor
der Stadt auf dem Gottesacker.

**) Geb. 24. Juni 1499, † 11. Sept. 1570. Sein Vater war 24 Jahre lang Bür-
germeister in Weilderstadt; seine Mutter hieß Katharina Hennich. Den ersten Unterricht von
1505 an genoß er in seinem Geburtsort, kam 1510 nach Heidelberg, dann nach Vaihingen
a. d. Enz, im 13 Jahre wieder nach Heidelberg auf die Universität; und erhielt nach zwei
Jahren die erste akademische Würde. Durch übermäßiges Arbeiten zog er sich Schlaflosig-
keit zu, ein Uebel, an welchem er während seines ganzen Lebens litt. Im 18. Jahre wurde
er Magister und gleich darauf Rektor einer Schule. Luther, dessen Schriften er eifrig las,
übte entscheidenden Einfluß auf ihn aus. Im Jahre 1520 in Speyer zum Priester geweiht,
celebrirte er wie gebräuchlich die erste Messe in seiner Geburtsstadt, jedoch schon mit Weg-
lassung des Opfers. Er bewog seine Eltern und andere Einwohner daselbst zur Annahme
der neuen Lehre. Im 23. Lebensjahre wurde er von der Reichsstadt Hall als Prediger
angestellt, führte dort die Reformation ein, trat auf dem Reichstag in Augsburg für
Luthers Lehre auf; reformirte 1534 die Universität Tübingen und kehrte nach einem Jahre
wieder zu seinem Amte in Hall zurück. Bei den Religionsgesprächen in Marburg, Ha-
genau, Worms und Regensburg 1529, 1540, 1541 und 1546 war er einer der hervorragendsten Redner. Als die Spanier 1547 nach Hall kamen, wurde sofort auf ihn gefahndet,
und nur mit äußerster Mühe konnte er sich retten. Wegen seiner Angriffe auf das Interim
1548 mußte er abermals fliehen, irrte unter arger Noth mit seiner zahlreichen Familie in
der Schweiz und auf dem Schwarzwalde umher, wurde endlich von Herzog Ulrich unter
fremdem Namen als Vogt in Hornberg eingesetzt, nach dessen Tode aber offen von dessen
Sohne Herzog Christoph mit kirchlichen Aemtern in Stuttgart bekleidet. Hier stellte er 1551
die Streitpunkte in der christlichen Lehre für das Trienter Concil zusammen, wohnte diesem
1552 selbst bei und wurde im gleichen Jahre Probst — der erste evangelische — in Stuttgart. Er wohnte 1557 dem Wormser Gespräch bei, betheiligte sich am Sakramentsstreite; voll-
zog in Württemberg die Umwandlung der Mönchsklöster in Klosterschulen. Mehrere glänzende
Berufungen von auswärts, insbesondere von Eduard V., König von England, schlug er aus,
denn über Alles ging ihm seine schwäbische Heimat. Seine erste Frau Margaretha Gräter,
Wittwe des Rathsherrn Wetzel in Hall, gebar ihm sechs, die zweite Frau Katharina Eisen-
mann zwölf Kinder. Sein Geburtshaus in Weilderstadt ist noch so ziemlich in unveränderter

rasch Eingang und Boden. Zu den frühesten Protestanten gehörte der aus Nürnberg eingewanderte Urgroßvater Kepler's: Sebald. Derselbe hatte neun Kinder, darunter vier Söhne Adam, Sebald, Daniel, Melchior. Der zweite: Sebald war unseres Johannes Großvater. Daß die Reformation in Weil=berstadt während des sechzehnten Jahrhunderts zu immer größerer Herrschaft kam, so daß am Ende desselben blos noch dreißig und etliche Familien katholisch waren, das war zu großem und wesentlichem Theile dem Einflusse der Keple=rischen Familie zuzuschreiben. In welch' hohem Ansehen sie stand, erkennt man daraus, daß man dem Großvater Kepler's, Sebald, dem Sohne des gleichnamigen eingewanderten Nürnbergers, die höchste Würde der Stadt, die des regierenden Bürgermeisters übertrug *). Eine handschriftliche Aufzeichnung Kepler's **) berichtet über die äußere Erscheinung des Großvaters: sein Gesicht sei rothgefärbt und etwas fleischig gewesen; das Ehrfurchtgebietende seines Aus=druckes habe der Bart beträchtlich erhöht. Es sind dies nur wenige Worte; doch erhalten wir durch sie ein deutliches Bild des ganzen Mannes. Zahlreich schmücken Portraits wohlgenährter reichsstädtischer Patrizier in der kleidsamen Tracht jener Tage unsere Gallerien. In stolzer selbstbewußter Haltung ließen sie sich von den großen Künstlern, die in den wohlhabenden Städten lebten und wirkten, abkonterfeien. Aus solchem Portrait tritt uns Kepler's Großvater „zum Sprechen ähnlich" entgegen. Nach fernerer Angabe Kepler's war er zwar jähzornigen Temperamentes, aber beharrlichen Charakters. Er scheint vornehmen Umgang gepflogen zu haben, denn „beim Adel war er besonders beliebt". Viele Jahre bekleidete er die Bürgermeisterwürde. Daß er es während dieser Zeit an Eifer nicht fehlen ließ, dem Protestantismus zum Siege zu verhelfen, dafür legt der Erfolg Zeugniß ab. Zweifellos wurde er hierbei von seinem Bruder Daniel unterstützt, der Kaufmann und Rathsmitglied war und sich allgemein der höchsten Achtung erfreute ***). Die Bemühungen der Kep=lerischen Familie zu Gunsten des Protestantismus wurden aber durch die An=strengungen einer anderen, gleichfalls sehr angesehenen Familie, der Ficklerischen, im katholischen Interesse bekämpft. Der letzteren Familie gehörte der berühmte und gelehrte Dr. Johann Baptist Fickler an. Als Erzieher und Rathgeber des Herzogs und späteren Churfürsten Maximilian's von Baiern und des Erzherzogs Ferdinand, der nachmals als Kaiser der zweite dieses Namens war, griff er in außerordentlicher weltgeschichtlicher, zum Theile höchst verhängnißvoller Weise in die Geschicke Deutschlands ein. Aufs heftigste eiferte er in Wort und Schrift gegen die lutherische Lehre und wußte seinen beiden fürstlichen Zöglingen eine

---

Beschaffenheit erhalten. Brenz stand dem Melanchthon an Scharfsinn nach, war aber ent=schlossener als dieser und nicht so heftig wie Luther.　　　G.

　*) Wenn wir die Listen seiner Amtsvorgänger überblicken, so entfaltet sich vor uns folgendes interessante Kleeblatt von Weiler Bürgermeistern: 1) Thomas Broll, gest. 26. Mai 1512, Stammvater Uhlands (Faber württemberg. Familienstiftungen I. S. 3 u. 16). 2) Martin Brenz, Vater von Württembergs hervorragendstem Reformator auf religiösem Felde, Johannes Brenz. 3) Sebald Kepler, Großvater des Reformators der Sternkunde. G.

　**) Mittheilung von Rektor Dr. Frisch nach Pulkowaer Manuscripten.

　***) Näheres über ihn im genealogischen Anhange zum IV. Buch.

entschiedene Abneigung gegen dieselbe einzuflößen, was auf deren ganzes Leben und Walten von größtem Einfluß blieb. Am Pfingsttage 1534 zu Backnang geboren, erhielt er seine erste Erziehung zu Weil *). Sein Vater Michael Fickler war ein wohlhabender und gebildeter Weilderstädter Bürger. Von Herzog Ulrich von Württemberg, der ihn hochschätzte, wurde derselbe zum Vogte in Backnang (Backhenen) eingesetzt. Als aber Herzog Ulrich zur lutherischen Religion übertrat, legte Michael Fickler, welchem die Reformation ein Gräuel war, sein Amt nieder und kehrte nach Weil zurück **). Daß bei solchem Vater ebenso wie der genannte Johann Baptist Fickler, auch dessen Bruder Hans, der zu Weil verblieb, ein eifriger Katholik wurde, wird Niemanden Wunder nehmen. So lange indeß Sebald und Daniel Kepler rüstig waren, behielt die protestantische Partei in Weil die Oberhand. Als aber Sebald vor Altersschwäche das Bürgermeisteramt niederlegen mußte, beide Brüder Greise geworden waren und ihre Kinder zum Theile Weil verlassen hatten, da trat ein Rückschlag ein. Denn eben zu jener Zeit bekam die katholische, man könnte sagen: Ficklerische Partei,

---

*) Seine fernere Ausbildung erhielt er vorzugsweise durch die Jesuiten. Er studirte zu Freiburg im Breisgau, zu Würzburg und Ingolstadt. An letzterer Universität erlangte er 1555 die Magisterwürde. Bald nachher wurde er Sekretär des Probstes Ambrosius von Gumppenberg und harrte vier Jahre bei diesem seltsamen und unruhigen Manne aus. 1559 wohnte er dem Reichstage in Augsburg bei und trat nach dessen Schluß in die Dienste des Erzbischofs von Salzburg, in welchen er 28 Jahre verblieb. Anfänglich lateinischer Sekretär, wurde er sodann Pronotar, Rath und endlich Kanzler für geistliche Angelegenheiten. Zum Trienter Concil ordnete das Erzbisthum Salzburg den Bischof Herculi von Lavent ab und gab ihm Priscianus, Dr. der heiligen Schrift, und Fickler bei. Aber nur Fickler dauerte aus und verweilte beim Concil vom April 1562 bis zu dessen Ende im Jahre 1564. Er nahm hierauf einen Urlaub zu nochmaligen Studien und begab sich nach Bologna. Nachdem er dort den Grad eines Doktors beider Rechte erworben, kehrte er nach Salzburg zurück. Neben zahlreichen Missionen, die er für das Erzbisthum an Höfe und Reichstage besorgte, entfaltete er auch eine unermüdliche schriftstellerische Thätigkeit, meist polemischer Natur gegen das Lutherthum. Im Jahre 1580 sandte ihn der Erzbischof von Salzburg mit einem andern seiner Räthe nach Steiermark, um daselbst für die Gegenreformation zu wirken. 1558 wurde Fickler nach Ingolstadt berufen, um, wie schon im Text erwähnt wurde, Herzog Max von Baiern und Erzherzog Ferdinand zu instruiren. Hier trug er durch persönlichen Einfluß auf Ferdinand mehr zur bald darauf erfolgten Ausrottung des Protestantismus in Steiermark bei, als durch die obwähnte Reise dahin. Die Anhänglichkeit des Herzogs Max mußte er sich in solchem Maße zu gewinnen, daß dieser ihn sogleich nach seinem Regierungsantritte nach München an seine Seite rief und als Hofrath und Landesconservator anstellte. Hier fügte er im höheren Alter zu seinen theologischen und juribischen Schriften eine umfangreiche numismatische, eine berühmt gewordene Beschreibung aller Münzen. Er war zweimal vermählt, das erstemal mit Ursula Zierer von Braunau, das zweitemal mit Walburga Bart von München. Er hatte zahlreiche Nachkommenschaft. (Nach der handschriftlichen Selbstbiographie Fickler's in der Hof- und Staatsbibliothek in München. Cod. Bavar. 3085.) G.

**) Sein und seines von Memmingen übersiedelten Vaters Hans Fickler's Grab befindet sich in der Petri- und Pauls-Kirche zu Weilderstadt. Noch heute zeigt dies eine in der Nähe des Hochaltars in den Fußboden eingefügte Platte aus Erzguß folgenden Inhalts an: „Nach der Geburt unssers lieben Herrn und Erleysers Jesu Christi 1544 den 8. Januar starb der Ernhafft und wohlgeacht Mich. Fickler des obgeschriebenen Hans Fickler sun den Gott allen genedig und barmherzig sey. Amen." G.

an Dr. Joſeph Fickler *), einem Sohne von Hans Fickler, einen fähigen und
gewandten Führer. Binnen Kurzem verſchaffte er ihr das Uebergewicht über
die proteſtantiſche oder Kepleriſche Partei. Hierbei mochte dem Neffen auch
Dr. Johann Baptiſt Fickler wirkſame Hilfe geleiſtet haben. Denn auf ſeinen
Reiſen nach Speier, Frankfurt ꝛc. verſäumte er nie Weil zu beſuchen. Dort
wurde er ſeiner mächtigen Stellung wegen mit großen Ehren aufgenommen **)
und ließ wohl nie die Gelegenheit vorübergehen, ohne im katholiſchen Sinne
thätig zu ſein***). Was will aber ein kleines Reichsſtädtchen gegen den Länder=
umfang bedeuten, in welchem Dr. Johann Baptiſt Fickler als Gegenreformator
wirkte? Ja, wenn nicht ſowohl der große Reformator Brenz, der Schwaben
dem Proteſtantismus gewann, als der Gegenreformator Fickler, der mächtig
dazu beitrug, Inneröſterreich dem Katholicismus zurückzuerobern, aus dieſem
kleinen Reichsſtädtchen hervorgegangen wäre. Wie Fickler's Wirkſamkeit für den
Katholizismus in das Leben unſeres proteſtantiſchen Kepler's in Steiermark
eingriff, wie Jeder von Beiden in Graz, fern von der Heimath, treu für die
Traditionen ſeiner Familie einſtand, werden unſere Leſer an einer ſpäteren
Stelle dieſes Buches erfahren.

Obwohl die beiden Familien, Kepler und Fickler, ſich auf religiöſem
Gebiete wie Montecchi und Capuleti gegenüberſtanden, ſo waren ſie nichtsdeſto=
weniger mit einander verſchwägert. Sebald Kepler, unſeres Johannes Groß=

---

*) Dieſer Joſeph Fickler hatte die Rechte ſtudirt, wurde Prokurator am kurfürſt=
lichen Hofe zu Heidelberg, verehelichte ſich alsdann und ließ ſich auf ſeinem nicht unbedeu=
tenden elterlichen Grundbeſitz in Weilderſtadt nieder, wo er der Führer der katholiſchen
Partei wurde. (Handſchriftl. Mittheilungen des Dr. Joh. Bapt. Fickler wie oben.) — Die
vom Herausgeber vorgefundenen Stadtprotokolle von Weilderſtadt von 1593—94 erwähnen
des Joſeph Fickler, wie er perſönlich und ſchriftlich die katholiſche Partei bei den confeſſio=
nellen Streitigkeiten vertrat, insbeſondere als die Proteſtanten „durch Anweiſung des lutheri=
ſchen Stadtſchreibers Hans Jerg Kugler von Kaiſer Rudolph II. die Ausübung ihrer Augs=
burgiſchen Confeſſion und einen Prädikanten begehrt", und wobei Joſeph Fickler angeblich
„Verfolgung und Haß der lutheriſchen, ſeiner eigenen Blutsverwandten erlitt". — Nach der
Stadtrechnung von Weilderſtadt von 1591/92 hatte Joſeph Fickler 3 ℔ 10 β jährliche ab=
lösbare Gülten zu reichen, was auf einen namhaften Grundbeſitz ſchließen läßt.   G.

**) Die vom Herausgeber aufgefundenen Stadtrechnungen von Weil enthalten unter
der Rubrik „Verehrungen" folgende Ausgaben: 1565/66. Bff Sontag n. Metardi als D. J.
Battiſt Fickler iſt hye geweſt habent m. Herren Ime geſchenkt 6 Steiff Weins u. 1 Mas
Grundel — 1 ℔ 12 β 2 h. mer am Pfingſtmontag zu dem Vnderthrankh mit D. Fickler
2 ℔ 19 β. — 1566/67. Bff Freytag nach quasimodo auf Befelch burgermeiſter und Raths
Doktor Johann Battiſte Fickler zue der Hauchzeit geſchickt 6 Goldgulden 10 ℔ 10 β. (Nach
Fickler's handſchriftlichen Aufzeichnungen in der Hof= und Staatsbibliothek zu München hielt
er in Salzburg am 5. Nov. 1566 „offene Hochzeit" mit ſeiner erſten Frau Urſula Zierer.) —
1567/68. Bff Dienstag nach Trinit. dem D. B. Fickler im Hauß Fickler's Hans 6 Steiff
Weins thuet 16 Maaß, die Mas vmb 7 β auch 2 Kapauner um 10 bazen, tht 1 ℔ 16 β 2 H.
— 1570. Bff Muntag nach Peter auff befelch burgermeiſter und Rath vereret dem Herrn
battiſta Fickler auch e. Edelmann, baide des Biſchoff von Salzburg rat, diener u. ſ. w. G.

***) Die Gegenreformation gelang in ſolchem Maße, daß Weil im 17. Jahrhundert
wieder ganz katholiſch wurde; die Kepler aber wanderten aus und zerſtreuten ſich in die
verſchiedenſten Orte Schwabens.   G.

vater, heirathete, nur wenig mehr als zwanzig Jahre alt, am 9. April 1540, die noch um einige Monate jüngere Katharina Müller, eine Enkelin des reichen Müller in Marbach am Neckar, „Reichsmüller" genannt *). Eine Tochter dieses selben Müller, Namens Waldburga, war mit dem sehr begüterten **) Hans Fickler vermählt. Hans war Bruder von Dr. Johann Baptist Fickler und Vater von Dr. Josef Fickler. Ein anderer Sohn von Hans, Dr. Johann Michael Fickler, stiftete das Ficklerische Stipendium zu Tübingen, das später ein Sohn unseres Kepler genoß, dessen Verwandtschaft mit der Ficklerischen Familie aus dem eben Gesagten hervorgeht. Sebald Kepler's Nachkommenschaft aus seiner Ehe mit Katharina Müller war sehr zahlreich; er zeugte mit ihr 12 Kinder. Als viertes derselben wurde ihm am 19. Januar 1547 ein Sohn geboren, den er Heinrich nannte. Dies war unseres Johannes Vater. Trotz des Glaubens= eifers der Kepler und der Fickler kamen doch in beiden Familien einzelne Uebertritte vor. Das Beispiel eines solchen lieferte auch ein jüngerer Bruder Heinrichs, der, wie der Vater, Sebald hieß. Derselbe trat zum Katholizismus über und wurde Jesuit. Er galt als „Zauberer", wie man in jener dunkeln Zeit jeden nannte, der einen helleren Einblick in die Kräfte der Natur besaß; daher dürfte diese Bezeichnung eine gewisse Gemeinsamkeit in der Vorliebe für Naturwissenschaft bei Onkel und Neffen andeuten.

Dem kriegerischen und kampflustigen Charakter der damaligen Reichsstädter entspricht es, wenn uns erzählt wird, daß der von Nürnberg eingewanderte Urgroßvater Kepler's, Sebald, und dessen Söhne kaiserliche Kriegsdienste geleistet hätten. Der Erstere soll sich namentlich in dem Kriege zwischen Karl dem Fünften und Franz dem Ersten ausgezeichnet haben. Seine Söhne: Adam, Sebald, Daniel und Melchior, fochten unter Karl dem Fünften, Ferdinand dem Ersten und Maximilian dem Zweiten. Sei es, daß diese Kriegsdienste die Ver= anlassung boten, oder daß das große Ansehen, zu welchem Sebald und Daniel Kepler in Weil gelangt waren, dazu ermunterte, es wandten sich die „Keppler gprueber, Burger vnnd des Raths der Statt Weil", wie es in der noch heute im Wiener Adelsarchive aufbewahrten Urkunde heißt ***), an den Kaiser und baten um eine Confirmation ihres althergebrachten Wappens. Nach derselben Urkunde findet man dieses Wappen auf ihren Grabsteinen und haben sie es viel unvordenkliche Zeiten geführt. In Folge ihres Ansuchens gewährte ihnen Kaiser Maximilian im Jahre 1563 eine neuerliche Confirmation ihres Wap= pens †), worin dasselbe heraldisch genau und vollständig beschrieben wird ††).

---

*) Beilage VIII.

**) Die Stadtrechnung von Weil von Martini 1566/67 enthält von Hannß Fickler als jähr= liche ablösbare Gültschuldigkeit auf Georgii 14 Pfd., eine damals sehr bedeutende Summe. G.

***) Beilage III.

†) Beilage IV.

††) Das in der Denkschrift des histor. Vereins der Oberpfalz und von Regensburg 1842 angegebene Wappen der „von Kappel" berührt Kepler eben so wenig, als das von Heinrich Essig seinem Schriftchen: „das Leben und Wirken des Astronomen Johannes Kepler. Leonberg, 1852" — als Titelkupfer beigegebene. Das Letztere ist einer höchst

Giebt es eine Prädeſtination? Das Wappen, das Kepler's Vorvordern
geführt, das uns unter dem blanken Helm mit der goldenen Krone und dem
ſpitzigen gelben Hute mit dem ſchwarzen Reiherbuſch in heraldiſchen Farben
entgegentritt, will uns als ein merkwürdiges Symbol erſcheinen, als kultur-
geſchichtliche Hieroglyphe. Ein Engel mit goldgelbem Haar, ausgebreiteten lichten
Flügeln und hellrothem Gewande, hält uns mit beiden Händen einen Schild
entgegen, auf welchem wir ein Stück blauen Himmels erblicken. Sterne ſehen
wir aber keine auf dem Azurfelde. Dieſe ſollte erſt Kepler hinzufügen, die
goldenen auf dem blauen Grunde. Doch waren ſolche dann keine ſtarren heral-

diſchen, ſondern die ewigen himmliſchen Sterne ſelbſt, die in der Feuerſchrift
ihrer Bahnen Kepler's Namen von Geſchlecht zu Geſchlecht tragen. Wunderbare Laune des Weltgeiſtes, zu einem aſtronomiſchen Wappen den Aſtronomen
hinzuzudichten!

_____

merkwürdigen Kupfertafel, welche an einer ſpäteren Stelle des Werkes ausführlich be-
ſprochen wird, entnommen. Die Tafel iſt gegenwärtig Eigenthum von Gottlob Keppler,
Rothgerbe in Leonberg, einem Nachkommen des Bruders Kepler's, Chriſtoph. Es iſt
ſolches das Wappen eines gewiſſen „Maicler", welcher mit Kepler befreundet war.

N.

_____

Zweites Kapitel. Geburt und Kindheit.

Glücklicher Säugling! dir ist ein unendlicher Raum noch die Wiege,
Werde Mann, und dir wird eng die unendliche Welt.

Schiller.

Wie in mehreren ehemaligen Reichsstädten, z. B. in Aalen, so galt es
auch in Weil, ehe die Stadt der Krone Württembergs einverleibt wurde, als
ein seit unvordenklichen Zeiten beobachtetes Gesetz, daß kein lediger Bürgersohn
irgend ein Gewerbe betreiben dürfe, sondern zu diesem Behufe verheirathet sein
müsse. Statt sich also zuerst die bürgerliche Nahrung und dann die Ehehälfte
zu suchen, mußte der Weiler Bürgersohn umgekehrt verfahren. Daß eine gesunde
Volkswirthschaft ein solches Gesetz als schädliche Beschränkung der persönlichen
Freiheit verwirft, steht außer Zweifel. Dennoch dürfte es bis zur Stunde unter
dem schönen Geschlechte keine kleine Anzahl eifriger Anwälte finden. Ob das=
selbe viel oder wenig dazu beitrug, daß Kepler's Vater, Heinrich, des Bürger=
meisters Sebald vierter Sohn, sich bereits im Alter von kaum vierundzwanzig
Jahren vermählte, können wir heutzutage nicht entscheiden. Seine Wahl fiel
auf Katharina Guldenmann, die stattliche, einige Monde weniger als er selbst
zählende Tochter des Bürgermeisters und Wirthes zu Eltingen, aus dessen erster
Ehe*). Schon um das Jahr 1100 wird dieses ansehnliche Dorf im Schenkungs=
buche des Klosters Hirschau genannt. Es kam zugleich mit Leonberg an Würt=
temberg. Auf dem Wege von Weil nach Leonberg gelegen, ist es von letzterer
Stadt eine halbe Stunde entfernt. Gegenwärtig steht es Weilderstadt an Ein=
wohnerzahl nicht nach. Bei dem Hochzeitsfeste der zwei Schultheißenkinder mag
es hoch hergegangen sein. Dreitausend Gulden betrug die Mitgift der Braut,
Eintausend die des Bräutigams, für die damalige Zeit schon sehr beträchtliche
Summen. Jedem Weilderstädter, der einen Hochzeitsschmaus gab, war es zwar
unverwehrt, so viele Gäste als ihm beliebte einzuladen, aber ein eigenes Luxus=
gesetz vom Jahre 1394 schrieb vor, daß keiner der Gäste weder heimlich, noch

---

*) Melchior Guldenmann, geb. 1514, † 7. Januar 1601, war Wirth und von 1567
bis 1587 Schultheiß in Eltingen. Das Todtenbuch daselbst nennt ihn einen frommen und
freundlichen Mann. Er war zweimal verehelicht, I. mit Margaretha; II. am 16. Mai 1585
mit Magdalena, Hans Keller's Wittwe von Höfingen, † 14. Mai 1593. Diese Ehe war
kinderlos; dagegen gingen aus erster Ehe hervor: a) Hans Guldenmann, geb. Eltingen
1546, † 3. Septbr. 1602, vieljähriger Gerichtsverwandter und Bürgermeister in Eltingen
(hat viele Nachkommen); b) die oben gedachte Mutter Kepler's; c) Anna Guldenmann,
geb. allda 7. Oktbr. 1554. (Aus den alten Kirchenbüchern und Rathhausakten in Eltingen.) G.

öffentlich, dem Brautpaare mehr schenken dürfe als: Ein Paar Ehegatten mit=
einander höchstens sieben, ein Witwer vier, eine Witwe drei, ein Knecht oder
lediger Bursche zwei Schillinge und ein Mädchen nur neun Pfennige. Im
Uebertretungsfalle sollte eine Buße von zehn Gulden gezahlt werden. Wir ent=
decken aber nirgends eine Aufzeichnung, daß irgend Jemand wegen solcher Ver=
schwendung bei der erwähnten Hochzeit gestraft worden sei. Dürfen wir daraus
auf eine strenge Befolgung der Vorschrift schließen, oder sah man vielleicht „bei
Bürgermeisters" ein wenig durch die Finger? Am 15. Mai 1571*) fand die
Trauung statt, drei Tage und Nächte scheinen Schmaus und Tanz gedauert
zu haben.

Noch in demselben Jahre, Donnerstag den 27. December 1571, 2 Uhr
30 Minuten Nachmittags wurde Kepler geboren, am Feste Johannes des
Evangelisten, weshalb er auf dessen Namen getauft wurde. Er war ein Sieben=
monatkind, kränklich und schwächlich. Trieb ihn vielleicht jene unkluge Sehn=
sucht nach dem Lichte, die ihn später zum Märtyrer der Wissenschaft machte,
auch schon vor der Zeit ins Leben hinein? — Ohne Rückhalt bezeichnen wir
Weilderstadt als den Ort seiner Geburt. Wir wissen gar wohl, daß sich drei
schwäbische Orte, die Städte Weil und Leonberg und das Dorf Magstatt um
diese Ehre streiten. Wir freuen uns dessen, denn es zeigt uns, daß Schwaben
seinen größten Gelehrten so zu schätzen weiß, wie Griechenland seinen größten
Dichter**). Da aber der Anspruch Magstatts nur auf dem Hörensagen eines
Dritten beruht; da Kepler's Eltern erst vier Jahre nach seiner Geburt nach
Leonberg übersiedelten und dem entsprechend auch die bortigen, von dem Heraus=
geber durchforschten Kirchenbücher, die viel weiter zurückgehen, erst 1575 die
Taufe eines Kindes der Kepler'schen Ehegatten enthalten; da schriftliche Zeug=
nisse Kepler's selbst und aus seiner Studienzeit zu Tübingen herrührende
amtliche Dokumente des Rathes der Stadt Weil diese letztere als Geburtsort
nennen, so erweist sich unsere obige Behauptung als vollständig begründet.
Eine umfassende historisch-kritische Erörterung aller auf die Frage des Geburts=
ortes bezüglichen Actenstücke findet sich in der voriges Jahr erschienenen Schrift
„Kepler's wahrer Geburtsort"***). Wir glauben dadurch jeden, auch den
leisesten Zweifel in dieser Hinsicht beseitigt zu haben. Leonberg hat das keines=
falls zu bedauern; denn schon ehedem mußte es auf die unbestrittene Thatsache,
daß Kepler den größten Theil seiner Kindesjahre in seinen Mauern zuge=

---

*) Welch' merkwürdiges Zusammentreffen: am 15. Mai 1571 ward die Ehe voll=
zogen, aus welcher Kepler als Erstgeborner nach 7 Monaten hervorging; am 15. Mai
1583 wurde Kepler's Lehrer in der Mathematik und Astronomie, Mich. Mästlin, an die
Universität Tübingen berufen; am 15. Mai 1618 machte Kepler seine größte Entdeckung
durch sein III. Gesetz.   G.

**) „Septem urbes certant de gente insignis Homeri,
      Smyrna, Rhodus, Colophon. Salamis, Chios, Argos, Athenæ."

***) Dieselbe wurde nach den vom Herausgeber Gruner gesammelten Materialien von
Prof. Dr. Reitlinger unter Mitwirkung des Hauptmanns Neumann verfaßt und vom
Herausgeber mit einer Vorrede versehen.   G.

bracht habe, viel mehr Gewicht legen, als auf das ungewiſſe Anrecht, der Ge=
burtsort zu ſein. Aber auch Magſtatt verliert durch dieſe Entſcheidung für den
Keplerverehrer nicht jedes Intereſſe. Denn, da es in Weil 1571 keine pro=
teſtantiſche Kirche gab, ſo wird man es um ſo wahrſcheinlicher finden, daß
Kepler zu Magſtatt von dem dortigen evangeliſchen Pfarrer Jakob Broll
getauft wurde, als dieſer mit der Kepler'ſchen Familie verwandt war*).
Wir wären jedoch all dieſer Unterſuchungen und Vermuthungen überhoben ge=
weſen, wären nicht das ſtädtiſche Archiv und die Pfarrbücher von Weil im
Jahre 1648 im ſogenannten „großen Franzoſenbrande" meiſtentheils vernichtet
worden. Schon war der weſtphäliſche Friede unterzeichnet, aber noch nicht
ſämmtlichen Truppen verkündet, da rückten am 20. October unverſehens die
franzöſiſchen Garniſonen von Heilbronn, Philippsburg und Speyer unter An=
führung des Herzogs von Varenne vor die Stadt Weil, beſchoſſen ſie am 21.
und eroberten ſie am 22. im Sturm, worauf ſie dieſelbe plünderten und ein=
äſcherten. Vermochte die Civiliſation auch die Kriege noch nicht zu beſeitigen,
vor ſolcher Verwüſtung nach abgeſchloſſenem Frieden bewahrt heute der Telegraph.

So weit ſich die älteſten Männer in Weil zurückerinnern, ſtets wurde das
Haus, welches wir dir, lieber Leſer, hier im Holzſchnitte vor Augen führen,
das „Keplerhaus"**) genannt und ebenſolang heißt auch bereits die kleine
Gaſſe, deren Ecke mit dem Marktplatz es bildet „Keplergaſſe". Dieſes Haus
iſt nach der Ueberlieferung daſſelbe, welches der Großvater Kepler's, der Bür=
germeiſter Sebald, beſaß. Dort wohnten auch die Eltern Kepler's nach ihrer
Hochzeit und ſchieden wohl nicht früher aus demſelben, als bis ſie die Stadt
Weil ſelbſt verließen. Dort haben wir alſo in der That die Stätte zu ſuchen, wo
Kepler geboren wurde und wo die Wiege des Kindes ſtand, welches, zum
Manne geworden, die Unendlichkeit des Firſternhimmels nicht zu unendlich für
ſeinen Geiſt finden ſollte. Kaum gibt es ein beſſeres Zeugniß für die Größe
einer geſchichtlichen Geſtalt, als wenn ſich die mythenbildende Phantaſie, welche
aus Erfindern und Entdeckern Götter und Heroen machte, derſelben bemächtigt.
Und ſo wollen wir auch die Sage von der „dunklen Kammer", in der Kepler zur
Welt kam, nicht übergehen. In Wirklichkeit befand ſich in dem genannten Hauſe

---

*) Jakob Broll war evangeliſcher Pfarrer in Simozheim, dem Geburtsorte des
großen Mathematikers Bohnenberger, 3/4 Stunden von Weilderſtadt, von 1560—1563; von
da an in Magſtadt bis 1601. Er ſtammte von Weilderſtadt ab. Er war ein Sohn des
Johannes Broll, ein Enkel des Dr. Gily Broll, Senator's in Weilderſtadt, und ein Ur=
enkel des Thomas Broll, genannt Brobbeck, Bürgermeiſters daſelbſt, des Stammvaters von
Uhland (conf. Württ. Familienſtiftungen von Faber. Stuttgart 1853. I. Broll A § 37).
Ein Angehöriger dieſer Broll'ſchen Familie, Hans Thomas Broll, Stadtſchreiber in Ger=
mersheim, dann kurpfälziſcher Pfleger in Lorch, war mit der jüngſten Schweſter des be=
rühmten mit der Kepler'ſchen Familie verwandten, in dieſem Buche mehrfach erwähnten
Dr. Joh. Bapt. Fickler, Benigna, verehelicht. (Hof= und Staatsbibliothek München. Cod.
Bavar. 3085.) G.
**) Nr. 362. Jetziger Beſitzer, Stephan Beyerle, Stadtſchultheiß. Es ſoll dieſes
Haus zu einem kleinen Kepler=Muſeum verwendet werden. G.

eine Hinterstube ohne jedes Fenster, in der es bei geschlossener Thüre völlig finster war. Laut Berichten früherer Besitzer des Hauses frugen wiederholt Reisende nach der „dunklen Kammer", wo Kepler geboren worden sei, und glaubten sie in jener Hinterstube zu erblicken*). Diese Annahme dürfte jedoch keineswegs für erwiesen zu erachten sein. Auch das Keplerhaus wurde bei dem „großen Franzosenbrande" nicht verschont, und es mochte nicht viel mehr

Geburtshaus in Weilderstadt**).

als das Hauptmauerwerk stehen geblieben sein. Gerade so wie die erwähnte Hinterstube in unserer Zeit durch eine veränderte Eintheilung im Innern des Hauses ihre Beschaffenheit als „dunkle Kammer" einbüßte, konnte diese auch erst nach Kepler durch neugezogene Wände entstanden sein. Der Sage läßt

---

*) Von dem früheren, unlängst gestorbenen Besitzer Achilles Leuther sind hierüber authentische Einzelheiten verzeichnet worden.

**) Nach einer Aufnahme von Hrn. Maler Hermann in Weilderstadt.

sich aber noch ein ganz anderer Ursprung zuschreiben. Die „dunkle Kammer"
des Optikers, die sogenannte Camera obscura, war, nachdem sie der Italiener
Baptista Porta nicht lange vorher erfunden hatte, doch erst durch Kepler
allgemein bekannt geworden. Erst durch ihn hatte man die Wichtigkeit derselben
erfahren; er war der Erste, der das Auge selbst als „dunkle Kammer" betrachtete
und so das Räthsel des Sehens löste. Durch ein quid pro quo der Volkssage
ward aus einer dunklen Kammer, welche „er", eine, welche „ihn" der Welt gab.

Nur durch ein schmales Gebäude, durch das Wirthshaus zur „Sonne"
ist das Keplerhaus von dem Rathhause getrennt. Durch rundbogige Arkaden
gliedert sich dessen Bau und erhält durch farbige Wappenschilde, die an ihm an=
gebracht sind, ein vornehmes Aussehen. An der Stirnseite erblickt man den
schwarzen Reichsadler auf goldenem Grunde, an der Südseite das dreigetheilte
Wappen der Stadt. Im oberen Schilde führt dieses gleichfalls den Reichsadler
auf Goldgrund. Der untere rechte Schild zeigt goldene gekreuzte Schlüssel auf
rothem Grunde und endlich der untere linke Schild: im rothen Felde einen blauen
Querbalken mit den goldfarbigen römischen Buchstaben S. P. Q. R. Diese be=
-deuten: Senatus populus'que Romanus (römischer Rath und Bürgerschaft). Sie
erinnern an den römischen Ursprung der Stadt. Nach der Sage soll ein edler
Römer aus dem alten Ursiner Geschlechte, Namens Wello, sich einen Zufluchts=
orte an eben der Stätte gesucht haben, wo heute Weil steht. Dort habe er
ein Stück des Waldes ausgerodet und urbare Felder daraus geschaffen. Dann
sei er auf den seltsamen Gedanken gekommen, daselbst eine Stadt nach dem
Muster der Siebenhügelstadt zu gründen. Diese habe er 340 oder nach einer
anderen Version 333 zu bauen begonnen und sie nach seinem eigenen Namen
Wellona oder Wella genannt. Daraus sei später Wila, zuletzt Vila, auf
deutsch Weil geworden. Andere betrachten Weil als römische „villa;" noch
andere leiten den Namen von Weiler ab. Zeiler erzählt in seiner Topographie
von Schwaben, Kaiser Friedrich der Zweite habe im Jahre 1211 zuerst den Ort
Weil, der zuvor nur ein Dorf oder „Weiler" gewesen sei, zu einer Reichsstadt
erhoben und zu dem Ende mit Mauern und Thürmen umfangen lassen. Jeden=
falls wurde Weil schon frühe reichsunmittelbar, denn bereits am 29. Dezember
1275 spricht Kaiser Rudolf von „unserer Stadt Weil" (oppidum nostrum Wyle).
Auf der aus dem Jahre 1664 stammenden hölzernen Tafel im Rathhause faßt
der Reimchronist die ältere Geschichte Weil's in den zwei Zeilen zusammen:

„Also von Römern Ihren Anfang vnd Vrsprung hat,
„Von Kaysern erkendt wirt, eine freie Reichs Statt."

Der Marktplatz, auf welchem sich Rathhaus und Keplerhaus befinden,
ist der Hauptplatz, der schönste und geräumigste, von Weilderstadt *). Von den

---

*) Der Brauch, von Weil „der Stadt" zu sprechen, wovon die Benennung „Weil=
derstadt" herrührt, entstand und blieb wohl wegen der in der Nähe befindlichen Dörfer
Weil im „Schönbuch" und Weil „im Dorf".

Gebäuden, die ihn einfaſſen, ſind auch noch andere außer dem Rathhauſe hoch und anſehnlich. So insbeſondere das Haus der Familie Gall, welcher ſowohl der bekannte Biſchof von Linz*) als der berühmte Phrenologe des gleichen Namens**) angehörten, und der ſchon über dreihundert Jahre daſſelbe Zeichen führende Gaſthof zur „goldenen Krone“. Schon zur Zeit, als Kepler geboren wurde, bildeten den vorzüglichſten Schmuck des Platzes zwei ſtattliche ſteinerne Brunnen, welche im ſechzehnten Jahrhundert errichtet worden waren. Von dem einen derſelben, dem „Kaiſerbrunnen,“ der dem Rathhauſe gegenüber liegt, iſt das Keplerhaus nur wenige Schritte entfernt. Er trägt eine charakteriſtiſch ausgeführte Bildſäule Karls des Fünften, welche den Kaiſer im jugendlichen Alter, mit flottem Schnurbärtchen, das Federbarett auf dem Haupte, in voller Rüſtung, mit dem ſpaniſchen Waffenrocke darüber, darſtellt. Die Linke ſtützt der Kaiſer auf ſein Schwert, indeß die Rechte einen Schild trägt, auf welchem der Reichsadler und die Jahreszahl 1537 angebracht iſt. Auf dem anderen Brunnen, welcher die zweite Seite des ausgedehnten Platzes würdig abſchließt, ſteht ein heraldiſcher Löwe, deſſen Schild ebenfalls den Reichsadler zeigt. Bereits vor Jahrhunderten, wie noch heute, floß aus den Brunnen nach allen vier Weltgegenden kriſtallhelles Waſſer; in gedrängter Fülle ſtrömt es heraus, die im Sonnenſcheine funkelnden und glitzernden Tropfen jagen, ſtoßen, übereilen und zerſplittern einander — „iſt gar luſtig anzuſehen,“ würde etwa ein alter Chroniſt geſagt haben. Seine herrlichſte Zierde erhält aber der Platz durch das Keplerdenkmal.

Häuſer, meiſt nur zweiſtöckig, aber hochgiebelig, deren Bauſtyl nicht ſelten ein dreihundertjähriges Alter beurkundet, in Straßen, die etwas weniger enge

---

*) Joſef Anton Gall, geb. Weil 27. März 1748, erhielt ſeine Bildung in Rottenburg a. N., Heidelberg und Bruchſal; wurde Katechet an der k. k. Normalſchule in Wien; Hofkaplan der Kaiſerin Maria Thereſia; Pfarrer in Burgſchleinitz; Oberſter Schulinſpektor; Domherr in Wien, und von Kaiſer Joſeph II., der ihn hoch ſchätzte, 1788 zum Biſchof in Linz ernannt, wo er am 18. Juni 1807 ſtarb. Sein Tod erregte allgemeines Bedauern. Er war ein ſehr aufgeklärter Mann von äußerſt milder, duldſamer Geſinnung und machte ſich beſonders um Verbeſſerung des Schulweſens verdient. Seiner zweiten Heimat hinterließ er aber nicht blos ſeine geiſtigen Schätze, ſondern auch reiche Stiftungen zu Schul- und Lehrzwecken.   G.

**) Franz Joſef Gall, geb. Tiefenbronn 9. März 1758; das fünfte von 10 Kindern des dortigen Kaufmanns Joſef Anton Gall und der Anna Maria Killinger. (Sein Großvater Joh. Georg Gall — ein Bruder von Biſchof Gall's Vater — überſiedelte von Weilderſtadt nach Tiefenbronn.) Sein Vetter Biſchof Gall ließ ihn nach Wien kommen und auf ſeine Koſten ausbilden. Hier hielt er 1796 die erſten öffentlichen Vorleſungen über ſein Syſtem. Um durch Vorträge für daſſelbe zu wirken, bereiste er im folgenden Jahre die hauptſächlichſten Städte Deutſchlands. An Sträflingen in den Gefängniſſen zu Berlin, Spandau u. ſ. f. ſuchte er ſeine Lehre zu prüfen. Darauf begab er ſich nach Paris, wo er mit ſeinem Freunde Dr. Georg Spurzheim aus Longerich ſein Werk über das Gehirn und das Nervenſyſtem ausarbeitete, das große Anerkennung, aber auch viele Anfechtung fand. Nach ſeiner Lehre wäre das Gehirn ein Aggregat von Organen für die verſchiedenen Seelenthätigkeiten. Kindesliebe und Feindeshaß, Mitleid und Mordluſt, frommer Glaube und Gedächtniß — jedes ſollte ein eigenes Organ haben, erkennbar durch beſtimmte Erhabenheiten an der äußeren Schädelfläche. Er ſtarb in Paris am 22. Auguſt 1828.   G.

und daher auch luftiger und reinlicher sind als in anderen kleinen Städten, —
hieburch hat Weil ein eigenartiges Gepräge, das zugleich höchst alterthümlich und

Weilderstadt *).

*) Nach einer Aufnahme von Hrn. Maler Hermann in Weilderstadt.

gemüthlich ist. Man fühlt sich von einer längst entschwundenen Zeit, wie von etwas Gegenwärtigem, halb erfreut und halb gerührt. Und kommen dann an Markttagen Bauern und Bäuerinnen aus der Umgegend in ihrer altschwäbischen, seit Jahrhunderten unverfälschten Tracht herein, so beginnt der Zauber zu wirken, die in Mitten liegende Zeit verschwindet, das Jahrhundert Kepler's gewinnt Blut und Athem, tritt zu uns heran und schüttelt uns die Hand, wir sind in seine Zeit versetzt, so echt und unmittelbar ist der Eindruck.

Jedoch auch das alte trutzige reichsstädtische Aussehen hat das Weilerstadt der Jetztzeit, obwohl seine Einwohnerzahl (14—1500) kaum die Hälfte der früheren beträgt, noch nicht gänzlich verloren, insbesondere von der Süd=Ostseite betrachtet. Mehr noch als die zwei Streitthürme an der östlichen Mauer, die allein noch übrig sind, während alle anderen der Erde gleich gemacht wurden, erweckt diesen Eindruck die auf einer Anhöhe mitten in der Stadt gelegene ansehnliche Peter- und Paulkirche, mit ihren drei Thürmen, — ein ehrwürdiger imponirender Bau in gothischem Styl*). Man denke sich rund um die Stadt eine Be- festigungsmauer gezogen, von bewässerten Wallgräben umgeben, man ergänze dann die zwei noch übrig gebliebenen Thürme zu einem ringsum starrenden Gürtel hoher und spitzer Streitthürme — und man hat die alte freie Reichs- stadt Weil vor sich, die sich gegen übermüthige Ritter zu vertheidigen im Stande war und dem Reichsheere ihr muthig Fähnlein stellte. Ueber ihre herabgelassene Fallbrücke zogen 1377 die entschlossenen Reichsstädter zum Kampfe und Sieg von Reutlingen; aber nur 11 Jahre später sahen ihre steinernen Zinnen das wech- selnde Glück der Schlacht von Döffingen wogen — anfangs den herrlichen Sieg, zuletzt die blutige Niederlage — blos aus dem kleinen Weil blieben 66 todt auf der Walstatt, und der schwäbische Städtebund war zersprengt. Von da bis zu Kepler's Geburt waren beinahe zwei Jahrhunderte verflossen. Es hatten die Kämpfe, mit ihnen aber auch der frühere Unabhängigkeitssinn der freien Reichs- städte aufgehört. Schon am Anfange des sechzehnten Jahrhunderts hatte sich Weil freiwillig für eine Zeitlang unter die Schutzherrlichkeit württembergischer Herzoge begeben, und 1576 stand der Bürgermeister Sebald Kepler an der Spitze einer Deputation, welche dem Herzoge Ludwig von Württemberg zu seiner Vermählung mit der Tochter des Markgrafen von Baden einen „güldenen" Becher als Hochzeitsgeschenk überbrachte**). Die steinerne Rüstung hatte zwar die Reichs- stadt noch nicht abgelegt, aber sie war ihr durch die Erfindung der Karthaune eben so nutzlos geworden, als Panzer und Harnisch dem Ritter. Sie diente nur noch dazu, die Stadt um so vortheilhafter aus dem freundlichen dunkelgrünen Hintergrunde der die umgebenden Höhen dicht bedeckenden Wälder hervortreten zu lassen.

---

*) Bei Erwähnung der Kirche dürfen wir der beiden Kunstschätze nicht vergessen, die sie im Innern birgt, nämlich einen ausgezeichnet schönen, im germanischen Styl gehaltenen Kreuzpartikel aus dem 14. bis 15. Jahrhundert, und eine Monstranz in Form eines Domes, entweder aus derselben Zeit oder aus dem vorhergehenden Jahrhundert.

**) Weil's kleine Chronik von Gehres. Stuttgart, 1808. S. 112.

Doch damit man nicht sage, wie Andere vor den Bäumen den Wald, sehen wir vor den Wäldern den Baum nicht, dürfen wir jener merkwürdigen Linde auf dem Friedhofe zu Weilderstadt nicht vergessen, die einer alten Tradition gemäß 1530, also in jenem selben Jahre gepflanzt ward, in welchem das evangelische Glaubensbekenntniß in Augsburg übergeben wurde. Zu Keplers Zeiten war sie zu einem reichbelaubten hochstämmigen Baume herangewachsen. Als später die Stadt Weil durch den bereits erwähnten Franzosenbrand des Jahres 1648 bis auf wenige Häuser eingeäschert wurde, ward sie durch die Gluthhitze der benachbarten brennenden Häuser beinahe verkohlt. Dennoch schlug sie wieder aus und trieb mit der verjüngenden Kraft ihrer tief in die Erde greifenden Wurzelarme vier neue Aeste hervor, die später vier selbstständige Bäume vorstellten, ein Bild der vier Zweige: der altlutherischen, calvinischen, schottischen und englischen Kirche, die aus dem gemeinschaftlichen Stamme des Protestantismus hervor gesprossen sind. Der Baum hatte bereits den riesigen Umfang von 25 Schuhen und ein Alter von 274 Jahren erreicht, als ihm, der den großen Franzosenbrand überstanden hatte, durch die väterliche Fürsorge der Polizei plötzlich ein Ende gesetzt wurde. Er ward 1804 auf deren Befehl umgehauen, denn er drohte mit — Umsturz. Aber wie diese Linde in der mit Menschenblut und Menschenknochen gedüngten Erde des Friedhofes, so schlug die Reformation, deren Wahrzeichen sie war, in den Herzen der Menschen des sechzehnten Jahrhunderts ihre mächtigen und tiefen Wurzeln. Alle anderen Interessen hatte sie in den Hintergrund gedrängt. Mit tausend Aesten und Rankenfüßen setzte sie sich fest im Gemüthe der Menschen und schuf jene unerschütterliche Ueberzeugungstreue, von der uns Kepler selbst ein Beispiel liefern wird. Ihren bezeichnendsten Ausdruck dürfte sie in den Worten gefunden haben, mit welchen der, wie unseren Lesern schon bekannt ist, gleichfalls aus Weil gebürtige Reformator Schwabens, Johannes Brenz, seinen Wunsch begründete, in der Stiftskirche zu Stuttgart begraben zu werden. „Hier", sagte er, „soll meine Grabstätte sein, damit wenn etwa nach der Zeit jemand eine andere Lehre von dieser Kanzel verkündigen würde, als ich gepredigt, ich alsdann mein Haupt aus dem Grab emporrichten und ihm zurufen könne: Du lügst".

Nichts ist der Verbreitung weltbewegender Ideen förderlicher, als solche wahre, innige Begeisterung. Daher gewann der Protestantismus gegen Ende des sechzehnten Jahrhunderts immer mehr Boden. Daß in dessen letzten Dezennien nur noch dreißig Familien zu Weil katholisch waren, erfuhren unsere Leser bereits im vorigen Kapitel, so wie auch, daß hiezu der Bürgermeister Sebald Kepler, unseres Johannes Großvater, wesentlich beigetragen hatte. Ueberhaupt widmete derselbe den öffentlichen Angelegenheiten seine besten Kräfte. Ein Bild seiner rastlosen Thätigkeit entrollen die alten Stadtrechnungen von Weil*). Er vertrat die Stadt ebensowohl auf dem Reichstage zu Speier, als

---

*) Dieselben hat der Herausgeber aufgefunden. Vieles darin betrifft Kepler's nächste Angehörige, wovon das Wichtigste in Beilage IX zur Veröffentlichung gelangt.

auf dem Kreistage zu Ulm; zahlreiche Male begab er sich nach Stuttgart, um wegen Gränz=Marken, freier Pürsch und anderer Gerechtsame mit den herzog=lich=württembergischen Behörden zu verhandeln; nach Wildbad überbrachte er dem Herzoge Christoph etliche Faß Wein als Geschenk der Stadt. So pflegte er in eigener Person jene wichtigsten Beziehungen, welche eine freie Reichsstadt nach Außen hatte, zum Reiche, zum Kreise, zum benachbarten Landesherren. Beinahe nach allen größeren Orten Schwabens, wie Heilbronn, Eßlingen, Calw, Sindelfingen 2c. führten ihn seine amtlichen Reisen. Mit eben so viel Eifer, als außer der Stadt, lag er auch innerhalb ihres Weichbildes seinen bürger=meisterlichen Pflichten ob. Begreiflich, daß bei so vielfacher anderer Beschäftigung die Erziehung seiner Kinder litt, um so mehr, da deren Zahl, wie später auch bei seinem Enkel Johannes, die der Apostel erreichte. Zwar starben mehrere klein. Dennoch blieb die Familie vielköpfig genug, um das Maß an Zucht und Lehre, das Sebald einem einzelnen Kinde widmen konnte, bis zur Unwirksam=keit einer homöopathischen Dosis abzuschwächen; dem zufolge vermochte er nicht einmal seine Anhänglichkeit an den Protestantismus auf alle seine Kinder zu übertragen. Wie wir im vorigen Kapitel sahen, wurde einer seiner Söhne, Sebald, Katholik und Jesuit. Das heftige, kriegs= und abenteuerlustige Naturell seines Sohnes Heinrich, des Vaters unseres Kepler, entwickelte sich unter solchen Verhältnissen ganz ungehindert. Bereits 1568 kam es so weit, daß er, obwohl des Bürgermeisters Sohn, Streites halber gestraft wurde. Man findet in den Stadtrechnungen jenes Jahres die Angabe: es hätten Heinrich, Sebald Kepler's Sohn, und Baltes Rockenbauch mit einander wollen Zwilch kaufen, und da seien sie so in Haber gerathen, daß sie vor den Rath gekommen, der „ehrsame Rath habe sie mit einander vertragen, und Baltes Rockenbauch hätte 2 ß, Heinrich Kepler 1 ß“ geben müssen. Der Wunsch, seinem Sohne heilsame Schranken zu ziehen und ihn von heimatlosem Herumirren in Söldnerdiensten abzuhalten, mochte dazu beigetragen haben, daß Sebald dessen frühe Heirath gerne sah und unterstützte. Er hoffte wohl ihn dadurch ans Haus zu fesseln und zu ruhigem Erwerb zu bringen. Heinrich hätte aber bei seinem Charakter nur dann Glück in der Ehe finden können, wenn seine Wahl auf eine sanfte und demüthige Frau gefallen wäre. So hatte ihn jedoch die schöne und stattliche Schultheißen=Tochter aus Eltingen, vielleicht gerade durch eine gewisse Verwandt=schaft ihres stolzen Wesens mit dem seinen, angezogen. Nach dem frühen Tode ihrer Mutter wurde Katharina statt im Vaterhause zu Eltingen bei einer Base in Weil erzogen. Dort hat sie wohl Heinrich Kepler kennen gelernt. Die Base wurde später als Hexe prozessirt und in Weilderstadt hingerichtet*). Katharina

---

*) Nur einen einzigen auf eine Hexenverbrennung bezüglichen Eintrag finden wir in den Stadtrechnungen Weils aus der hier in Betracht kommenden Zeit. Er stammt vom Jahre 1594 her und wir wollen ihn hier mittheilen. Ob aber die in demselben genannte Hexe die Base und Erzieherin von Kepler's Mutter war, müssen wir als ungewiß be=zeichnen. Der Eintrag kömmt in der Rubrik der Ausgaben vor und lautet: „1594. Item

wurde von ihr in der Bereitung heilsamer Tränke und Salben unterwiesen. Im dritten Buche werden wir erfahren, wie sie hiedurch nach Jahren in den Verdacht der Zauberei und in Lebensgefahr kam. Keinesfalls konnte eine solche Erziehung, wie sie Katharina von ihrer Base erhielt, Ersatz für die häusliche Anleitung und liebende Hand einer Mutter gewähren. Katharina wurde starr= köpfig und eigensinnig. Sie verbarg unter den Blüthen und Blumen der Jugend den knorrigen, unbiegsamen, mit Dornen besetzten Stock der Rose. Nach ihres Sohnes Aussage überbot sie noch durch ihre Heftigkeit die Rauhheit ihres Mannes und ihrer Schwiegermutter. Diese unglückliche Ehe konnte Heinrich Kepler nicht vom Waffenhandwerke, zu welchem er von Jugend an Neigung gefühlt hatte, zurückhalten. Wir treffen ihn bereits 1574 in Belgien *) als Herzog Alba's Söldner. Er war dessen Werbern dahin gefolgt. Alba suchte damals in blutigster und grausamster Weise den Protestantismus in Belgien zu unterdrücken. Dennoch hatte ihm der protestantische Herzog Christoph von Württemberg Werbungen in seinen Landen gestattet und war in die Reihen seiner Soldtruppen der Protestant Heinrich Kepler aus der freien Reichs= stadt Weil getreten, um an der Seite von Katholiken gegen Protestanten zu kämpfen. Dies wäre völlig unbegreiflich, hätten nicht zu jener Zeit die Lu= theraner gegen die Calviner größeren Haß empfunden, als selbst gegen die Katholiken. Nicht den Jesuiten, sondern diesem Hasse dankt der Katholizismus seine damalige Rettung. Die Niederländer, welche Calviner waren, hatten ebenso wie des katholischen Ferdinand Gegenkönig, der calvinistische Kurfürst Friedrich von der Pfalz, die Lutherischen zu ihren Gegnern. Nur so konnte jener dreißigjährige Krieg entspringen, in dessen Blutmeer auch die Sonne Kepler's versank. Ferner war es eine damals unter den Deutschen allgemein herrschende Sitte, oder besser Unsitte, in fremde gut bezahlte Kriegsdienste zu treten, mochte es sich um was immer für Interessen handeln, wie ja bis vor Kurzem die republikanischen Schweizer die Garde der neapolitanischen Könige bildeten. Auch überwogen in Heinrich Kepler's Brust die kriegerischen alle anderen Gefühle, so daß er selbst des kleinen Johannes vergaß und ihn dessen zarte Kinderhändchen nicht zurückzuhalten vermochten.

Beiläufig zur selben Zeit, wo Heinrich von seiner Familie fort und nach Belgien in den Krieg ging, wurde Katharina von einem Pestanfalle ergriffen **). Was Wunders? Wenn was immer für eine Seuche heutzutage Europa durch= zieht, so ist der erste Rath der Aerzte: Hütet euch vor Gemüthsbewegung! Wie konnte dies aber die arme Katharina? Von ihrem Manne leichtfertig ver=

Uff Freytag als die Fyspin, des Clasbecken Wittwe ist verbrannt worden, habent meine Herren nachmittag truncl u. Ese in dem Gerichtshaus gethan ist zu zerung vfgangen 4 ℔ 8 β. Die Pryfterschafft zu Nachtgessen u. trunten 7 ℔ 18 β. Item mein Herr Burger= meister 2c. 12 ℔." Wahre Festessen! G.

*) Hanschius, p. VI und Mittheilung von Rektor Dr. Frisch nach Pulkowaer Ma= nuscripten.

**) Hanschius, p. VI.

laſſen, bei einer gehäſſigen Schwiegermutter zurückgeblieben, die unglückliche Mutter zweier Kinder. Denn am 12. Juni 1573 gebar ſie zu Weil einen zweiten Sohn, den älteſten Bruder unſeres Johannes, der nach dem Vater Heinrich genannt wurde. Ihre eiſerne Natur widerſtand jedoch der Peſt; ſie war ja beſtimmt trotz Schmerzen und Leiden ſogar das dem Menſchen als Grenze geſteckte ſiebenzigſte Jahr zu überſchreiten; die Schlange Peſt ließ ſie aus ihrer erdrückenden Umarmung los — allerdings nur um ſie dem entſetz= licheren Ungeheuer des Aberglaubens aufzuſparen, das gegen ihr hohes Alter ſeine Giftzähne richten ſollte. Noch war aber der zweitgeborne Heinrich in der Wiege und auch Johannes lernte erſt lallen und trippeln, da trieb auch ſie die innere Unruhe, die Sehnſucht nach dem Gatten und zum Theil die üble Behandlung der Schwiegermutter vom Haus fort, ihrem Manne in den Krieg nach*), mit welchem ſie nun in Belgien ein Wander= und Lagerleben beim Heere führte, während ſie die zwei hilfloſen Kleinen bei ihren Schwiegerältern zurückgelaſſen hatte, durch Kummer und Aufregung den zarteren Empfindungen der Mutterliebe entfremdet. Und ſo ſang den armen Kleinen keine ſüße Mutter= ſtimme trauliche Schlummerlieder, nur die nahen Brunnen am Markte, die plätſcherten ihnen unaufhörlich luſtig, luſtig vor — unbekümmert um Menſchen= freud und Leid, und dem eintönigen Geräuſche mochten gar oft die beiden Kleinen lauſchen, bis ihnen die müden Augenliber zuſanken.

Noch waren beide Aeltern fern, da erkrankte unſer Johannes auf das aller= ſchwerſte an den echten Blattern — noch hatte kein Jenner den Verwüſtungen dieſer ſchrecklichen Krankheit Dämme geſetzt. Er ſchwebte zwiſchen Leben und Tod und kaum konnte er vor einer Verſtümmlung ſeiner Hände, vor einer Erblindung ſeiner Augen gerettet werden. Ob wohl diejenigen, die da behaupten, daß Rafael auch ohne Hände ein Maler geweſen wäre, auch vertheidigen wollen, Kepler wäre, ohne die Sterne ſehen und Inſtrumente richten zu können, ein Aſtro= nom geworden? Allerdings hat die durch Kepler und Newton enthüllte Sternkunde der blinde Richard Saunderſon begriffen, geſchaffen hätte er ſie ſicher nicht. Doch verweilen wir nicht länger bei dem entſetzlichen Bilde einer Feuerſeele, wie die Kepler's war, gebannt in einen durch den Verluſt der Augen und Hände zur Erkenntniß und That zu gleicher Zeit verkrüppelten Körper; denn glücklicherweiſe wurde Kepler's Augenlicht erhalten, um ihm ſpäter die Harmonie der Welt zu erſchließen, ſeine Hand, welche das Ge= ſchaute den Menſchen verkündigen ſollte, vor Verſtümmlung bewahrt. Nur eine gewiſſe Augenſchwäche blieb für ſein ganzes Leben zurück, wie er ſagte: „eine Blödigkeit des Geſichtes“, die er aber durch Schärfe des Geiſtes tauſendfältig erſetzte. Auch ſchritt ſeine Geneſung nur ſehr langſam fort. 1574 war Kepler von der Krankheit ergriffen worden, und als 1575 ſeine Aeltern aus Belgien zurückkehrten, fanden ſie ihn noch immer nicht völlig hergeſtellt**).

---

*) Hanschius, p. VI und Mittheilung von Rektor Dr. Friſch nach Pulkowaer Ma= nuſcripten.

**) Ebendaſelbſt p. VII.

Wir begreifen, daß nach Allem, was vorgefallen, Katharina nicht mehr im Hause ihrer Schwiegerältern, wo die jung verheiratheten Gatten anfänglich gewohnt hatten, verweilen mochte. Nach ihrer Rückkehr aus Belgien, 1575, beschlossen daher Kepler's Aeltern von Weil nach dem benachbarten Leonberg zu übersiedeln. Sie kauften noch im selben Jahre allda ein Haus*). Als sie es bezogen, nahmen sie ihre Kinder, Johannes und Heinrich, zu sich. Dieses

Aelternhaus in Leonberg **).

Haus ***) steht ebenso zu Leonberg, wie das des Großvaters zu Weil, auf dem größten und ansehnlichsten Platze der Stadt, dem Marktplatze. Es war das kleine Welttheater, wo Kepler's Jugend „spielte". Er verblieb in demselben vom vierten bis zum achten Lebensjahre.

---

*) Hanschius, p. VII und Mittheilung von Rektor Dr. Frisch nach Pulkowaer Manuscripten.

**) Nach einer Aufnahme von Hrn. Gerichts-Aktuar Schilling in Leonberg.

***) Nr. 109. Im Besitz des Rudolf Wöhrle, Nablers.

Das Städtchen Leonberg, welches sich unfern Lefern hier ebenfalls zeigt, stand schon seit alten Zeiten unter der Landeshoheit des Haufes Württemberg.

Leonberg zu Kepler's Zeit.

An Einwohnerzahl mag es Weil beiläufig gleich gewesen sein. Hier wurde 1457 jener Landtag abgehalten, der aus Veranlassung des württembergischen Vormundschaftsstreites zwischen Graf Ulrich dem Vielgeliebten und dem Pfalzgrafen Friedrich stattfand; er gilt als das erste sichere Lebenszeichen von einer Landstandschaft der Städte in Württemberg. Der eben genannte Graf Ulrich der Vielgeliebte starb am 1. September 1480 im Schloße zu Leonberg, plötzlich auf der Hirschjagd erkrankt. Dieses Schloß erbaute Herzog Christoph beinahe ganz neu mit großem Aufwand und in höchst stattlicher Weise. Auf dem Bilde erblickt es der Leser linker Hand, und es verleiht der Ansicht der Stadt, von der Seite, wo wir sie betrachten, durch seinen imponirenden Bau ihren malerischen Charakter. Es wurde der Wittwensitz der Herzoginnen von Württemberg, von welchen mehrere daselbst starben. In ihrem Innern hat die Stadt durch ihre schmalen winkeligen Gäßchen ein etwas düsteres Gepräge. Von Gebäuden besitzen für uns als Biographen Kepler's, außer den von ihm bewohnten Häusern, noch besonderes Interesse: die Vogtswohnung, das Diakonatsgebäude und die lateinische Schule. Zu den beiden ersten werden wir in einem späteren Theile dieses Werkes durch den traurigen Herenprozeß der Mutter Kepler's zurückgeführt werden; zu der „lateinischen Schule" geleitet uns aber schon hier der Gang unserer Erzählung *).

Aus einer eigenhändigen Aufzeichnung Kepler's erfahren wir, daß er 1577 zuerst in den „deutschen" Lese- und Schreibunterricht (in ludum literarum germanicum) geschickt wurde **). Damals seien zum Gebäude der von ihm mit glücklichstem Erfolge entdeckten Wahrheiten die ersten Fundamente gelegt worden, bemerkt Hanschius etwas überschwänglich; denn mit demselben Rechte, wie vom Abc hätte er dies auch vom Sprechenlernen aussagen können. Wollte Kepler mit der Bezeichnung „germanicus" nicht etwa blos den in Deutschland üblichen Unterricht andeuten, sondern in der That vom Besuche einer deutschen Schule berichten, so vertauschte er diesen doch bald mit dem einer lateinischen Schule. Denn daß er schon 1578 die Lateinschule in Leonberg besucht hat, können wir nach seinem späteren Studiengange nicht bezweifeln. Vielleicht hatte der Rath zu Leonberg vom Rathe zu Eßlingen die Vorschrift entlehnt, die talentirtesten Schüler aus der deutschen in die lateinische Schule zu versetzen ***). Durch die im Jahre 1559 von Herzog Christoph bekannt gemachte „Ordnung" waren

---

*) Eine Sage will wissen, daß der nicht weit von Leonberg entfernte „Studentenberg" und das ehemals auf demselben befindliche „Studentenbäumle" so benannt worden wären, weil sich Kepler während seiner Leonberger „Studentenzeit" mit Vorliebe dort aufgehalten hätte; wahrscheinlicher aber ist es, daß Besuche von Carlsschülern aus dem benachbarten Schloße Solitüde die Benennung veranlaßten.

**) Hanschius, p. VII und Mittheilung von Rektor Dr. Frisch nach Pullowaer Manuscripten.

***) Dr. Carl Pfaff, Versuch einer Geschichte des gelehrten Unterrichtswesens in Württemberg, S. 54.

„lateiniſche oder Partikularſchulen" in ganz Württemberg organiſirt worden. Sorgfältig war der Lehrſtoff in denſelben auf fünf Klaſſen vertheilt worden, von benen die brei unterſten jede Stadt Württembergs beſitzen ſollte. Auch in Leon=berg, wo ſchon ſeit 1535 ein lateiniſcher Präceptor gelehrt hatte, gab es daher zu Kepler's Zeiten eine lateiniſche Schule für die brei unterſten Klaſſen, ein=gerichtet nach den Vorſchriften der Ordnung vom Jahre 1559, mit Präceptor und Collaborator*). Dieſe lateiniſche Schule befand ſich, bie Wohnun=gen des Präceptors mitinbegriffen, in einem alten Gebäude, das urſprünglich ein Nonnenkloſter war, „der Mutter und den andächtigen Schweſtern williger Armuth." Nach der Reformation wurde es zur Schule eingerichtet. Es ſieht übrigens ſeinem Aeußern nach eher einem Bürgerhauſe, als einem Kloſter gleich.

Lateinſchule in Leonberg**).

Nicht unwahrſcheinlich iſt es, daß Kepler ſchon ben erwähnten deutſchen Elementarunterricht, wenn er überhaupt ſtatt hatte, in dieſer „lateiniſchen Schule" erhielt. Denn, wie Pfaff erzählt, waren damals beutſche und lateiniſche Schulen noch häufig vereint und der lateiniſche Proviſor namentlich oft auch beutſcher

---

*) Während Kepler's Schulbeſuch waren: Präceptor Vitalis Kreibenweis (1574—1585); Collaboratoren: Chriſtian Glitz (1575—78), Peter Spindler (1578), Alex. Glaſer (1579), Jakob Wetzlin (1580—1584).   G.

**) Gebäube Nr. 195, bei der Kirche gelegen. (Das kleine ärmliche Haus, das unſer Bild linker Hand von der Schule zeigt, gehört einem Nachkommen von Kepler's Bruber, Chriſtoph.) Nach einer Aufnahme des Hrn. Ger.-Attuar Schilling.   G.

Schulmeister *). Dem sei nun, wie ihm wolle, jedenfalls saß Kepler auf den Bänken der noch heute erhaltenen „lateinischen Schule" vor seinem Donat und Philippus. Obschon gegenwärtig die zwei älteren Schulzimmer durch Beseitigung der Zwischenwand in ein einziges geräumigeres verwandelt sind, werden noch immer Klagen über Mangel an Luft und Licht in dem niedrigen Gemache laut **). Wie schlimm mag es damit erst früher bestellt gewesen sein? Auf Luft und Licht erstreckte sich ehemals die Fürsorge von Behörden und Lehrern nur im allerdürftigsten Maße. So mögen also wohl Kepler's Augenlicht und Gesundheit, die schon vorher angegriffen waren, in der Lateinschule noch mehr geschwächt worden sein.

Dennoch mußte es sich Kepler zum besonderen Glücke anrechnen, daß er Gelegenheit zum Besuche einer Lateinschule fand. Durch diese hohle Gasse mußte damals und sogar noch lange nachher Jeder, der sich über die arme unwissende Masse erheben und zu dem unschätzbaren Gute der Bildung gelangen wollte. Mancher Sohn aus dem Volke, in dessen Seele irgendwo auf dem Lande oder überhaupt an einem Orte, wo es keine Lateinschule gab, der Wissensdrang erwacht war, wanderte meilenweit her auf den beschwerlichen und unsicheren Straßen in den Bereich einer Lateinschule, um sich dann, ein armer Frembling, unter den größten Leiden und Entbehrungen die daselbst gebotenen Kenntnisse zu erwerben. Aeltere Männer, bei denen der Erkenntnißdrang, wie eine verspätete Blüthe im Herbste, erst in reiferen Jahren zu Tage trat, verschmähten nicht, sich mitten unter die Knaben in die Lateinschule zu setzen, um jene Sprache zu erlernen, in welcher man damals allein wissenschaftliche Werke lesen konnte. Insofern war es ein glücklicher Zufall, daß Kepler in Württemberg erzogen wurde, wo jede Stadt, ja selbst mancher größere Marktflecken eine Lateinschule besaß. Man ging in diesem Lande damals so weit, nur der Lateinschule Bedeutung beizulegen und die deutsche Schule als überflüssig, wenn nicht gar als schädlich zu bezeichnen. Es kam dies daher, daß man nicht eine Bildung des Volkes, sondern nur eine der Theologen, Beamten und Lehrer anstrebte. Am deutlichsten findet man diesen Standpunkt in der von Herzog Ulrich erlassenen Instruction für die Visitationsräthe vom Jahre 1546 ausgedrückt: „Weil aber in vielen auch kleinen Städten neben den lateinischen Schulen auch deutsche bestehen, durch welche erstere verderbt und viele Knaben, die zum Lateinlernen und also zur Ehre Gottes und Verwaltung eines gemeinen Nutzens geschickt sind, versäumt werden, so sollen Gottes des Herren und des gemeinen Nutzens wegen solche deutsche Schulen in kleineren Städten abgeschafft werden, da doch ein jeder lateinischer Schüler im Latein auch das Deutschschreiben und Lesen

---

*) Dr. Carl Pfaff, Versuch einer Geschichte des gelehrten Unterrichtswesens in Württemberg, S. 71.

**) So wurde es dem Verfasser bei seiner persönlichen Besichtigung des Schulzimmers berichtet. Auch sollen früher die Katheder an der Fensterseite gestanden sein, was gleichfalls für die Augen der Schüler schädlich sein mußte.

ergreift". Weniger feindlich gegen die deutsche Schule äußert sich die oben von
uns citirte, von Herzog Christoph 1559 kundgemachte „Ordnung der lateinischen
oder Particularschulen und des Pädagogiums zu Stuttgart". Dennoch beschäf=
tigt auch sie sich ausschließlich mit den lateinischen Schulen, welchen sie die
während Kepler's Schulbesuch herrschende Organisation gibt.

Was das Lehrziel im Latein selbst betrifft, so strebte man in diesen Schulen
vor Allem an, daß der Schüler geläufig Latein lesen, schreiben und sprechen
lerne. Einen besonderen Werth legte man auf das letzte. Damit man es
möglichst fördere, wurde den Schülern, so frühe man nur konnte, unter An=
drohung strenger Strafen eingeschärft, unter einander Latein zu reden. Hiezu
ermahnt auch auf das eindringlichste das uralte ohne Druckort und Jahreszahl
erschienene aus nur acht Quartblättern bestehende Schriftchen: „Statuta vel
praecepta scolarium". In je zwei lateinischen und je vier die deutsche Ueber=
setzung beifügenden Versen enthält es alle Schulregeln, die man in jener Zeit
für wichtig erachtete. Die das Lateinreden betreffenden Verse lauten:

> Latinum semper loquere aptum namque facit
> Ex hoc sermo quilibet loquendo pronus erit.

> Du solt stet reden Latein
> Wenn es ist bequem den Sinnen dein
> Wenn Latein reden mit stetigkeit
> Wirt ein itzliche Rede zu sprechen bereit.

Liest man dies, so findet man die Bemerkung Herzog Ulrichs nicht eben
bestätigt, daß man durch das Lateinschreiben auch das Deutschschreiben „ergreife".
Nach der Schulordnung von 1559 lernte man in der ersten Klasse geläufig
Latein lesen und schreiben. Die zweite Klasse war den Elementen der Gram=
matik gewidmet, und die dritte Klasse beschäftigte sich bereits mit klassischer
Lectüre. Sie bildete, wie in Leonberg, so in den meisten kleinen Städten, die
höchste. Man konnte aus ihr nach bestandenem Landexamen in eine Kloster=
schule treten, was, wie wir später sehen werden, Kepler that. Von Terenz
erwartet die Schulordnung besondere Förderung im mündlichen und schriftlichen
Ausdrucke. Sie schreibt ihn daher in der dritten Klasse als Lektüre vor; zu=
gleich ermahnt sie die Lehrer, den Schülern deutlich zu machen, daß dasjenige,
was Terenz einzelnen schlechten Charakteren in seinen Comödien in den Mund
lege, er nicht ex sua persona spreche. „Item es sollen," fährt sie aber fort,
„auch an disen und dergleichen locis die Praeceptores anzeigen, wie die blin=
den Ethnici (Heiden) von Gott und seinem Wort nichts gewißt." Darum
sollten sie „darneben" Beispiele und Zeugnisse aus der heiligen Schrift an=
zeigen, wie Gott der Herr die in Terenz erwähnten Laster gräulich strafe.
Terenz und die heilige Schrift in einer und derselben Lection mit einander
vermengt und verschmolzen! Dieser eine Zug genügt, um uns den eigenthüm=
lichen Charakter der damaligen Lateinschule vor Augen zu führen. Nicht nur,
daß mit eben dem Eifer, wie Latein, der Religionsunterricht betrieben wurde,
es wurde beiderlei Unterricht in seltsamer Weise mit einander verbunden und

verwoben. Wie in einer höheren Klasse der Lateinschule das Evangelium Lucä zuerst gelesen wird, weil — es am besten griechisch geschrieben ist, so will man mit dem Alphabete das Pater noster und umgekehrt mit dem Katechismus lateinische Vocabeln beibringen. Lateinische Kirchengesänge sollen eben so viel zur Erhebung des Gemüthes, als zur Uebung im Lateinischen beitragen u. s. f. Man verfuhr hier in geistiger Beziehung völlig so, wie die mexikanischen Priester in materieller. Diese formten jährlich aus Mais das anzubetende Standbild und vertheilten dasselbe unter das Volk zugleich als heilige und nährende Speise.

Kepler's Eltern konnten in den ersten Jahren nach ihrer Ansiedlung in Leonberg für wohlhabend gelten; sie besaßen nebst dem Hause, das sie bewohnten, einen ansehnlichen Grundbesitz*). Dennoch wurde Kepler's Vater auch dadurch noch nicht an die Heimat gefesselt. War ihm doch die Lust an Wagnissen zur zweiten Natur geworden. Nach Kepler's eigenhändiger Aufzeichnung**) befand er sich 1576 wieder in Belgien; ja 1577 schwebte er sogar in Gefahr, aufgehängt zu werden. Entging auch sein Leben damals dem drohenden Verhängnisse, so traf ihn doch anderes schweres Unglück in demselben und dem darauf folgenden Jahre. Vorsicht scheint ihm ganz und gar fremd gewesen zu sein. Ein Pulverhorn zersprang, zerriß und entstellte ihm das ganze Gesicht; durch eine Bürgschaft, die er geleistet hatte, verlor er sein ganzes Vermögen. Letzterer Unfall zwang ihn, sein Haus zu verkaufen und einen neuen Erwerbszweig zu ergreifen***). Er pachtete 1579 das in der Gegend weitbekannte und sehr besuchte Wirthshaus zur „Sonne" in Ellmendingen, einem kleinen (heute badischen) Orte†). Doch fand seine Uebersiedelung dahin keinesfalls vor dem 24. Juni des genannten Jahres statt; denn an diesem Tage wurde nach dem Zeugnisse der Leonberger Kirchenbücher noch ein Sohn Heinrichs Kepler, der jedoch schon als Kind wieder starb, zu Leonberg aus der Taufe gehoben††).

Durch das Mißgeschick des Vaters wurde Kepler's Schulbesuch unterbrochen. Erst im Herbste 1579, als die Familie sich schon zu Ellmendingen befand†††), konnte er seine Studien fortsetzen und in die zweite Klasse der

---

*) Dies ersieht man aus den noch vorhandenen alten Güterbüchern in Leonberg, Beilage X.

**) Mittheilung von Rektor Dr. Frisch nach Pulkowaer Manuscripten.

***) Den Verkauf des Hauses, das wir oben unsern Lesern als „Erstes Keplerhaus in Leonberg" vorgeführt haben, versetzt die eigenhändige Aufzeichnung Kepler's (Mittheilung des Rektors Dr. Frisch nach Pulkowaer Manuscripten) in das Jahr 1577, während derselbe im Kaufbuch zu Leonberg, welches der Herausgeber durchforscht hat, unter dem Datum des 14. Septembers 1579 eingetragen ist.

†) Hanschius, p. VIII und Mittheilung von Rektor Dr. Frisch nach Pulkowaer Manuscripten.

††) Johann Friedrich; Beilage VII, Zff. 33.

†††) Ueber den Aufenthalt der Kepler'schen Familie in Ellmendingen ließ sich dort nicht das Geringste mehr auffinden; der Ort wurde während des dreißigjährigen Krieges fast ganz zerstört, und die Kirchenbücher beginnen erst mit dem Jahre 1637. G.

Lateinschule eintreten. Mit Musik begann er sich 1580 zu beschäftigen. Doch wurde er von 1580 bis 1582 auch vielfach zu ländlichen Arbeiten zum Theile in angestrengter Weise verwendet. Vergeblich hatte die Ordnung von 1559 den Pfarrern vorgeschrieben, zweimal des Jahres in der Predigt alle Aeltern zu ermahnen, ihre schulbesuchenden Kinder zu keinen Arbeiten zu gebrauchen und an ihren Studiis nicht zu verhindern. Erst im Winter 1582 konnte Kepler die zweite Klasse vollenden, und nun endlich bestimmten ihn seine Eltern zum Studium, wohl weil er zu ländlichen Arbeiten oder einem Gewerbe zu schwach war. Im Winter von 1582 auf 1583 legte er die dritte Klasse der Latein= schule zurück. Auf jene Zeit, wo er durch Schuld seiner Eltern abwechselnd Bauernjunge und Lateinschüler war, werden wir wohl auch die Stelle in seiner Nativität beziehen müssen, wo er von sich selbst erzählt, er sei als Knabe von den Lehrern wegen seiner glücklichen Begabung sehr gelobt worden, obschon er damals „die schlechtesten Sitten unter seines Gleichen" besessen habe *). Aeußerst ergeben war er dem Spiel, bis nach herangereiftem Urtheil Edleres seinen Geist ergötzte. Da ihn aber Sparsamkeit vom Spiele zurückschreckte, so spielte er statt mit Anderen — mit sich selbst **). Religiös war er bis zu Schwär= merei und Aberglauben. Es schmerzte ihn, daß er nicht von jedem Fehl rein geblieben, denn dadurch meinte er die Würde des Prophetenthum verscherzt zu haben. Hatte er etwas Uebles gethan, so legte er sich bestimmte Buße auf, durch deren strenge Erfüllung er sich von weiterer Strafe zu befreien glaubte. Hatte er Nachts vor Schläfrigkeit sein Abendgebet vergessen, so ver= band er es den andern Tag mit dem Morgensegen ***). Erwähnen wir hier ferner, daß einer seiner Mitschüler in der Lateinschule der nachherige Mädchenschullehrer Benedikt Beutelspacher war, der, wie wir sehen werden, sich im Hexenprozesse der Mutter sehr feindlich benahm und gegen dieselbe aus= sagte. Am 17. Mai 1583, also noch nicht 12 Jahre alt, bestand Kepler das sogenannte Landexamen zu Stuttgart †); es wurde alljährlich in der Woche nach Pfingsten vorgenommen und entschied über die Aufnahme in die Klosterschule. Wie wenig sich die Aeltern Kepler's, als sie ihn dem Studium widmeten, durch dessen Neigung hatten bewegen lassen, zeigte sich deutlich dadurch, daß sie ihn nach erfolgreichem Landexamen neuerdings zu niedrigen, wie er selbst sagt, „schmutzigen" Handthierungen in Haus und Feld verwendeten ††). So brachte

---

*) Frisch, J. Kepleri op. omn. v. V. p. 483.
**) Ebendaselbst, v. V. p. 477.
***) Ebendaselbst, v. V. p. 483.
†) Ebendaselbst, v. I. p. 311. Hanschius, p. VIII.
††) Hanschius, p. VIII und Mittheilung von Rektor Dr. Frisch nach Pulkowaer Ma= nuscripten. — Durch die wiederholte Verwendung Kepler's zu ländlichen Arbeiten in jener Zeit entstand wohl der Mythos, er habe in seiner Kindheit die Schafe auf dem Felde gehütet und dabei schon Himmelsbeobachtungen angestellt. Möge der einfache Mann aus dem Volke, der da meint, es trüge dies zur Verherrlichung Kepler's bei, noch ferner daran glauben; für den besser Unterrichteten bedarf die Sache ja keiner Erläuterung.

er nach dem Landexamen noch anderthalb Jahre zu, bevor er in die Kloster=
schule kam *). Endlich war diese Misere vorüber, und er durfte im Herbste 1584
in die Adelberger Klosterschule eintreten, wohin wir ihm im nächsten Kapitel
folgen werden.

Bevor er jedoch dorthin abging, waren seine Aeltern wieder von Ellmen=
bingen weggezogen und nach Leonberg zurück übersiedelt. Dies geschah ganz
sicher v o r dem 26. Mai 1584, wo die von Johannes später so zärtlich geliebte
Schwester Margaretha bereits zu Leonberg getauft wurde **). Aus den in den
Leonberger Kirchenbüchern eingetragenen Taufen der Geschwister K e p l e r s
glauben wir ferner entnehmen zu können, daß die Eltern Keplers sich bis 1589,
wo, wie wir sehen werden, der Vater zum zweiten Male seine Familie verließ,
allgemeiner Achtung in Leonberg erfreuten. Denn wir finden als Taufpathen
durchgehends Honoratioren, darunter einen geistlichen Verwalter, eine Forst=
meisterin und sogar den Untervogt Mathias Unberhauser, den Amtsvorgänger
Lutherus Einhorn's, des nachherigen Verfolgers und Peinigers der Mutter
K e p l e r's. Ungefähr zur selben Zeit, nämlich 1583 ließ sich auch Heinrich
K e p l e r einen „Mannrechtsbrief" von der Stadt Weil ausstellen, zu dem
Behufe, sich anderwärts bauernd ansässig zu machen ***).

Wir gedachten in diesem Kapitel zweier „Keplerhäuser" und führten
sie ihrem Aeußeren nach unseren Lesern vor. In ihrem Innern finden wir
durchaus beschränkte enge Gemächer mit dickem Mauerwerk und kleinem Fenster=
raum. Und so wie in diesen, so ist es auch in den andern Häusern, wo K e p=
l e r wohnte, in Linz, Regensburg, Ulm. So war es damals beinahe allgemein
in den Bürgerhäusern. Größere Gelasse traf man nur in den Wohnungen der
Patrizier und den Palästen der Fürsten. Die Wohnzimmer in Bürgerhäusern
übertrafen an Größe nicht wesentlich die Zellen der Klöster. Und doch ging
aller Aufschwung der Geister im fünfzehnten und sechszehnten Jahrhundert aus
diesen beiderlei Räumlichkeiten hervor. Auch K e p l e r wohnte stets entweder
in den schon erwähnten Bürgerhäusern oder in Zellen von Klöstern, wie Adelberg,
Maulbronn, das Augustiner=Stift zu Tübingen, Kloster Emaus zu Prag. In
ihren engen Gemächern, die so wenig Raum für den „Flügelschlag einer freien

---

†) Eine auf K e p l e r's Aufenthalt in Baden bezügliche Entdeckung machte kürzlich
Herr Archivrath Dr. B a b e r in Karlsruhe in dortigen Archival-Akten: Im Jahr 1583 bat
Johann K e p p l e r bei der markgräflichen Herrschaft um eine kleine Wohnstätte im Schlöß=
chen B e r g h a u s e n (in der Nähe von Ellmendingen gegen Durlach gelegen). Wir dürfen
kaum zweifeln, daß es unser K e p l e r war, der sich wohl von den schweren Feldgeschäften,
die er statt des Vaters zu besorgen hatte, vielleicht in Zerwürfniß mit ihm, zur Fortsetzung
seiner darüber vernachlässigten Studien, an ein ruhiges Plätzchen zurückzuziehen suchte. Denn
die Kepler'sche Familie hatte überhaupt nähere Beziehungen dahin, was daraus hervor=
gehen mag, daß in denselben Akten einer Schuld des Onkels Friedrich K e p p l e r in Kann=
statt (Beilage VII. Zff. 27) gegen Gremp v. Fr. zu Berghausen erwähnt ist.   G.

**) Beilage VII. Zff. 34. Taufbuch von Leonberg von 1558—1651.

***) Beilage VI.

Seele" boten, wuchs er auf, lernte, forschte und entdeckte er, schwang sich auf zu allen Himmelshöhen, zur Harmonie der Welt. Es ist, als wären seines Landsmannes **Uhland** schöne Verse auf ihn gedichtet:

"Weil des Gemäuers Enge
Ihm Luft und Sonne nahm,
So trieb's ihn hoch und höher,
Bis er zum Lichte kam.

——— ——— ——— ———

O Strahl des Lichts, du bringest
Hinab in jede Gruft.
O Geist der Welt, du ringest
Hinauf in Licht und Luft."

Drittes Kapitel.   In der Klosterschule.

„In ihrer Zelle dunklem Schoß"
„Wuchs manche Geistespflanze groß."
Magenau.

Die Reformatoren des sechzehnten Jahrhunderts, Luther an ihrer Spitze, wollten keineswegs etwas völlig Neues gründen. Das Ziel, das ihnen vorschwebte, war: die alte apostolische Kirche in ihrer einstigen Reinheit und Einfachheit wieder herzustellen. Von solchem Sinn und Geist geleitet, verfaßte der schon oben von uns genannte Johannes Brenz, der Reformator Schwabens, wie Johannes Kepler von Weilberstadt gebürtig, die am 9. Januar 1556 unter Herzog Christoph von Württemberg für dessen Lande erlassene Klosterordnung. Hilfreich war ihm hiebei der herzogliche Rath Kaspar Wild zur Seite gestanden. Man wollte die Klöster zu ihrer ursprünglichen Bestimmung zurückführen, „daß darin das Studium der heiligen göttlichen Schrift geübt, der rechte Gottesdienst gelehret und gelernet würde, damit die Klosterpersonen nicht allein zu ihrem eigenen besondern Heil, sondern auch zu dem Dienst und den Aemtern der gemeinen christlichen Kirchen auferzogen werden möchten". Demnach wurden die früheren Klöster zu evangelischen Seminarien bestimmt, und außer dem Abte, welchem die weltliche Administration der Klostergüter übertragen war, sollten an jedem derselben zwei Präceptoren wirken, „welcher einer und der fürnehmste die Bücher der Bibel christlich interpretire — der andere aber daneben die Jungen in der Dialectica und Rhetorica unterweise". Die „Monitien", wie man die Zöglinge nannte, sollten nicht unter dem vierzehnten oder fünfzehnten Jahr aufgenommen werden, „eines guten Ingenii, züchtigen, stillen Wandels und von ehrbaren christlichen Aeltern" sein, endlich sollten sie die „lateinische Grammatik genugsam studiret" und in einem Examen zu Stuttgart Proben ihrer Kenntnisse abgelegt haben. Nach dreijährigem Aufenthalt in der Klosterschule sollten sie bei gehöriger Befähigung in das Stipendium zu Tübingen übergehen. Dreizehn württembergische Klöster wurden entsprechend dieser Ordnung in Klosterschulen umgewandelt*). Zweifelsohne war es eine Folge der von Johannes Brenz, welcher die Reform der Klöster zu leiten hatte, vorgenommenen Visitationen, daß schon nach wenigen Jahren, 1559, eine neue Klosterordnung veröffentlicht ward, deren wesentlichste Ver-

---

*) Dieselben waren: Bebenhausen, Maulbronn, Hirschau, Herrenalb, Blaubeuren, Anhausen, Adelberg, Lorch, Denkendorf, Alpirspach, St. Georgen, Königsbronn, Murrhard.

änderung bestand darin, daß noch „mindere" oder „Grammatisten-Klosterschulen" — dies war der officielle Namen — eingerichtet wurden. Es geschah dies aus Rücksicht für Aeltern, denen ihre Mittel nicht erlaubten, ihre Kinder so lange in der Schule zu unterhalten, „bis sie die Grammaticalia perfecte ergriffen", und war demnach eine vom echt demokratischen Geiste des Urchristenthumes durchhauchte Verfügung. Unter den Armen und Mühseligen hatte sich der Herr die Jünger gesucht, und dies wurzelte so tief in der apostolischen Lehre, daß selbst die päbstliche Tiara dem Vongottesgnadenthum des Talentes auch bei minderster Geburt, man denke nur an Pabst Sixtus den Fünften, nie und nimmer entzogen werden konnte. Zwischen dem zwölften und vierzehnten Jahr sollte man in eine solche Grammatisten-Klosterschule aufgenommen werden. Nachdem man sich daselbst binnen eines oder mehrerer Jahre zum Vorrücken befähigt hatte, trat man aus dieser „minderen" in die „mehrere", oder wie wir sagen würden, aus dieser niederen in die höhere Klosterschule, um von dort nach weiterer mehrjähriger Vorbereitung in das Tübinger Stift aufzusteigen. Diesem Stufengange gemäß wurden die Klosterschulen in niedere und höhere getheilt. Die auseinandergesetzten Bestimmungen wurden nur in unwesentlichen Dingen abgeändert, als sie unter Herzog Christoph's Sohn, Ludwig, eine neuerliche Veröffentlichung gleichzeitig mit der großen Kirchenordnung, von welcher sie einen Abschnitt bildeten, 1582, also zu einer Zeit, wo Kepler bereits im eilften Jahre stand, erfuhren.

Der heilsamen Einrichtung der Grammatisten-Klosterschulen ist es aber wohl zunächst zu danken, daß dem Genius Kepler's der Zugang zu den höheren Studien eröffnet wurde. Denn offenbar gehörten Kepler's Aeltern in Folge ihres wiederholten Mißgeschickes zu jenen, aus deren Berücksichtigung die Stiftung der Grammatisten-Klosterschulen hervorgegangen war, und bei den geschilderten häuslichen Verhältnissen wäre es dem Knaben, trotz seiner hohen Begabung, in getheilter Beschäftigung zwischen der Schule und dem Anwesen seiner Aeltern kaum je gelungen, den Anforderungen zu entsprechen, die das Stuttgarter Examen für die Aufnahme in die ursprünglich allein ins Leben gerufenen höheren Klosterschulen als Bedingung stellte. So mochte demnach eine scheinbar geringfügige Verbesserung des württembergischen Schulwesens, die ihrer Zeit schwerlich neben den lärmenden Haupt- und Staatsactionen der pragmatischen Geschichte irgendwie beachtet wurde, darüber entschieden haben, ob der Menschheit ihr nächster großer Schritt vorwärts in ihrer höchsten und wichtigsten Aufgabe, in der Erkenntniß der Wahrheit, durch unsern Kepler oder vielleicht erst ein Jahrhundert später durch einen gleich mächtigen Geist gelingen sollte.

In seinem dreizehnten Lebensjahre, am 16. October 1584, ward Kepler in die Grammatisten-Klosterschule zu Adelberg aufgenommen*). Diese befand sich in dem ehemaligen Prämonstratenserkloster des gleichen Namens, welches früher auch Mabelberg hieß. Dasselbe war 1178 von einem hohenstaufischen

---

*) Frisch, J. Kepleri op. omn. v. I., p. 311.

Dienstmanne, Volkmand von Ebersberg, dessen Burg auf einem gegenüber-
liegenden Bergvorsprung stand, gegründet worden. Es erhielt seine ersten
Mönche vom Kloster Roggenburg in Baiern. Bestätigt wurde die Stiftung
durch Kaiser Friedrich, den Rothbart, am 25. Mai 1181. Er war damals
selbst in seiner Stammburg auf dem nahen Hohenstaufen anwesend. Man erblickt
diesen vom Kloster aus, das auf einer sanften Anhöhe liegt, das reizende Panorama
des Filsthales vor sich. An das große schwäbische Kaiserhaus erinnerte ferner
die Ueberlieferung, der jüngste Sohn Kaiser Friedrichs, der nachherige König Philipp, habe im Kloster Unterricht genossen. Auch war die Schirmvogtei nach einer
ausdrücklichen Bestimmung Kaiser Friedrichs in den Händen der Hohenstaufen.
So blieb es bis zum Untergang des Hauses. Später, nach längerem Versuche,
sich reichsfrei zu halten, kam das Kloster unter den Schirm der Grafen von
Württemberg, woraus sich gar bald ein förmliches Abhängigkeitsverhältniß entwickelte. Demzufolge hatte das Kloster, wie heutzutage eine Eisenbahngesell-
schaft den Hofwaggon, einen Reisewagen für die württembergischen Grafen zu
stellen. Für den Verlust seiner Selbstständigkeit entschädigte sich aber das Kloster
durch Vergrößerung seines Besitzthums. Nach dem Lagerbuche von 1537 waren
von der klösterlichen Ringmauer umfangen: Das Kloster, die Kirche, zwei Kapellen, das Neuenthal (Refektorium), die Abtei, das Gasthaus, die Pfisterei, das
Siechenhaus, die Küche, zwei Bindhäuser, das neue Badhaus, der Maierbau, eine
Schmiede, eine Kornschütte, mehrere Stallungen (darunter ein Hundestall), Scheu-
nen, Waschhäuser ꝛc., der Schafgarten, der Frauengarten, der Herrengarten und der
Pfistergarten — ein Verzeichniß, das unsere Phantasie keineswegs mit Bildern
mönchischer Armuth und Entsagung quält. Von dem Nonnenkloster, das 1320 neben
dem Mönchskloster bestand und von diesem nur durch eine Mauer getrennt war,
deren Höhe nach Crusius vor dem Hinübersteigen nicht schützte, ist hier nicht mehr
die Rede. Auf Veranlassung Graf Ulrichs von Württemberg, dessen Tochter
Katharina selbst im Adelberger Nonnenkloster eingekleidet war, wurde dieses
vom Mannskloster abgetrennt und 1476 nach Laufen übergesiedelt. Doch behielt der Abt von Adelberg die Oberaufsicht in Sachen der Haushaltung und
Disciplin. Die Reformation hob nun das Nonnenkloster gänzlich auf und verwandelte das Mannskloster in eine der oben angeführten evangelischen Klosterschulen. Protestantische Stipendiaten mit ihren Lehrmeistern traten an die Stelle
der ausgewiesenen Mönche. Doch durfte der kathol. Abt Ludwig Werner bis 1561
daselbst verbleiben, und erst nach seinem vier Jahre später erfolgten Tode begann
die Reihe der protestantischen Aebte. Sie wurde durch Christoph Binder*)
eröffnet. Derselbe war Sohn des für die Ausbreitung des Protestanismus
in Württemberg überaus thätigen Pastors zu Grötzingen, Georg Binder, und

---

*) Geb. Grötzingen 28. Dezbr. 1519; † Adelberg 31. Oktober 1596. Magister 1541.
Oberdiaconus in Göppingen 1541—43. Pfarrer in Denkendorf 1543—44. Prediger in
Stuttgart 1545—46, in Grötzingen 1546—47. Stadtpfarrer in Nürtingen 1551—65. Ver-
mählt I. mit Apollonia Herrmann, Wittwe des Pfarrer Thumm in Wolfschlugen, † 1454,
II. mit Anna Maria Erhard, Wittwe des Joh. Gayling, Pfarrers in Grosbottwar. G.

Großvater vom jüngeren Georg Binder, Pfarrer zu Heumaden, dem nachmaligen Schwager Kepler's. Er waltete seines Amtes von 1565 bis 1596 und war daher auch jene zwei Jahre Abt zu Adelberg, während welcher Kepler in der dortigen Klosterschule verweilte. Er war ein ernster glaubenseifriger Mann und glich in keinem Stücke jenen protestantischen Aebten, welche mit Verläugnung des Geistes der Reformation dem äußeren Prunke ebenso, wie früher die katholischen Prälaten, huldigten, als eine ihrer wichtigsten Functionen das Reisen in der vierspännigen Klosterkutsche mit Vorreitern und Livreebedienten ansahen und deren Uebermuth den Herzog Ludwig zur Aufhebung von drei Klöstern nöthigte. Bei den verschiedensten und bedeutendsten Angelegenheiten der Landeskirche bediente man sich seines Rathes, und von Herzog Christoph von Württemberg wurde er theils allein, theils in Gemeinschaft mit Jakob Andreä, dem Schöpfer der Concordienformel, zu den wichtigsten Missionen verwendet. 1577 unterzeichnete er die Concordienformel. Im Jahre 1594 mit Eberhard Bidembach nach Regensburg auf den Reichstag gesandt, war er nach besten Kräften bestrebt, die Streitigkeiten protestantischer Theologen unter einander beizulegen. Er starb 1596 zu Adelberg, im siebenundsiebenzigsten Jahre seines Lebens *).

Doch lag zunächst nicht dem Abte, sondern den unter dessen Oberaufsicht stehenden Präceptoren die Ausbildung der Scholaren ob. Die Präceptoren übten um so mehr Einfluß auf dieselben, je weniger die protestantischen Klosterschulen verläugneten, aus katholischen Klöstern hervorgegangen zu sein. Wie im Leben, so verschwand auch in der Schule nur nach und nach, nicht urplötzlich, die mittelalterliche Beschränkung. Die Alumnen wurden in strenger Klausur gehalten; selbst mit dem Klosterpersonale sollten sie nicht verkehren. Sie durften ohne Erlaubniß des Abtes oder der Präceptoren das Kloster nicht verlassen, und wenn ihnen zur Erholung „bisweilen" ein Spaziergang erlaubt ward, so wurde dabei stets die Begleitung eines Präceptors vorausgesetzt.

Die Präceptoren, die bis gegen das Ende des siebzehnten Jahrhunderts unverheirathet waren, hatten ihre Wohn- und Schlafstätten in der Nähe der Studiosen, nicht nur, um öfters nachzusehen, sondern um stete Aufmerksamkeit auf dieselben haben zu können. Die Studiosen mußten sich der mönchischen Gewandung bedienen, die sie von der Klosterverwaltung erhielten. Ausdrücklich waren ihnen „zerhackte, zerschnittene, verbrämte, gefärbte, getheilte oder verwilschte, es sei mit Sammet, Seiden oder anderem", — Kleidungen verboten.

---

*) Nicodemus Frischlinus feierte mit einigen lateinischen Versen (Libr. IV. Eleg.) den ausgezeichneten Mann. Wir lassen dieselben in freier Uebersetzung folgen:

Wer vermöchte all' die Tugenden Binder's zu nennen?
Und wer preiset den Mann, wie er es wirklich verdient?
Durch sein Wissen berühmt, durch des Herzens fromme Gesinnung,
Mächtig an Fülle des Geists, wie durch der Mienen Gewalt,
Fertig zu trefflichem Rath und begabt mit himmlischer Rede,
Emsig als Forscher, und rein wahrend den redlichen Sinn.   F.

Oeffentlich durften sie sich nur in der „schwarzen Kutte", einem über die Knie hinabreichenden, ärmellosen Mantel, zeigen. Diese Tracht war ihnen selbst für das Erscheinen bei den Mahlzeiten vorgeschrieben, und nur die aufgetragenen dürftigen Gerichte mochten sie daran erinnern, daß die gute alte Klosterzeit vorbei, daß die mageren nach den fetten Kühen erschienen waren. Der Grundsatz: Plenus venter non studet libenter wurde eisern gehandhabt. Wenig Essen und wenig Schlafen war ihr Loos. Schon um 4 Uhr des Morgens begann im Sommer, im Winter um 5 Uhr das Psalmensingen. Jeder mußte sein Gemach selbst reinigen, sein Bett selbst betten und dergleichen. Doch die herbste Beschwerde vermag den elastischen Sinn des Jünglings nicht zu beugen, und spartanisch strenge Zucht wird von ihm mit Leichtigkeit ertragen, wenn er sich im Kreise von Altersgenossen befindet, mit welchen innige Freundschaft ihn verbrüdert. Auch dies war in der Klosterschule nicht der Fall. Die durch die Lokation geschaffene Ungleichheit erregte theils Reid, theils, wo sich Protection einmischte, jenen Haß gegen Ungerechtigkeit, der mit unüberwindlicher Macht im jugendlichen Herzen erglüht. Aber noch mehr wirkte auf das kameradschaftliche Verhältniß der Klosterschüler störend und verbitternd das Gebot ein, bei Fluchen, Schwören und anderen Uebertretungen einander zu denunciren.

Auch Kepler wagte nicht, sich dieser, den Mönchsorden entnommenen Vorschrift zu entziehen, und zeigte im zweiten Jahre seines Aufenthaltes zu Adelberg mehrere seiner Kameraden an. Dies zog ihm von Seite derselben allgemeine Feindschaft zu. Januar und Februar des Jahres 1586, klagt er, habe er Hartes erduldet und sei von Kummer völlig aufgezehrt worden. Die Ursache sei die Bosheit und der Haß seiner Genossen gewesen, die er, von Angst getrieben, verrathen habe*). Von Molitor**), der in Maulbronn sein lebhafter Gegner war, bemerkt Kepler, dessen geheimer Beweggrund sei Eifersucht gewesen, doch habe er einen berechtigten Vorwand gehabt. Einst (also wohl in Adelberg) habe er ihn und Wieland***) verrathen. Doch habe er Beide um Vergebung gebeten†). Die Feindschaft mit einem anderen Collegen, mit Holp††), begleitete Kepler von Leonberg bis Maulbronn. Sie war die früheste, deren sich Kepler erinnerte; schon zu Leonberg entzweite ihn und Holp eine geheime Eifersucht bezüglich ihres Wissens. Offen zeigte aber Holp seinen Haß. Er war der Sohn des Spezialsuperintendenten und Stadtpfarrers, Magisters Ulrich Holp, der Kepler zu Leonberg confirmirte. Er fühlte wohl, daß ihm der höhere Platz, den er einnahm, Kepler gegenüber nicht gebühre. Du hassest, wen du

---

*) Frisch, J. Kepleri op. omn., v. I., p. 311.
) Georg Molitor, gebürtig von Winnenden; 1592 (Februar) Magister; 1595—97 Diaconus in Haiterbach; 1597—1601 Pfarrer in Neckargröningen; 1601—14 in Albingen am Neckar.   **G.
***) Johannes Wieland von Nürtingen; Magister im Februar 1593; Sohn des Israel Wieland, Diakons in Nürtingen.   **G.**
†) Frisch, J. Kepleri op. omn., v. V., p. 481—82.
††) M. Johann Ulrich Holp, 1592 Magister; 1596—1628 Pfarrer in Reiblingen.   **G.**

verletzeſt, ſagt der Römer. Sowohl zu Leonberg als zu Maulbronn ſtritt Holp mit Kepler um den Vorrang; als er aber dieſem den höheren Platz hatte überlaſſen müſſen, verſöhnten ſie ſich. Er verzweifelte, ſeine Niederlage rück=gängig machen zu können, und nachdem, was er gefürchtet, eingetreten war, hörte er, nach Kepler's eigenen Worten, zugleich zu haſſen und zu fürchten auf*). Uebrigens ſcheint Kepler's Hauptgegner unter ſeinen Adelberger Mitſchülern ein gewiſſer Lenblin geweſen zu ſein**).

Wie an der „lateiniſchen oder Partikularſchule", ſo war auch an der Grammatiſten= oder niederen Kloſterſchule das Hauptziel des Unterrichtes die Erlernung der lateiniſchen Sprache. Beſonders wurde auf die Uebung in der=ſelben Werth gelegt. Unter Anderem erhellt dies auch daraus, daß in die „Promiſſion", welche der Kloſterpräceptor bei Antritt ſeiner Stelle zu leiſten hatte, namentlich aufgenommen war: „Mit den Scholaribus et Studiosis Latine zu reden und ſie daſſelbig zu gewöhnen und anzuhalten". In Latein= und Kloſterſchule erlangte alſo Kepler jene Gewandtheit im lateiniſchen Ausdrucke, die ihn befähigte, in ſeinen ſpäteren Briefen und Schriften deutſchen Geiſt und ſchwäbiſchen Humor in lateiniſche Worte zu kleiden. David Friedrich Strauß bemerkt in ſeiner Vorrede zur Ueberſetzung der Geſpräche Ulrich Hutten's, dieſelben gehörten, obwohl lateiniſch geſchrieben, doch zu den deutſchen klaſſiſchen Werken. Deutſcher Gedankeninhalt, deutſcher gemüthvoller Scherz, deutſcher Bilderreichthum, aber nur ſpärlich Germanismen, dürften uns berechtigen, dieſe Bezeichnung auch auf Kepler's lateiniſche Opera anzuwenden. Daß er bereits im „unreifen Knabenalter" ſich in lateiniſchen Gedichten verſuchte, erzählten wir in der Einleitung (S. 10). Der Sitte der Zeit gemäß ver=faßte er dieſe Jugendgedichte lateiniſch. Aus dem Griechiſchen wurde an der niederen Kloſterſchule Grammatik gelehrt und Xenophons Cyropädie ge=leſen. Von freien Künſten wurde etwas Rhetorik, Dialektik und Muſik getrieben. Eine lateiniſche Ueberſetzung der hiſtoriſchen Bücher des neuen Teſtamentes bildete den Anfang der Bibellektüre. Nach ſeinem eigenen Zeugniſſe beſchäftigten Kepler aber ſchon damals theologiſche Fragen; und zwar befaßte er ſich gleich im Anfange ſeiner jugendlichen Spekulationen mit der wichtigen und ſchwierigen Prädeſtinationslehre, wobei er zu Luther's Anſicht vom „unfreien Willen" gelangte. Er ſchrieb deßhalb, erſt dreizehn Jahre alt, alſo kurz nach ſeiner Ankunft in Adelberg, nach Tübingen um Luther's „Diſputation über die Prädeſtination"; daher ihm Einer in der Diſputation höhniſch die Worte zurief: „Bachant, haſt auch tentationes de prædestinatione"***).

Als Kepler ſich zu Adelberg befand, war erſter Präceptor daſelbſt

---

*) Frisch, J. Kepleri op. omn., v. V., p. 481.
**) Ebendaſelbſt, v. V., p. 481.
***) Ebendaſelbſt, v. V., p. 477.
†) Gebürtig von Leonberg; Magiſter 1580. Kloſter=Präceptor in Blaubeuren 1582 bis 1583. Diaconus in Wildberg 1586—87. Pfarrer in Friolzheim 1587—1602; in Möns=heim 1602—1609. G.

Magister Bernhard Sick†), zugleich Pfarrer in Oberberken. Als zweite Präceptoren fungirten: 1584—1585 Magister Sebastian Kammerhuber*), 1585—1586 Magister Martin Beyel**). Nicht lange vor seinem Abgange aus Adelberg wurde Kepler von bösartigen Geschwüren heimgesucht, an beiden Händen und am linken Bein***). Nichts desto weniger bestand er das Examen auf das rühmlichste und wurde am 6. Oktober 1586, noch nicht ganz 15 Jahre alt, in die „mehrere" Klosterschule zu Maulbronn befördert, wo er infolge dessen am 26. November des gleichen Jahres eintraf†).

Maulbronn war bis zur Reformation eine Cistercienser- oder, wie man auch sagt, Bernhardiner-Abtei gewesen. Gegen das Ende des eilften Jahrhunderts hatte unfern von Dijon in Cistertium der Benediktiner Abt Robert seinen uralten entarteten Orden zu verjüngen gesucht. Cistertium lag an einem Bache, der bei Regenwetter versiegt und bei dürren Zeiten ausgetreten sein soll. So mindert sich im Ueberflusse des Herzens Frömmigkeit und steigert sich in der Noth. Eben deshalb strebte Robert nach der Wiederherstellung der alten mönchischen Armuth, Entsagung und Hingebung. Er gründete den neuen Orden der Cistercienser. Dieser vertauschte zum Zeichen der wieder gewonnenen Unschuld das dunkle Gewand gegen ein weißes, und nur die schwarze Farbe der Kapuze und des Skapuliers erinnerte an seinen Ursprung. Der heilige Bernhard, der 1113 mit 30 Gefährten in den Orden

---

*) Gebürtig von Stuttgart; Magister 1579. Zweiter Kloster-Präceptor in Herrenalb 1581—83. Pfarrer in Liebenstein 1587—89; in Grözingen 1589—92; in Bempflingen 1592 bis 1594; in Baltmannsweiler 1594—1607.   **G.**

) Gebürtig von Marbach; Magister 1583. Diaconus in Tuttlingen 1588—90. Pfarrer in Thalheim 1590—1603.   **G.

***) Frisch, J. Kepleri op. omn., v. I., p. 311.

†) Mit der Erzählung des Textes steht Hanschius (J. Keppleri Vita p. VIII — IX, ferner Introd. in hist. liter. sec. XVI et XVII, Artikel: Kepplerus Joannes) in Widerspruch. Derselbe läßt Kepler die zwei Jahre, während welcher er sich nach uns in Adelberg befindet, durch neuerliches Mißgeschick des Vaters und durch Krankheit von jedem Schulbesuch fern gehalten werden. Wir folgten aber handschriftlichen Angaben Kepler's selbst, welche Rektor Dr. Frisch (J. Kepleri. op. omn. v. I. p. 311) veröffentlichte. Hierdurch ist aller Zweifel ausgeschlossen. Ueberdies war zur Aufnahme in die höhere Klosterschule der Besuch von vier Klassen der Lateinschule vorgeschrieben, während Leonberg nur drei Klassen besaß. Gerade für Kinder armer Eltern aus Städten, wo nur drei Klassen der Lateinschule bestanden, waren die niederen Klosterschulen gegründet worden; nur in eine solche konnte daher Kepler aus der Leonberger Lateinschule eintreten. In einen andern Irrthum, als Hanschius, verfiel Breitschwerdt. Derselbe nennt statt Adelberg Hirschau. Hiezu mochte ihm Veranlassung geboten haben, entweder, daß im siebenzehnten Jahrhundert Hirschau an die Stelle von Adelberg trat, oder auch, daß Kepler selbst später während einer Ferienreise (siehe nächstes Kapitel) Hirschau besucht hat. — Auch wäre nach Hanschius Kepler erst am 26. November 1586 nach Maulbronn „promovirt" worden. Ausdrücklich sagt aber Kepler in einer handschriftlichen Aufzeichnung: 6. Okt. 1586 promotus Mulpronnam (Frisch, J. Kepleri op. omn. v. I., p. 311), und in einer zweiten: 26. Nov. veni Mulpronnam (Mittheilung von Rektor Dr. Frisch nach Pulkowaer Manuscripten), welche beiden Aussagen dem Verfasser keinen Widerspruch zu enthalten scheinen, wenn man sie so, wie er, auffaßt und wiedergibt.   **R.**

trat und bald darauf Abt zu Clairvaux ward, machte denselben binnen wenigen
Jahren durch den Ruf seiner Frömmigkeit und den Glanz seines Namens
zum angesehensten der Christenheit. Weithin erscholl sein begeistertes Wort:
‹ex cella in cœlum› aus der Zelle zum Himmel, und zahlreiche
Cistercienser Klöster wurden in allen Landen errichtet. Als in jenen Tagen
der ehrsame Freiherr Walther von Lomersheim, eblen Stammes von Vater und
Mutter, der lange das Schwert ohne Furcht und Tadel geführt hatte, „bewegt
ward von Göttlichem einsprechen, Sich und all sein gutt Gott in seinem
Dienst zu opfern", beschloß auch er, eine Cistercienser-Abtei zu errichten. Auf
seiner eigenen väterlichen Mark Eckenweiler, unweit Lomersheim, sollte sie erstehen. Infolge seiner „flehentlichen Bitte" sandte ihm Abt Ulrich von Neuen-
burg (bei Hagenbach am Rhein) zwölf Mönche und etliche Laienbrüder, geführt
von dem ehrbaren und frommen Abt Dietrich. 1138 hielten sie, die ersten
ihres Ordens in Württemberg, ihren Einzug. Walther selbst trat ihnen als
Laienbruder bei. Bald jedoch zeigte sich der gewählte Platz „uneben klöster-
licher Gelegenheit", da es den Brüdern an allerlei „Zugehörden und Nothburft"
daselbst fehlte. Um sich Raths zu erholen, wandten sie sich an ihren Bischof
Günther, der von Speier eigens zu ihnen kam,

> „Und tief gerührt von ihrer Noth
> „Thät Günther, was sein Herz gebot,
> „Er sprach: von meinen Gütern allen
> „Wählt euch ein Plätzlein nach Gefallen".

Er gab ihnen „auf seinem Grund und Boden gar ein geschickt und abge-
scheiden Statt", welche die Mönche Mulenbronn nannten *). Sie wurden zwischen
August 1146 und Mai 1147 dahin versetzt; zur selben Zeit, als Bernhard von
Clairvaux mit glühender Beredtsamkeit das Kreuz predigte und Kaiser Konrad
den dritten bewog, mit 70,000 Geharnischten in's gelobte Land zu ziehen.
Die Gegend war noch ganz wüst, wild und unbebaut und durch Räuber und
Mörder unsicher gemacht. So besagt die „Fundationstafel", die, 1450 verfaßt,
1616 renovirt, bis heute im Bibliothekssaal des Klosters aufbewahrt wird.

---

*) Die Mönche schöpften ihrer Niederlassung selbst den Namen Mulenbrunne oder
Mulenbrunnen. Denn in einer Urkunde Bischof Konrads des dritten von Speier aus dem
Jahre 1203 heißt es: Ordinis Cisterciensis monachi fundaverunt, cui nomen
Mulenbrunne imposuerunt. Unrichtig ist wohl, was Klunzinger in seiner urkundlichen
Geschichte der vorm. Cist.=Abtei Maulbronn S. 13 meint, Mulen bedeute eine Mühle. Viel
wahrscheinlicher möchte der Namen daher rühren, daß hier Reisige und Handelsleute auf
ihren Zügen vom und zum Rhein ihre Mulos oder Maulthiere an dem wasserreichen Brun-
nen tränkten. Denn zur Zeit der Uebersiedlung der Mönche klapperte bestimmt noch kein
Mühlwerk in der dichtbewaldeten wilden Gegend. Nach der Sage aber soll die Stätte durch
den weissagenden Trieb eines Maulthieres ermittelt worden sein, das, mit dem Gute der
Ordensmänner beladen, deren Wegweiser von Eckenweiler aus gemacht habe und bei einem
Brunnen stille gestanden sei. Diese Sage gab Veranlassung zu den Benennungen: Esels-
bronnen, Eselsthurm, zu mancherlei Abbildungen im Kloster und zu dessen späterem Wappen,
das einen Esel führt.

Sie bildet die Rückwand eines hölzernen Kastens mit zwei bemalten Flügel=
thüren. Auf der linken sieht man außen die Klosterbrüder in ihrer Ordens=
tracht am Baue der Kirche beschäftigt. Der eine behaut Holz, der andere
Steine, ein dritter macht den Mörtel zurecht, ein vierter steht in einem Tret=
rad, an welchem ein Stein hinaufgezogen wird, und ein fünfter auf der Mauer
nimmt diesen Stein ab. Innen bringen die Stifter Walther und Günther die
Kirche, die sie in Händen halten, der heiligen Jungfrau als Opfer dar. Auf
der rechten Flügelthüre ist außen dargestellt, wie die Mönche während der Arbeit
von Räubern überfallen werden und ihnen geloben, die Kirche nicht auszubauen.
Wie ihr Vorbild, der heilige Bernhard, trotz seines schwärmerischen Enthusias=
mus und seiner an das Mystische streifenden Gottesliebe, doch Weltklugheit
genug besaß, Päbste und Kaiser nach seinem Willen zu lenken, so waren auch
unsere Mönche bei aller Ehrbarkeit und Frömmigkeit hinreichend schlau, um die
Räuber zu überlisten. Als das Glöcklein durch das Thal tönte, eilten die
Räuber herbei, die Meineidigen zu strafen. Da zeigten ihnen diese in der
Kirche einen Stein, der nicht eingefügt war. So erzählt die Sage. Der Stein
fehlt aber noch heute, und an der Wand daneben erblickt man einen Arm mit
schwörender Hand, um den sich ein Strick, das Zeichen der Verpflichtung, schlingt.
Auf der Innenseite der rechten Flügelthüre knien Abt Dietrich und der heilige
Bernhard vor der Himmelskönigin. Das Verdienst des letzteren war es, wenn
sich die Zahl der Cistercienserklöster vor der Reformation in die Hunderte belief.
Wer aber unter Allen, die jemals in Klosterzellen weilten, hat dem begeisterten
Losungsworte Bernhards von Clairvaux « ex cella in cœlum », aus der Zelle
zum Himmel, mehr entsprochen, hat es besser erfüllt, als ein protestantischer
Stipendiat von 1586 bis 1589 im vormaligen Cistercienser=Kloster, als Jo=
hannes Kepler? — Freilich nicht in jenem Sine, in welchem es von den
Mönchen verstanden worden war.

Als hätte die Zeit selbst das in stiller Waldeinsamkeit gelegene Kloster ver=
gessen, so unverändert blieb dasselbe seit Kepler's Tagen. Kein anderes in
Deutschland ist so trefflich erhalten. Selbst die Schrecken des dreißigjährigen
Krieges gingen daran spurlos vorüber. Vor noch nicht einem Menschenalter
sah Albert Schott, dem man eine vorzügliche Beschreibung Maulbronns verdankt,
auf einem Pfeiler daselbst die Jahreszahl 1576 mit Kreide geschrieben. Die
Züge ließen keine Täuschung zu. Sie hatten sich drei Jahrhunderte erhalten,
obwohl jede leise Berührung den wenigen Kreidestaub verwischen konnte. Aber
erst zehn Jahre nach jenem Datum kam Kepler ins Kloster. Sind wir da
nicht berechtigt, uns noch heute in demselben von seinem Athemzuge umhaucht
zu fühlen?

Durch das im Jahre 1472 errichtete Thorgebäude gelangen wir in den
Vorhof an der westlichen Seite des Klosters. Vor uns erhebt sich die dunkle
Masse der im streng romanischen Style erbauten Kirche. Doch steigt über
ihrem Kreuzdurchschnitte ein spitzes gothisches Glockenthürmchen empor, ein
Dachreiter nach der einfachen Sitte der Cistercienser. Und vor ihrer Façade

erblicken wir jene prächtige Vorhalle, die, nach Kallenbach zwischen 1215 und 1224 erbaut, von allen Bauverständigen als eines der herrlichsten Denkmale

Vor dem „Paradiese"*).

der Uebergangsperiode gerühmt wird. Durch fensterartige Oeffnungen, welche

*) Nach einer Aufnahme des Hrn. Oberpostmeisters Kübler in Ulm.

von schlanken Säulen in zwei Kleeblattbögen getheilt sind, gewinnt sie nach innen Licht, nach außen Schönheit, wie ein Menschenantlitz durch sein Auge. Sie wird schon in den ältesten Urkunden „das Paradies" genannt. Es schließt sich an sie ein gothisch stylisirter Gang. Ueber diesem ragt die sogenannte „Winter= kirche" hervor, vermuthlich als Winterspeisesaal von Abt Entenfuß zwischen 1512 und 1518 aufgeführt. Durchschreiten wir schnell die reich gegliederte Säulenhalle des „Paradieses". Schon der Name deutet an, daß wir nicht lange darin verweilen dürfen. Jedoch auch dem Inneren der Kirche, die ursprünglich in Basilikenform errichtet ward, deren Schiffe aber später (1442) durch Bruder Berchtold gewölbt wurden, wollen wir, so würdig und imponirend es auch ist, keine nähere Betrachtung widmen. Wir treten hinaus in den Kreuzgang. Hier befinden wir uns nun im Mittelpunkt der ganzen Anlage. An den Kreuzgang, der ein Quadrat mit Seiten von je 125 Fuß bildet, schließen sich sämmtliche Klostergebäude an. Durch seine hohen, auf die mannigfaltigste Art ausgeschmückten Bogenöffnungen genießen wir die überraschendsten Perspektiven auf die verschiedenen Hallen, Kapellen, Säle, Treppen ꝛc. Es mischen sich hier der streng romanische, der reich ausgebildete Uebergangsstyl, der edle früh= gothische und der brillante des vierzehnten und fünfzehnten Jahrhunderts zu einer malerischen Wirkung, welche noch durch den Contrast des grauen Ge= steines zum Grün der Gesträuche in dem vom Kreuzgang umschlossenen Kloster= garten wesentlich gesteigert wird. Der Zauber des Eindruckes läßt sich besser empfinden, vielleicht auch vorstellen, als schildern. Der südliche, der Kirche zunächst gelegene Flügel des Kreuzganges mag ungefähr gleichzeitig mit dem „Paradiese" erbaut worden sein. Seine Fenster sind theils in Rund= bogen, theils in kaum merklichen Spitzbogen geschlossen. Der westliche Flü= gel des Kreuzganges wurde als der nächste nach dem südlichen 1303 von einem Laienbruder, Rosenschöpfelin, dessen Kopf, ohne Tonsur und mit drei steinernen Rosen darüber, an einer Konsole dieses Flügels angebracht ist, unter Prior Walther errichtet. Der gothische Styl ist hier bereits, wenn auch in der frühesten Art seiner Entfaltung, deutlich ausgeprägt. Einen weiteren Fortschritt der Gothik bezeichnet der nördliche Flügel. Nicht mehr zweigetheilte Oeffnungen mit kräftigen Säulenbündeln, sondern viertheilige Oeffnungen mit schlanken Zwischenstäben gestatten den Ausblick. Zugleich wird deren durchbrochene Aus= füllung, das Maßwerk, immer entwickelnder. Zuletzt wurde der östliche Flügel im ausgebildeten gothischen Style vollendet. Jahrhunderte der Begeisterung bauten an all' dieser Herrlichkeit. Wie sollten sich darin nicht auch Jahrhunderte des Geschmackes spiegeln?

Der imposanteste unter sämmtlichen den Kreuzgang umgebenden Kloster= bauten ist unbestreitbar das sogenannte „Rebenthal", ein Prachtsaal, der wohl ursprünglich als Kapitelsaal und später als Refektorium (Speisesaal) diente. Derselbe liegt am nördlichen Flügel des Kreuzganges. Im gleichen Style er= richtet, wetteifert er an Schönheit mit dem „Paradiese". Er erstreckt sich von Süden nach Norden in einer Länge von 90 Fuß bei einer Breite von 40 Fuß.

Sieben Säulen stützen die kühnen Wölbungen der Decke; Schwung vereinigt sich mit Gediegenheit. — Der weite Weg, den wir mit unsern Lesern noch zu durchwandern haben, gestattet uns nicht, die übrigen Räumlichkeiten des Klosters, wie z. B. das Parleatorium, das Oratorium ꝛc., so sehenswerth sie auch sein mögen, mit demselben zu besuchen. Wir begeben uns nur noch für eine kurze Weile nach der nordöstlichen Ecke des Kreuzganges.

Hier verräth jeder Stein den Ursprung aus gothischer Zeit; so auch die schön angelegte Treppe, die wir im Hintergrunde, am Ostende des nördlichen Flügels, erblicken. Sie führt an der mit zierlichem Maßwerk gefüllten Rosette

Nordöstliche Ecke des Kreuzganges *).

vorbei nach dem Dormente, wo früher die Mönche und später die Klosterzöglinge wohnten. Wie oft mag wohl hier Kepler, wenn er sich über die Stiege in seine einsame Zelle begab, durch den malerischen viergetheilten Fensterbogen nach dem Grün des Gartens geschaut, oder sinnend die reiche, sich vor ihm entfaltende Herrlichkeit des Klosterbaues betrachtet haben? Was bedeutet aber dessen wunderbare Schönheit im Vergleiche zu der des Weltbaues? Diese und kein Menschenwerk, war dazu bestimmt, Kepler's Geist zu fesseln.

Seit alten Zeiten bis heute trägt die eben erwähnte Treppe den Namen „Höllenstiege“. Dies mag wohl daher kommen, daß die Spitzbogenthüre an

---

*) Nach einer Aufnahme des Hrn. Oberpostmeisters Kübler in Ulm.

ihrem Fuße einen Raum verschließt, der, nach den Gemälden daselbst zu urtheilen, die Geißelkammer war. Ein Entenfuß, den man an einem der Fenstergewände dieses Gelasses eingegraben findet, scheint sich auf Abt Entenfuß zu beziehen und auch hier eine Spur seiner unermüdlichen Bauthätigkeit anzudeuten. Wahrlich, es ist, als hätte sich die mittelalterliche Baukunst selbst das Kloster Maulbronn zu ihrem Lieblingssitze erkoren! Nicht nur, daß ihre ganze Entwicklung ihr getreuestes und trefflichstes Spiegelbild daselbst gefunden, als sie bereits in der ganzen übrigen Welt im Verfalle begriffen war, trieb sie hier noch durch die Baulust des Abtes Entenfuß prächtige Blüthen und Früchte. Demselben verdankt man den schönen Erker mit Sterngewölbe am Abthause, die sechs steinernen, mit Fischen verzierten Säulen im unteren Theile desselben, das Fürstengemach, das Herrenbad, eine höchst zierliche Wendeltreppe und wahrscheinlich auch noch den Winterspeisesaal, dessen wir schon oben gedachten. Alle diese Bauten führte der Abt Entenfuß von 1512 bis 1518 auf. Im ersteren Jahre wurde der Augustiner Mönch Martin Luther Professor der Theologie zu Wittenberg, und vor dem letzteren hatte er bereits (31. Oktober 1517) jene Theses an der dortigen Kirchenthüre angeheftet, welche in ihren Folgen die Macht des Pabstes erschütterten, den Bestand des Mönchthums in Frage stellten und Tausende von Klöstern einer neuen Bestimmung zuführten. So auch einige Dezennien später das Cistercienser-Kloster Maulbronn. Abt Entenfuß war aber noch aus allen Kräften bemüht, dessen Baulichkeiten zu vermehren und zu verschönern. Und er huldigte dieser kostspieligen Leidenschaft mit solcher Verschwendung, daß er in bedenkliche Geldnoth gerieth. „Ueblen Hausens wegen" mußte er 1518 auf seine Abtwürde verzichten. Er starb 1525.

Als er aber den Krummstab noch nicht aus den Händen gegeben hatte und noch an der Spitze des Klosters stand, da soll er den berühmten Schwarzkünstler Doktor Johannes Faust, in welchem nachher die Volkssage den ganzen gährenden Wissensdrang der Reformationsepoche verkörperte, eine Zeitlang bei sich zu Maulbronn gesehen haben. In einem anonymen Verzeichnisse der Aebte von Maulbronn findet sich bezüglich des Abtes Entenfuß bemerkt: „Ist Doktor Fausten deß Zauberers Collega gewesen, welcher diesen Abt zu Maulbronn besucht". Eine nähere Angabe will die Gegenwart des Doktors Faust zu Maulbronn in das Jahr 1516 versetzen. Im Kloster werden drei Plätze gewiesen, welche die Sage in Verbindung mit Faust bringt. Der sogenannte Faust- oder Lustthurm, der aber die Jahreszahl 1604 trägt und daher sogar aus noch späterer Zeit, als da sich Kepler im Kloster befand, herrührt; das Laboratorium Faust's, das aber allem Anscheine nach keinen andern chemischen Processen, als denen der Speisebereitung, in Form einer Klosterküche diente; und endlich ein mit einem Kreuzgewölbe bedecktes düsteres Gemach zwischen Dorment und Kirche, wo der Teufel Faust geholt haben soll, und wo man früher einen großen „unvertilgbaren", heute nicht mehr ersichtlichen Blutfleck wahrnehmen wollte*). Daß

---

*) Durch einen merkwürdigen Zufall werden heutzutage in diesem Gemache bis zum

wirklich ein Abenteurer Namens Fauft in den erften Jahrzehnten des fech=
zehnten Jahrhunderts fein Wefen getrieben und die Welt als Wunderdoktor
und Zauberer durchzogen habe, ift kaum zu bezweifeln. Er erfcheint als
im Befitz feltener Kenntniffe aus Medicin, Chemie und Phyfik, aber auch er=
fahren in allen Künften des Betruges, in die Geheimniffe der Aftrologie und
Alchymie eingeweiht, ein Caglioftro jener Tage. Das Volksbuch nennt Roda
in Weimar, Widmann's Fauftbuch Salzwedel im Anhalt'fchen, Manlius in
feinen Collektaneen Knittlingen im Pfälzifchen, fpäter Württembergifchen, als
Faufts Geburtsort. Unter diefen Angaben ift die letztangeführte die wahr=
fcheinlichfte. Manlius beruft fich für diefelbe auf das Zeugniß Melanchthons,
der felbft aus dem unfern gelegenen Bretten ftammte. Aber auch Tritheim's
Erzählung von Fauftens früher Bekanntfchaft mit Franz von Sickingen ftimmt
mit diefer Angabe beffer, als mit jeder der beiden anderen. Und fo nehmen
die gründlichften Kenner der Fauftfage an, Fauft fei aus Knittlingen, fei ein
Schwabe — wenn auch kein ehrlicher — gewefen. Knittlingen befindet fich nur
eine Stunde von Maulbronn. Man wird fich hienach kaum der Vermuthung
erwehren können, der Sage vom Aufenthalte Fauft's zu Maulbronn liege etwas
Thatfächliches zu Grunde. Abt Entenfuß hatte fich durch feine Bauwuth in arge
Verlegenheit geftürzt. Wenn ihm nun Fauft vorfpiegelte, er könne ihm die
leeren Geldkiften und Schatztruhen durch Künfte der Goldmacherei wieder füllen,
follte er ihn da nicht gerne bei fich im Klofter aufgenommen haben? Aber auch
für Fauft, insbefondere für den wirklichen, mochte das reiche und prächtige Klofter
genügende Verlockung geboten haben. Denn wenn auch die Schilderung der
Prahlerei, Genußfucht, Unfittlichkeit und Betrügerei Fauftens durch zeitgenöffifche
Federn, wie beifpielsweife die Tritheim's, gewiß enorm übertrieben und wohl
zum größten Theile von dem Neide zünftiger feßhafter Gelehrfamkeit gegen die
frei abenteuernde diktirt war, fo befchreiben doch auch Begardis Mittheilungen
aus dem Jahre 1539, welche das Gepräge der Unparteilichkeit für den Forfcher
an der Stirne tragen, den wirklichen Fauft als einen Abenteurer, der zwar
fehr viele Kenntniffe befaß, fich aber noch größerer berühmte, der das Befte
vornehmer Perfonen wollte, nämlich ihr Geld, und wenn er es empfangen,
den Ausgleich im „Ferfengeld" fuchte. Ein fchmutziges Stäubchen fällt in eine
klare Flüffigkeit und bildet nun den Anfatzpunkt, um den fich helle Atome lagern
und in kurzer Zeit einen wunderbaren durchfichtigen Kryftall aufbauen, der vom
trüben Stäubchen kaum mehr etwas wahrnehmen läßt und welcher nicht nur
durch feine eigene fchöne Form und glänzende Farbe das Auge ergötzt, fondern
in deffen fpiegelnden Wänden fich auch noch Himmel und Erde abbilden. So
hat fich binnen wenigen Jahren um die Perfönlichkeit des Abenteurers Fauft
im Volksmunde eine Fülle von fagenhaften Zügen gruppirt, welche vom wirk=

---

phyfikalifchen Unterrichte an der Klofterfchule beftimmten Apparate aufbewahrt; ftatt des
fabelhaften Blutfleckens erblickt daher der Befucher dafelbft Elektrifirmafchine, Luftpumpe und
andere leibhaftige Geräthe moderner Hexerei, welche Fauft, könnte er auferftehen, für eine
wahrlich nicht unwürdige Nachfolge feiner „Schwarzkunft" erklären würde.

lichen Schwarzkünstler nicht viel mehr als den Namen entlehnten und ihm Un=
sterblichkeit verliehen. Aus ihnen entfaltete sich jener wunderherrliche Mythos
von dem Teufelsbunde, den Zaubereien, den Kreuz= und Querfahrten und dem
schrecklichen Ende Doktor Faustens, der seit drei Jahrhunderten die größten
Denker beschäftigt, die besten Dichter begeistert. Seine reiche Ausbildung und
weite Verbreitung dürften an Schnelligkeit kaum ein zweites Mal ihres Gleichen
gefunden haben. Schon 1587, als eben Kepler zu Maulbronn weilte, erschien,
gedruckt zu Frankfurt am Main bei Johann Spies, das sogenannte „Volksbuch
vom Faust" in seiner ältesten Auflage*). Es vereinigte in seltenster Weise
Tiefsinn der Bedeutung mit Einfachheit der Darstellung. Es errang daher auch
einen damals unerhörten Erfolg. Im nächsten Jahre wurde es bereits zum
zweiten Male aufgelegt und in kürzester Frist ward es ins Niederdeutsche, ins
Holländische, ins Englische und ins Französische übersetzt. Sollte nach Maul=
bronn kein Exemplar gekommen sein?

Wohl hat Göthe in seiner unsterblichen Tragödie die Faustsage mit einem
wahrhaft unerschöpflichen Füllhorn von Poesie überschüttet. Irrig aber wäre
die Annahme, er oder Lessing oder Maler Müller oder irgend ein neuerer habe
erst die tiefe philosophische Beziehung zum Erkenntniß= und Wissensdrang gegeben.
Diese ist bereits deutlicher und ergreifender vielleicht als je im Volks=
buche ausgeprägt. Faust, eines Bauern Sohn, bringt es nach demselben mit
leichter Mühe zum Doctor der Theologie. Er hatte aber „daneben einen dum=
men, unsinnigen und hoffährtigen Kopf", wie man ihn auch allezeit den „Speku=
lierer" genannt hat. Er begann Magie zu studiren, wollte hernach kein Theo=
loge mehr heißen, sondern ward „Weltmensch", nannte sich Doctor medicinae
und ward Astrologe und Mathematiker. Er „nahm an sich Adlersflügel, wollte
alle Gründe im Himmel und der Erde erforschen". Eben von solchem „Für=
witz, Freiheit und Leichtfertigkeit" gestachelt und gereizt, beschwor er den Teufel
im „Speffer" (Spessart) Walde. Und während Goethe's Faust den Bund
mit Mephisto eben darum schließt, weil „des Denkens Faden zerrissen", weil
ihn „vor allem Wissen ekelte", fordert der Faust des Volksbuches von dem ihm
auf seine Beschwörung erschienenen Geist Mephistophiles**) nichts und aber nichts,
als daß er ihm dasjenige, so er von ihm forschen würde, nicht vorenthalten,
auch ihm auf alle Fragen nichts Unwahrhaftiges antworten wolle. In dem

---

*) Der Titel lautet: Historia von D. Johann Fausten, dem weitbeschreyten Zauberer
und Schwartzkünstler, Wie er sich gegen dem Teuffel auff eine benandte Zeit verschrieben,
Was er hierzwischen für seltzame Abenthewer gesehen, selbs angerichtet vnd getrieben, biß
er endtlich seinen wol verdienten Lohn empfangen. Mehrtheils auß seinen eygenen hin=
terlassenen Schrifften, allen hochtragenden, fürwitzigen, vnnd Gottlosen Menschen zum schreck=
lichen Beyspiel, abschewlichem Exempel, vnnd trewhertziger Warnung zusammen gezogen,
vnnd in Druck verfertiget. Jakobi IV. Seydt Gott vnderthänig, widerstehet dem Teuffel,
so fleuhet er von euch. Cum Gratia et Privilegio. Gedruckt zu Franckfurt am Mayn,
durch Johann Spies. 1587.
**) Im Volksbuche heißt er: Mephostophiles. Wir behalten aber im Texte die dem
Leser durch Goethe vertraut gewordene Form des Namens bei.

mit feinem Blute geschriebenen und unterzeichneten Pakt sagt Faust ausdrücklich: „Nachdem ich mir vorgenommen die Elementa zu speculiren, und aber
aus den Gaben, so mir von oben herab bescheert und gnädig mitgetheilt worden, solche Geschicklichkeit in meinem Kopfe nicht befinde und solches von den
Menschen nicht erlernen mag*), so habe ich gegenwärtigen gesandten Geist,
der sich Mephistopheles nennt, ein Diener des höllischen Prinzen im Orient,
mich untergeben, auch denselben, mir solches zu berichten und zu lehren erwählet,
der sich auch gegen mich versprochen, in Allem unterthänig und gehorsam zu
sein.“ Wofür sonst gibt hier Faust sein ewig Seelenheil dahin, als für die
Erkenntniß der Elemente — der Natur! Naiv berichtet das Volksbuch, nach
seinem Teufelsbunde seien Fausten acht Jahre vergangen: mit Forschen,
Lernen, Fragen und Disputiren. Und darum dem Teufel verschrieben?
Das hat ein deutscher Professor wohlfeiler! All die Elemente, welche damals den
Trieb nach Erforschung der Natur, der wirklichen Welt wachgerufen hatten,
sind im Volksbuche gespiegelt und zu lebensvollem Ausdrucke gebracht: die
Astrologie nebst Astronomie, indem Faust Kalender und Prognostika macht,
ja eines Nachts sogar selbst zum Firmamente fährt, wo er das krystallene
Himmelsgewölbe, das Sonne, Mond und Sterne mit sich führt, sich in rasender
Schnelle, als wollt es in tausend Stücke zerspringen oder die Welt zerbrechen,
umwälzen sieht (fein Zeitgenosse Copernikus hätte ihm hier etwas Richtigeres, als
fein Höllengeist Mephisto gezeigt); die Alchymie in mancherlei kleineren Kunst-
stückchen; die Kunde von neuentdeckten Ländern, von beiden Indien, in der
Erzählung, es habe auf Faust's Befehl Mephisto binnen einem kleinen Halbstünd-
chen der Gräfin von Anhalt mitten im Januar reife Trauben und Herbstfrüchte
von dorther geholt, wo es Sommer ist, wenn bei uns Winter, wo es Tag,
wenn bei uns Nacht; die Wiederbelebung des klassischen Alterthums, der Humanismus, durch die Beschwörungen des großen Alexander vor Kaiser Karl
dem fünften, der schönen Helena, um derentwillen Troja zu Grunde ging, vor
den Wittenberger Studenten; der Geist der Reformation in zahllosen Gesprächen,
die der Grübler Faust mit Mephisto über Erschaffung des Menschen und der
Welt, über aller Dinge Ursprung, über das Paradies und die Hölle, über die
Gewalt des Teufels, über die gefallenen Engel und über dergleichen mehr mit
einer den heutigen Leser ermüdenden Ausdauer führt. Und auch mit der
Buchdruckerkunst setzt, wenn gleich nicht das Volksbuch, so doch die Sage durch
seinen Namensvetter Johannes Fust unseren Faust in Zusammenhang. Aber
mit dem mächtig, wie nie zuvor, auftretenden, ahnungsreichen Verlangen, die
Natur, die wirkliche Welt zu erforschen, befand sich die damalige Volksanschauung
in einem unauflöslichen Widerstreite. Sie betrachtete die wirkliche, in der
Sprache des Glaubens: „diese“ Welt, wenn auch nicht gerade als das Werk
des Teufels, doch als ganz und gar seiner Regierung unterworfen. Er ist ja

---

*) In der Sprache des Volksbuchs wie überhaupt jener Zeit ist „mag“ gleichbedeu-
tend mit dem heutigen „kann“.

ihr Herr. Ueberall bedräut uns daher die „Natur" mit teuflischer Versuchung, und das Verlangen nach ihrer Ergründung stammt vom Teufel her. Auf den manichäischen Ursprung solcher Anschauung deutet im obigen Pakte die Bezeichnung: höllischer Prinz im Oriente. Nichtsdestoweniger hatte sie sich so innig mit dem religiösen Glauben verschmolzen, daß sie durch ihren Konflikt mit dem sich trotzdem und alledem geltend machenden Welterkenntnißtrieb die Gemüther der Menschen am Anfang des sechzehnten Jahrhunderts in einen Seelenzwiespalt versetzte, dessen Ausdruck der Mythos vom Fauste war, der sich an die Lebensschicksale eines schwäbischen Zauberers aus Knittlingen anknüpfte. Solch' ein tiefer Zwiespalt hatte sich der Gemüther auch zu Zeiten Christi bemächtigt; sie wurden statt zwischen Wissensdrang und Teufelsfurcht, zwischen Gewissensdrang und Menschenfurcht, zwischen dem unbezwinglichen sittlichen und freiheitlichen Triebe und dem, allem Besseren im Menschen hohnsprechenden Cäsarenthume hin- und hergeworfen.

Manche wollten den germanischen Doktor Faust und den romanischen Don Juan als sich ergänzende, dem Nationalcharakter entsprechende Gegensätze auffassen. Dies ist jedoch, wie schon Hebbel bemerkte, falsch: jeder Faust wird zum Don Juan, wenn auch nicht immer umgekehrt. Den wahren Gegensatz zu Faust bildet nicht Don Juan — ihn bildet Johannes Kepler. Dadurch, daß das deutsche Volk wenige Jahrzehnte nach dem Ursprunge der Faustsage einen Johannes Kepler aus seiner Mitte hervorbrachte, wurde dem Faustkonflikte seine wahre Lösung gegeben. Verzeihlich ist es, daß sie der deutsche Poet, so groß er war, nicht übertraf, ja bei weitem nicht erreichte. Ohne den frommen Geist seiner Zeit zu verläugnen, stellte Kepler doch neben die geschriebene Bibel die der Natur. In der letzteren sieht man, in der ersteren liest man Gottes Gedanken. Die Erkenntniß der Naturgesetze ist ihm ein Nachdenken der Gedanken Gottes, nach welchen dieser das Weltall schuf. So findet er Gott in der Natur. Die Bibel verkündet ihm Sittengesetze, das Weltall Naturgesetze. Beiderlei Offenbarung Gottes kann nie in Widerstreit stehen. In der biblischen, in Worten ausgesprochen, wollte Gott nur die richtige Moral, die Wahrheit des Herzens, nicht die wirkliche Beschaffenheit der Natur kennen lehren. Aber auch zur Ergründung der letzteren glaubte Kepler den Menschen berufen und befähigt, und zwar durch die „Gaben, so ihm von oben herab bescheeret und gnädig mitgetheilt worden sind". Gerade hieran hatte Faust verzweifelt. So ist Kepler Schritt für Schritt den entgegengesetzten Pfad gegangen, als der Faust der Sage. Auch er nimmt, wie jener „Adlersflügel an sich"; ihn aber tragen sie empor zur Sonne der Wahrheit.

Um die Wahrheit, die göttlichen Gesetze der Natur zu erforschen, wendet sich daher Kepler an Gott. Was Faust vom Teufel hofft, das sucht Kepler bei Gott. Beide sind vom innigsten Durste erfüllt, die Natur zu ergründen — bei Faust aber ist's ein „dunkler Drang", bei Kepler ist's ein „lichtes Streben"!

Es verhalten sich also Faust und Kepler wie Weissagung und Erfüllung.

So ist es benn eine wunderbare Poesie des Zufalls, daß sich zu dieser inner=
lichen Beziehung noch eine äußerliche gesellte: daß Faust's sagenhafte Geschichte
ebenso, wie Kepler's wirkliche von einem längeren Aufenthalte im Kloster
Maulbronn zu erzählen weiß. Welch' Bild eines überraschenden Fortschrittes,
einer merkwürdig schnellen Culturentwicklung, eines Waltens Gottes in der
Geschichte, tritt uns vor Augen, wenn wir uns in jenen selben Hallen und
Kreuzgängen, nur fünfzig Jahre von einander getrennt, erst Faust vorstellen,
den Abenteurer und dabei doch Träger des tiefsten geistigen Konfliktes seiner
Zeit, und dann Kepler, den hohen reinen Forscher, den Verkündiger der
Harmonie der Sphären!

Während der Jahre nun, welche sich Kepler im evangelischen Seminare
zu Maulbronn aufhielt*), war Jakob Schropp**) evangelischer Abt daselbst.
Er waltete dieses Amtes in denselben Räumen, welche er 1547 als Cistercienser
Novize betreten hatte. Schon hatte er 1548 Profeß gethan, da steckte sein
Vater, ein Bürger in dem nahen Vaihingen, dem jungen Mönche Luther's
deutsche Uebersetzung des neuen Testamentes heimlich zu. Unter Androhung
der strengsten Strafen war den Conventualen jede Lektüre lutherischer Schrif=
ten verboten. Schropp benützte aber eine Studirlampe, die man ihm weder
controliren noch verwehren konnte; er las das deutsche Bibelwort in hellen
Nächten beim Mondenscheine. Indem er zum evangelischen Bekenntniß übertrat,
mußte er zunächst Maulbronn verlassen. Er wurde 1557 Coadjutor des evan=
gelischen Prälaten zu Königsbronn und nach dessen Tode sein Nachfolger.
1577 ward er Probst zu Denkendorf. Aber schon das nächste Jahr sah seine
Rückkehr nach Maulbronn, wo er der vierte protestantische Abt wurde. Er
verblieb in dieser Stellung bis zu seinem 1594 erfolgten Tode. Seine Kenntniß
der Geschichte, für welche er eine besondere Vorliebe fühlte, wird als höchst
ausgezeichnet gerühmt. In einer Streitschrift über die das heilige Abendmahl
betreffenden Beschlüsse des ökumenischen Concils sprach er seine Ansichten so
unverholen aus, daß er sich die heftigsten Angriffe zuzog. Und so waren beide
Aebte, Binder zu Adelberg und Schropp zu Maulbronn, unter denen Kepler
studirte, gelehrte tüchtige Männer, voll Ernst und Ueberzeugungstreue.

Wir haben oben (S. 57) den Unterricht an der niederen Klosterschule
in kurzen Zügen skizzirt. Die ausnehmende Bevorzugung, welche dem Latein
an der niederen Klosterschule zu Theil ward, hörte auch an der höheren nicht
auf. Durch Cicero's Reden und Virgil's Verse erhielt die Latinität der Zög=
linge ihre höhere Ausbildung. Kepler selbst gibt Nachricht, daß er am 4.

---

*) Die dortigen Akten reichen nicht über das Jahr 1650 hinaus und enthalten da=
her nichts über Kepler's Aufenthalt.　　　　　　　　　　　　　　　　　G.

**) Geboren im Jahr 1528. Den ersten Unterricht genoß er in Pforzheim und hatte
hier seiner Armuth wegen Vieles zu dulden. Sein allerdings schonungsloser Eifer zog ihm
feindlicher Seits den Namen „Scorpion" zu. Der segensreichen Wirksamkeit dieses ausge=
zeichneten Mannes setzte der Tod am 14. Juli 1594 in Wildbad, wohin sich Schropp seiner
leidenden Gesundheit halber begeben hatte, ein Ende.　　　　　　　　　　　G.

Oktober 1587*), also nach einjährigem Aufenthalte im Kloster, lateinische Ge=
dichte dem Schulbrauche gemäß „deponirt" habe. Im Griechischen wurde
Grammatik und Syntax getrieben und Demosthenes gelesen. Rhetorik, Dialektik
und Musik wurden fortgesetzt und dazu Elemente der Sphärik und Arithmetik
gefügt. Ueber verschiedene diesen Gegenständen entnommene Thesen wurden
Sonntag Nachmittags Disputirübungen angestellt. Die Bibel=Lektüre und
Interpretation ward durch das alte Testament und die Briefe des neuen zu
einem die ganze heilige Schrift umfassenden Abschluß gebracht. Präceptoren
von 1586 bis 1589 waren die Magister: Jakob Rau**), Johann Spangen=
berger***), Georg Schweizer†). Die Stelle des ersten Präceptors, des
Bibelexegeten und Theologielehrers bekleidete von 1586 bis 1588, also während
der ersten zwei Jahre des Keplerischen Aufenthaltes, Magister Rau und während
des letzten Magister Spangenberger. Dieser hatte die vorhergehenden zwei
Jahre als zweiter Präceptor den Unterricht in den freien Künsten ertheilt,
welchen von 1588 auf 1589 Magister Schweizer besorgte. Von diesen Lehrern
war Spangenberger unserem Kepler feindlich gesinnt, weil dieser „vorlaut ihn
verbessern wollte, während er der Lehrer war" ††).

Kepler machte binnen Kurzem außerordentliche Fortschritte. War aber
sein Verhältniß zu den Mitzöglingen schon früher, wie wir oben sahen, kein
freundliches gewesen, so trübte es sich jetzt noch mehr. Seine glänzenden Leistungen
steigerten den Haß seiner Collegen noch durch das unversöhnlichste aller Motive,
durch den Neid über die angebornen Vorzüge des Talentes. Noch im ersten
Jahre seines Aufenthaltes zu Maulbronn am 1. März 1587 kam es zwischen
Kepler und seinem Collegen Rebstok †††) zu einer förmlichen Schlägerei,
bei welcher der körperlich schwächere Kepler den Kürzeren zog. Rebstok näm=
lich, voll Haß auf Keplers größeres Talent, schmähte seinen Vater, was den
edelsten der Söhne in Harnisch brachte *†). Als offene Feinde unter seinen Col=
legen nennt Kepler ferner die beiden Molitor**†), ein «par nobile fratrum».
Wir wollten ihre Namen, die man nur dadurch noch weiß, daß sie Kepler
selbst aufzeichnete, unsern Lesern nicht vorenthalten — steht ja auch Pontius im
Credo. Noch tiefere Kränkung verursachte dem Gemüthe Keplers, daß ihm

---

*) Frisch, I. 311.

**) Gebürtig von Sulz; Magister 1584. Pfarrer in Dürrmenz=Mühlacker von 1588
bis 1610.   G.

***) Von Tübingen; Magister 1584. Pfarrer in Rieth 1589—1593. Dekan in Knitt=
lingen 1597—1599.   G.

†) Von Marbach; Magister 1588.   G.

††) Frisch, V., p. 482.

†††) Franz Rebstock von Jesingen; 1589 Magister; 1590—95 II. Klosterpräceptor in
Königsbronn; 1595—97 Diaconus in Laufen; 1597—1626 Pfarrer in Rielingshausen. G

*†) Frisch, I., p. 311, V., p. 482.

**†) Gebürtig von Winnenden: 1) Johann Leonhard, Magister 1588; 2) der schon bei
Adelberg genannte Georg.   G.

ein anderer College, Namens **Köllin** *), unter dem Anscheine und Vorwande der Freundschaft Zwist und Verdruß bereitete. Und auch bei den Zöglingen höherer Jahre konnte **Kepler** für die Feindschaft seiner Studiengenossen, denen er geistig überlegen war, keine Entschädigung finden. Ein „Pennalismus", der eine Menge von Bräuchen und unsittlichen Gesetzen hatte, trat hier störend dazwischen. Vermöge dessen Satzungen waren die jüngeren Schüler ihren älteren Kameraden, wie im Handwerke die Lehrlinge den Gesellen, zu erniedrigenden Diensten verpflichtet und deren Botmäßigkeit oder vielmehr Uebermuth unterworfen. Es maßten sich die Veteranen, so hießen die Klosterzöglinge im letzten Jahre, bevor sie nach Tübingen abgingen, über ihre jüngeren Collegen, die Novizen, eine förmliche Gewalt an: „dergestalt" heißt es in einer klagenden Eingabe der Prälaten von Bebenhausen und Maulbronn, „daß wenn die Novitii sich denen Veteranis widersetzt, es öfters a verbis ad verbera gekommen". Gleich unwürdig erscheint es, derlei zu bulden, als zu üben. Sicher hat daher **Kepler**, als er Veteran geworden war, die erfahrene Unbill keinen Jüngern entgelten lassen. Nicht eines Untergebenen, eines Freundes hätte er bedurft.

Nachdem er zwei Jahre im Kloster studirt hatte, begab er sich der Sitte gemäß nach Tübingen und erlangte dort am 25. September 1588 nach gut bestandenem Examen **) die Baccalaureatswürde ***). Hierauf kehrte er wieder nach Maulbronn zurück und brachte dort ein drittes und letztes Jahr als Veteran zu.

Der inmitten seiner Collegen Vereinsamte mußte durch die unterdessen im Kreise seiner Familie eintretenden Ereignisse doppelt schmerzlich berührt werden. Sein Bruder Heinrich, der Gespiele seiner Kindheit, der nur anderthalb Jahre jünger war, als er selbst, war von Jugend auf epileptischen Anfällen unterworfen und zugleich Erbe des ungestümen Temperaments des Vaters. Vielerlei erlitt er daher im Leben an Unglück und an Krankheit. Im Jahre 1587 kam er zu einem Tuchscheerer in die Lehre, im nächsten zu einem Bäcker. An keinem der beiden Orte that er gut, und 1589 entlief er nach Oesterreich†). Zwischen **Kepler's** unglücklichen Eltern hatte, geschürt durch den verderblichen Einfluß materiell bedrängter Verhältnisse, Zwist und Haber fortgedauert. So geschah es in jenem selben verhängnißvollen Jahre 1589 ††), daß nach lebhaftem

---

*) Matthias **Kölle** von Bietigheim; Magister 1590; Klosterpräceptor in Blaubeuren 1592—94; Collaborator, dann Conrektor in Stuttgart; bis 1600 Präceptor in Waiblingen; bis 1606 in Tübingen; bis 1609 in Adelberg, und von 1609—12 Pfarrer in Aurich. G.

**) Dekan war Magister Georg Burkhard, Professor der Dialektik, Promotor Magister Abel Binarius, Professor der Musik. G.

***) Baccalaureus, die erste oder geringste akademische Würde, welche der Ernennung zum Magister und Doktor vorausging. Pabst Gregor der IX. stiftete im 13. Jahrhundert diese Würde, Baccalaureat genannt; dann wurde sie auf der Akademie zu Paris und später auf allen Universitäten in der philosophischen und theologischen Fakultät eingeführt. G.

†) Aufzeichnung **Kepler's** in seinen Manuscripten zu Pulkowa. G.

††) Am 16. Juni 1589 erscheint noch der Vater vor dem Magistrat als Kläger in einer Rechtsstreitigkeit. S. Rathsprotokoll von Leonberg. G.

Streite der Vater das Haus und Katharinen, obwohl in eben dem Jahre noch einmal Mutter geworden*), für immerdar verließ. Er versah unter dem Grafen Lobron die Stelle eines Hauptmannes im Seekriege der Neapolitaner gegen Anton von Portugal, welcher die canarischen Inseln belagerte. Und als er dann mit seinem Fähnlein in's Vaterland zurückkehrte, so ereilte ihn der Tod in der Nähe von Augsburg**). Nun war aber noch obendrein Kepler, über ben all' dies Herzeleid hereinbrach, von schwächlicher Gesundheit. Im ersten Jahre seines Aufenthalts zu Maulbronn, am 4. April 1587***), wurde er von einem so heftigen Fieber erfaßt, daß sein Leben in Gefahr schwebte und, wie man zu sagen pflegt, nur noch an einem Faden hing. Zum Glück durchschnitt diesen die Parze nicht. Er blieb aber stets kränklich, wie es seine immer wiederkehrenden Fieberanfälle, Kopfschmerzen und andere Leiden bewiesen. Je zarter nun eine Saite ist, desto leichter und mächtiger schwingt sie mit. Daher mußte von Kepler auch all' das Unglück seiner Familie um so mehr empfunden werden, je weniger er sich selbst einer gefesteten Gesundheit erfreute. Jedoch auch in den schwersten äußerlichen Kümmernissen nahm er seine Zuflucht zur Forschung, suchte er Freiheit und Frieden von zeitlicher Bedrängniß in der Beschäftigung mit dem Ewigen, mit der Wahrheit. Sein Streben war, wie das der Cistercienser, in deren ehemaligem Kloster er weilte, „auf rauher Bahn ein erhaben Ziel zu erreichen". So blieb es während seines ganzen Erdenwallens. Die Klosterschule war für ihn eine Schule des Lebens. Ex cella in coelum!

---

*) Es gebar nämlich Kepler's Mutter am 13. Juli 1589 ein Söhnchen: Bernhard, das jedoch bald wieder starb. S. Kirchenbücher von Leonberg.

**) Hanschius, Vita, p. III.

***) Frisch, 2c., I., p. 311.

G.

Viertes Kapitel. Auf der Universität.

Armuth studieret
Reichthum jubiliret.
Friedrich Petri 1805.

Am 17. September 1589 *) bezog Kepler die Universität Tübingen, nachdem er einige Tage vorher in das dortige evangelische Stipendium befördert worden war.

Die Universität Tübingen, gestiftet 1477, war eine Schöpfung des Grafen Eberhard im Bart. In einem Freiheitsbriefe, den er derselben ausstellte, sprach er in gar herrlichen Worten die Absicht aus, die ihn bei deren Stiftung geleitet hatte: „So haben wir in der guten Meinung helfen zu graben den Brunnen des Lebens, daraus von allen Enden der Welt unabsehbar geschöpft mag werden tröstliche und heilsame Weisheit zur Erlöschung verderblichen Feuers menschlicher Unvernunft und Blindheit uns auserwählt und fürgenommen eine Universität in unserer Stadt Tübingen zu stiften und aufzurichten". Dem Informator des frühverwaisten Grafen Eberhard, Nauclerus, war durch dessen Vormünder strenge verboten worden, ihn in der Sprache der Gelehrten, im Latein, zu unterrichten. Mit höchstem Unmuth ertrug der begabte Jüngling diese Beschränkung. Mit rührendem Eifer war er später bestrebt, durch Uebersetzungen in die heilige Schrift einzubringen, durch Gespräche mit bedeutenden Männern, wie Reuchlin oder Nauclerus, sich Kenntniß von der Wissenschaft seiner Zeit zu erwerben. Auf drei Reisen, nach Jerusalem zum heiligen Grabe, nach Venedig im Gefolge Kaiser Friedrichs des Dritten, nach Rom an den päpstlichen Hof, schaute er alle Herrlichkeit der christlichen Welt mit eigenen Augen. Was aber ihm, dem Fürstensohne, gewaltsam verwehrt und vorenthalten worden war, das suchte er dem letzten seiner Unterthanen zugänglich zu machen. Ausdrücklich sagte er in der Stiftungsurkunde der Universität, er habe deßhalb die Professoren mit fixen Gehalten ausgestattet, damit sie gratis lesen können und die Armuth kein Hinderniß für die Erkenntniß der Wahrheit wäre. Im Jahre 1495 wurde Graf Eberhard vom Kaiser Maximilian aus freien Stücken und

---

*) Frisch, I. 311. Hanschius, Vita X.

Tübingen zu Kepler's Zeit.

A. Das Fürstl. Schloß; jetzt Univerf.-Bibliothek, Sammlung und Sternwarte; B. Sct. Georg'en Stiftskirche; C. das Universitätshaus; D. das Evang
Stift*); E. das Rathhaus; F. die Burse oder Contubernium (gemeinsame Wohnungen der Studenten in früheren Zeiten).

*) Vor 1548 das Augustiner-Kloster. Hier also weilte Kepler. Es hat aber jetzt das Gebäude in Folge mancher Veränderungen, insbesondere zweier großer Umbauten vom vorigen Jahrhundert, ein wesentlich anderes Aussehen.   G.

ohne sein Begehren zum ersten Herzoge von Württemberg erhoben. Bald darauf starb er. Sein Wahlspruch: «Attempto», vereinigte in seinem Doppelsinne: „Ich wag's", und: „Ich erwäg's". Als Grund, warum er Tübingen zum Sitze der Universität gewählt habe, gibt Graf Eberhard selbst die Anmuth, Fruchtbarkeit und Gesundheit der Gegend als in die Augen fallende Vorzüge an, die er nicht erst anzurühmen brauche. Eine Hauptursache mochte auch sein, daß Tübingen die bedeutendste Stadt in seinem Landestheile war. Denn zur Zeit der Stiftung befand sich Stuttgart noch nicht in seinem Besitze*).

Die Stadt Tübingen liegt am Fuße eines Bergrückens, welcher das stille saftig grüne Ammerthal von der heiteren sonnigen Neckarebene trennt. Am östlichen Ende erblickt man das stolze, die ganze Stadt überragende Schloß Hohentübingen. Wohl schon vor mehr als tausend Jahren ist hier eine Burg gegründet worden. Als hätten sie deren Schutz ängstlich gesucht, drängten sich dicht an den Bergrücken die ältesten Häuser der Stadt. Erst als die Universität errichtet war, da rückte die Stadt ihre Mauer bis an den Neckar vor, als wäre sie von Lust getrieben, ihre steinerne Wehr, wie ein Ritter seinen Harnisch, in den klaren Fluthen des jugendlich raschen Flusses zu spiegeln. In dem gewonnenen Raume entstanden zahlreiche neue Gebäude. Doch wie schon in den älteren Theilen der Stadt, so gesellte sich auch hier zur Enge der Häuser noch die Enge der Gassen. Ersatz dafür leistete die Umgebung Tübingens mit ihren lachenden weitausgedehnten Weinbergen. Der treffliche Cement der alten Dombauten wurde, wie man behauptet, mit Wein angemacht. Mit Fug und Recht könnte man auch sagen, die Universität Tübingen wurde mit Wein gekittet. Einen höchst wesentlichen Theil ihrer Einkünfte lieferten ihre Weinberge, und mit deren Rebensaft labten und erfrischten sich Scholaren und Magister.

Unmittelbar nach der Stiftung muß als der bedeutendste Lehrer in der theologischen Facultät Gabriel Biel**) bezeichnet werden. Die Kirchengeschichte nennt ihn den letzten Vertreter der Scholastik. Unter den Juristen ragte Johann Naukler***), der von uns schon erwähnte Erzieher Graf Eberhard's, hervor. Er schrieb eine Chronik, die, nach der Sitte der Zeit mit der Weltschöpfung beginnend, eine wichtige Quelle für das fünfzehnte Jahrhundert bildet. Unter den Artisten treffen wir den schon genannten Weilderstädter Paul Scriptoris, einen Mann von Geist, der als Erklärer des Scholastikers Duns Scotus und

---

*) Württemberg war damals getheilt in die Linie Urach unter Eberhard dem VI. oder dem Bärtigen, und die Linie Neuffen oder Stuttgart mit der Residenz daselbst unter Eberhards Oheim: Ulrich dem VI.

**) Aus Speyer; Prediger zu Mainz; dann Probst in Urach; begleitete Graf Eberhard im Bart nach Rom 1482. Prof. der Theologie in Tübingen 1484. Rektor der Universität 1486. Kanonikus des St. Peterstifts zu Einsiedeln 1492, starb 1495. G.

***) Der eigentliche Namen ist Johann Bergen (Vergenhans) aus dem ritterlichen Geschlecht der Bergen bei Justingen. Instruktor des Grafen Eberhard im Bart 1450. Probst in Stuttgart 1460. Zu Tübingen Doktor und erster Rektor der Universität 1477; zuletzt Kanzler; † 1510. G.

als Mathematiker einen Namen besaß. Der humanistischen Richtung wurde erst am Anfange des sechzehnten Jahrhunderts, vorzüglich durch Heinrich Bebel *) und Philipp Melanchthon **), Bahn gebrochen. „Melanchthon" nannte sich nach damaliger Sitte der Gelehrten der deutsche „Schwarzerd", gleich berühmt als praeceptor Germaniæ und als Reformator. Er lehrte einige Jahre zu Tübingen, bevor er für immer nach Wittenberg übersiedelte (1518). Nach dem Siege des schwäbischen Städtebundes, während des österreichischen Interregnums, wurde der greise Johann Reuchlin ***) berufen. Bevor derselbe aber noch seine Vorlesungen begonnen hatte, starb er. Im Jahre 1511 wurde der Mathematiker und Astronom Johann Stöffler †), zu Justingen 1452 geboren und viele Jahre Pfarrer daselbst, mit der Professur zu Tübingen betraut. Bald war er einer der berühmtesten Lehrer der Universität und seine Vorträge lockten selbst viele Ausländer herbei. Demnach gewann er einen viel größeren Zuhörerkreis, als sein Zeit- und Fachgenosse Reinhold in Wittenberg; Männer, wie Sebastian Münster, Schöner, Melanchthon regte er zu eifrigen mathematischen und geographischen Studien an. Melanchthon ist voll seines Lobes. Wie tief aber damals im Allgemeinen der mathematische Unterricht stand, sieht man aus der Einladungsrede eines Wittenberger Dozenten der Mathematik. Er preist die Arithmetik und bittet die Studirenden, sich nicht durch die Schwierigkeit dieser Disciplin zurückschrecken zu lassen. Die ersten Elemente seien leicht, die Lehre von der Multiplikation und Division verlange etwas mehr Fleiß, doch könne sie von Aufmerksamen ohne Mühe begriffen werden! Es war daher zweifellos für Kepler's Entwicklung von der allerhöchsten Bedeutung, daß Stöffler Tübingen zu einer bevorzugten Stätte des mathematisch-astronomischen Wissens jener Zeiten gemacht hat, wo ihm dann ein Appian und ein Mästlin auf dem Lehrstuhle folgten. Von diesen beiden, namentlich dem Letzteren, dem Lehrer Kepler's, werden wir bald Näheres vernehmen. Stöffler's Schriften benützte schon sein Zeitgenosse Copernikus, aber auch Mästlin und Kepler machten noch von ihnen Gebrauch. Sehr lange galt seine Schrift über Verfertigung des Astrolabiums bei Astronomen und Geometern als beste Quelle.

Die Reformation, welche Herzog Ulrich nach der Wiedereroberung seines Landes in ganz Württemberg durchführte, versetzte die Universität Tübingen in eine länger dauernde Krisis. Zwar gewannen die juridische Fakultät an Johann Sichard, die medizinische an dem ausgezeichneten Botaniker und Anatomen Leonhard Fuchs binnen Kurzem neue der lutherischen Religion angehörige Celebritäten. In der theologischen Fakultät selbst aber bekämpften sich jahrelang Zwinglianer und Lutheraner. Hatte der von uns schon oft erwähnte

---

*) Aus Justingen; Professor der Beredtsamkeit und Dichtkunst 1497; erhielt von Kaiser Maximilian den Lorbeer 1501.

**) Geboren zu Bretten 1497, † zu Wittenberg 1560.　　　　　G.

***) Geboren zu Pforzheim 1454; † zu Stuttgart 1522.

†) Er gilt für den tüchtigsten Mathematiker und Mechaniker seiner Zeit. 1522 erhielt er das Rektorat der Universität und starb 1531.　　　　　G.

Johannes Brenz während des Jahres, das er in Tübingen lehrte, den letzteren das Uebergewicht verschafft, so wurde doch wenige Jahre später Forster wegen seines Eifers gegen Zwinglianer als Unfrieden stiftender Fanatiker entlassen, und Generalsuperintendent Erhard Schnepf *) sah sich genöthigt, selbst eine Professur zu Tübingen zu übernehmen, um der lutherischen Partei den Sieg zu gewinnen. In der zweiten Hälfte des sechzehnten Jahrhunderts erhielt jedoch die theologische Fakultät zu Tübingen maßgebendes Ansehen in der lutherischen Kirche; sie wurde die Führerin und Bewahrerin einer strengen Orthodoxie. Als deren berühmteste Vertreter zu jener Zeit gehörten ihr an Jakob Beurlin, Jakob Andreä, Jakob Heerbrand, Stephan Gerlach 2c. Hier treffen wir zum Theile schon Namen von Männern, denen wir bald als den Lehrern Kepler's begegnen werden.

Kaum hatte die Reformation auf der Universität Tübingen festen Fuß gefaßt, so finden wir auch schon die ersten Anfänge des evangelisch=theologischen Stipendiums oder Stiftes. Doch gelangte dies erst, nachdem ihm 1548 das ehemalige Augustinerkloster eingeräumt worden, zur Blüthe. Ganz Württemberg versah es mit Seelsorgern, Predigern und Lehrern; bildete Männer wie Jakob Andreä, Gerlach, Siegwart 2c.; trug also wesentlich zum Aufschwunge der theologischen Fakultät bei und prägte der Universität ihren eigenthümlichen theologischen Charakter auf; ja es gab noch an bedrohten Außenposten des Protestantismus in fremden z. B. in den inneröfterreichischen Ländern tüchtige Kräfte ab und auch zahlreiche große Talente in andern Fächern, als den theologischen, gingen aus ihm hervor. Der bekannte Dichter und Philolog Nikodemus Frischlin, selbst ein Zögling des Stiftes, konnte es ein Vierteljahrhundert nach seiner Gründung bereits mit Recht dem trojanischen Pferde vergleichen: so viele bedeutende Männer seien aus seinem Schoße hervorgegangen. Der Raum würde uns fehlen, wollten wir alle ausgezeichneten Württemberger nennen, die im Stifte, welches bis heute besteht, ihre Ausbildung erhielten. Kepler findet man allerdings darunter nicht in der Vielzahl. Doch versetzt ihn die Bezeichnung Stiftler in die bestmögliche Genossenschaft.

Die Stipendiaten hatten, nachdem sie aus einer Klosterschule in das Tübinger Stift befördert worden waren, die ersten zwei Jahre an der Artistenfakultät Collegien zu besuchen, sich sodann mittelst eines Examens die Magisterwürde zu erwerben und endlich sich während drei weiterer Jahre durch Studien an der theologischen Fakultät für ihre eigentliche geistliche Bestimmung vorzubereiten.

Aber wenn auch die Stipendiaten bei Universitätslehrern Vorlesung hörten und hören mußten, so waren ihnen doch die Rechte und Freiheiten der Studenten nicht eingeräumt. Die Stipendiaten werden in der Hausordnung ermahnt, nicht zu vergessen, daß sie von Almosen leben. Morgens nach dem Aufstehen — wie in der Klosterschule — Sommers 4 Uhr, Winters 5 Uhr — soll gemeinschaftlich

---

*) Geboren zu Heilbronn 1. Nov. 1495; † zu Jena 1. Nov. 1558. Reformator in Württemberg 1535. An der Universität Tübingen 1542—48.   G.

gebetet, Mittags über Tisch in der Bibel, Abends in einem historischen Buche
gelesen, nach Tisch spazieren gegangen oder ein anständiges Spiel vorgenommen
werden — Sommers 8, Winters 7 Uhr. Abends muß jeder zu Hause sein; wer
nicht oder zu spät kommt, wird mit Entziehung des Weins bestraft. Auf
verbotene Theilnahme an Tänzen und Volltrinken ist Carcerstrafe gesetzt.
Das bei Studenten sonst gebräuchliche Seitengewehr war nur auf Reisen
erlaubt.

Diese Einrichtungen, welche heute mit Recht zeitgemäßeren Platz gemacht
haben, waren damals nicht nur Beschränkung, sondern auch Schutz. Denn es
ging gar roh und wüst unter den Studenten zu. Professor Hayber in Jena
entwirft 1607, nur wenig später demnach als die Zeit, von welcher wir reden,
ein drastisches Bild von dem „verworfenen lüderlichen Studenten", wie er sich
damals auf Universitäten herumtrieb. Ein solcher Student sagte er, trachte
nur nach Schalkspossen, Müssiggang, Faulheit, Zechen, Balgen, Verwunden,
Morden. In der Nacht, wo die Menschen in die Ruhe sich begeben, und
die Vögelein unter den Zweigen das Singen verlassen und die Bestien in ihren
Höhlen schlafen, da breche er los gewappnet und von seinen Jungen begleitet; wie
springt er mit Füßen an die Thore! Wie wirft er mit Steinen in die Fenster.
Andere Studenten, die heimgehen, oder friedliebende Bürger, fällt er an, wie
ein Mörder, oder öffentlicher Straßenräuber mit bloßem und gezücktem Schwerte.
So es Zeit und Ort nicht leidet, daß er sogleich Menschenblut vergieße, so
fordert er denjenigen, mit welchem er zu fechten begehrt. Wenn sich dieser
dann nicht stellt, so heißt er ihn einen Schelm aller Schelmen, die gelebet
haben oder noch leben werden. Seine Kleider sind närrisch und lächerlich an
der Form. „Mit Haaren auf dem Rabenkopf und Wunden in dem Hunds=
„gesichte" übertrifft er mächtig wohl den Landstreicher Achämenides bei dem
Virgilius. Daß man derlei „centaurische Katzbalger und Menschenfresser"
wie sie Hayber in seiner in den Ausdrücken nichts weniger als wähligen Rede
heißt, auf damaligen Universitäten ziemlich zahlreich traf, ist nach vielen anderen
gleichzeitigen Berichten nicht zu bestreiten. Und ebenso zweifellos ist es, daß
gerade Adelige und Reiche das Hauptkontingent zu denselben stellten. Dieß läßt
sich aus tausend Zügen und Umständen schließen. So war der Rektor durch die
akademische Gesetzgebung von Tübingen angewiesen, „Letzinen," das sind Ab=
schiedsschmäuse, bei denen oft ein unmäßiger Aufwand gemacht wurde, den
Armen gar nicht zu gestatten, die Vermöglichen zur Frugalität dabei zu ermahnen,
die vom Adel aber, denen man freilich hierin kein Maaß und Ord=
nung geben könne, zur Bescheidenheit zu abhortiren. Und die meisten
standesgenössischen Studenten dachten, wie jener junge Edelmann, von dem
Weidner, (deutscher Nation Apophthegmata, 1655) erzählt. Dieser antwortete dem
Professor, der zugleich sein Kostherr war: „Ewer Rede Herr Doktor, hat zwey
„theil. Erstlich, daß ich unfleißig studire, zum andern, daß ich viel trinke.
„Das erste betreffende, so bin ich ein Edelmann, daß ich nicht eben viel
„zu studiren hier bin, sondern daß ich mein Canonicat durch das gebräuch=

„liche Universitätleben besetzen mag: das ander, daß ich viel trinke, ist das die „ursach, daß mich immer durstet und ich ein hitzige leber hab."

Wie Petri 1605 sagte, so verhielt es sich eben: Reichthum jubilieret, Armuth studieret. Armuth — ja, doch nicht Dürftigkeit. Weit verfallener, sittlich verworfener, als der lüberliche Student aus reichem oder adeligem Hause war der Vagant, der Bettelstudent jener Tage. Manches große Talent ging verloren, wenn es sich in der verderblichen Situation eines Vaganten befand. Wenn nun auch leider nicht immer im Leben, als Student war Kepler glücklicherweise in jene günstige Mitte zwischen Ueberfluß und Noth gestellt, welche wir die goldene genannt hätten, wenn sie sich nicht gerade durch den Mangel an Gold auszeichnen würde. Für die eigentlichen materiellen Bedürfnisse war schon durch das Stipendium selbst gesorgt. Da man aber außer der Wohnung und Kost von fürstlicher Seite nur noch 6 fl. bekam, so war man in Bezug auf Bücher, die damals verhältnißmäßig viel theurer waren, und auch auf Kleider, troß des Unterschiedes der Preise, in einer beinahe an die Dürftigkeit streifenden Lage. Im ersten Jahre seines Aufenthaltes scheint nun Kepler außer dem Einkommen aus dem fürstlichen Stipendium nur noch den Ertrag eines kleinen Ackerlandes bezogen zu haben, das sein mütterlicher Großvater Guldenmann ausdrücklich der Unterstützung seines Studiums gewidmet hatte*).

Aber vom zweiten Jahre seines Aufenthaltes zu Tübingen an ward Kepler noch eine weitere Beihilfe durch das Ruoff'sche Stipendium zu Theil. Dieses Stipendium war 1494 von Christoph Ruoff, Pfarrer in Flacht, jeweilig für zwei arme Studirende nach Tübingen gestiftet worden**). Sie sollten jährlich aus einem Kapitale von 400 fl. die Zinsen bekommen. Der Magistrat der Stadt Weil hatte die zum Genusse des Stipendiums Berufenen vorzuschlagen. Nach dem Fundationsbriefe sollten solche, die von den Dörfern Flacht oder Weissach stammten, den Vorzug haben. Fehlten aber taugliche Kandidaten aus diesen Orten, so hatte der Magistrat der Stadt Weil die Wahl. Im letzteren Falle scheint die Gewohnheit geherrscht zu haben, nur geborne Weilerstädter zu präsentiren. Wenigstens können wir durch diese Annahme den Widerspruch zwischen dem Fundationsbriefe und späteren Angaben z. B. in der kleinen Chronik von Gehres, daß die Ruoff'schen Stipendiaten entweder von Flacht oder von Weil gebürtig sein mußten, am leichtesten lösen. Für dieses Stipendium schlägt nun 1590 der Bürgermeister und Rath der Stadt Weil unseren Johannes in einem vom 22. Mai datirten, an den akademischen Senat zu Tübingen gerichteten Schreiben vor. Darin heißt es, daß der väterliche Großvater, der ehemalige Bürgermeister, hiezu Veranlassung geboten habe, indem er seinen Enkel dem Magistrate als zum Studium besonders tauglich rühmte***). Gestützt auf dieses Schreiben, trug Kepler dem Rektor seine Bitte um das Ruoff'sche Stipen-

---

*) Beilage XI.
**) Beilage XII.
***) Der ganze Inhalt dieses Schreibens findet sich in Beil. XIII.

bium mündlich vor. Als aber hierauf ein Monat verstrichen, ohne daß die
Gewährung seiner Bitte erfolgte, so wandte sich Kepler auf den Rath eines
seinem Großvater sehr befreundeten Universitätslehrers*) schriftlich an den
Rektor. Im Geiste der Zeit entschuldigte er seinen Schritt durch eine klassische
Reminiscenz: daß nämlich die Stadt Amyclä durch Schweigen zu Grunde ge=
gangen sei. Die Motivirung seiner Bitte schließt er mit folgenden schönen
Worten: „Wenn es nun Zweck und Absicht aller Stifter ist, mit diesen ihren
„Mitteln den Leuten unter die Arme zu greifen — nicht solchen, die schlechten
„Gebrauch davon machen, sondern solchen, die der Ehre Gottes Vorschub zu
„leisten vermögen — so hoffe ich mit Gottes Hilfe, wenn ich in irgend einer
„Weise minder bedürftig als Andere in den Genuß des Stipendiums gelange,
„dieß durch meinen Fleiß vollkommen wieder auszugleichen, und nicht einen
„Heller davon in lüderlicher Weise zu verschleudern." „Doch mögen Eure
„Magnificenz," fährt Kepler in dem an den Rektor gerichteten Briefe fort,
„sich lieber aus den Zeugnissen meiner Lehrer überzeugen, als meinen Ver=
„sprechungen ohne Beweise Glauben schenken." Hierauf befiehlt er nochmals
seine Bitte der Güte Seiner Magnificenz und der anderen Professoren**). Sie
wurde erfüllt, und Kepler bekam das Stipendium. Treu hielt er sein Ver=
sprechen: von materieller Sorge befreit, gab er sich mit voller Kraft und eifrigstem
Fleiße dem Studium hin, soweit es ihm nur irgend bei seiner schwächlichen
Gesundheit möglich war.

Und wenn sich Kepler in seinem Bittgesuche auf die guten Zeugnisse
seiner Lehrer beruft, so können wir noch heute aus der Registratur des evan=
gelischen Stiftes den Nachweis liefern, wie trefflich er in sämmtlichen Gegen=
ständen classificirt wurde***).

Wie unsern Lesern schon bekannt ist, mußte Kepler die ersten zwei Jahre
nach seiner Aufnahme in's Stift Collegien in der Artistenfacultät hören. In
dieser lehrten M. Michael Mästlin†), Mathematik und Sphära, Dr. Martin

---

*) Dr. Anastasius Demmler, Professor in Tübingen. Dessen Großvater mütter=
licher Seits: Nikolaus Märklin in Marbach, war ein Bruder der Großmutter von Bürger=
meister Kepler's Frau, Magdalena Märklin, Frau des reichen Johannes Müller allda.
Eine Tochter Demmlers, Barbara, war mit Kepler's Lehrer: Prof. Erhard Cellius, ver=
heirathet. Dieß war Kepler's einzige und gewiß sehr entfernte Verwandtschaft mit den
Tübinger Professoren.   G.

**) Der ganze Brief findet sich in deutscher Uebersetzung: Beilage XIV.

***) Einen getreuen Auszug aus den Vierteljahrs-Zeugnissen enthält Beilage XV.

†) Sohn des Jakob Mästlin in Göppingen; geb. das. 20. Septbr. 1550; † 1631;
studirte in Tübingen 1568, wurde 1571 Magister, der dritte unter 20. Als junger Mann
überzeugte er auf einer Reise nach Italien durch eine öffentliche Rede den Galilei von der
Richtigkeit des copernikan. Systems. 1576 ward er Diaconus in Backnang; 1580 Professor
der Mathematik in Heidelberg und erhielt am 15. Mai 1583 den Lehrstuhl Appians in
Tübingen, wo er bis zu seinem Tode docirte. 1589 war er Dekan der freien Künste u. s. f.
Er vermählte sich I. 1577 mit Margaretha Grüninger, geb. 1551, † 1588; II. 1589 mit
Margaretha, Tochter des Prof. Burkhardt.   G.

Crusius (Kraus)*), Griechisch, Georg Weigenmaier**), Hebräisch, M. Er=
hard Cellius***), Poesie, Rhetorik und Geschichte, M. Veit Müller†) las über
Aristoteles und Ethik, und Dr. Michael Ziegler††) erklärte griechische Klassiker
und trug Naturrecht vor. Weigenmaier war voll Eifers für sein Fach.
Er las später auf Bitte der Studirenden auch über chaldäische und syrische
Sprache. Er hätte gar zu gern auch noch arabisch und äthiopisch gelernt und
wollte deßhalb eigens nach Afrika reisen, konnte aber die Erlaubniß und nöthige
Unterstützung von der Regierung nicht erlangen. Von Cellius weiß die Ge=
lehrtenwelt nicht viel zu melden. Ein Visitationsrezeß von 1605 klagt, daß
es in seinen „Actiones" so schläfrig vorwärts gehe, und die Studenten fanden die=

---

*) Der Chronist Schwabens; geb. zu Grebern in Franken 19. Sept. 1526; † zu Tü=
bingen 25. Februar 1607. Sohn des Martin Kraus, Pfarrers in Pottenstein (in der so=
genannten fränkischen Schweiz) und Wallersbronn, später in Württemberg: Steinenberg.
Seine Mutter Maria Magdalena Trumer wollte ihn zu einem Goldschmied bestimmen,
der Vater willfahrte aber dem Drange des Knaben zum Studium, das er in Straßburg
1547 vollendete, und dann die Brüder Philipp und Anton von Werter in Thüringen,
die schon seines Alters waren, informirte; später ward er Rektor in Memmingen; er=
langte 1559 in Tübingen die Magisterwürde und bald darauf eine Professur. Er ging
3 Ehen ein: a) zu Memmingen 23. April 1558 mit Sibylla Rhoner von Schwaz; b) in
Tübingen 4. Mai 1563 mit Katharina Vogler; c) in Eßlingen 12. Mai 1567 mit Ka=
tharina Betscher.　　　　　　　　　　　　　　　　　　　　　　　　　　G.

**) Von Eßlingen; geb. 25. April 1555, Sohn eines dortigen Theologen gleichen Ra=
mens. Er studirte in Tübingen 1569; wurde im 24. Lebensjahre Professor; docirte bis
1598, machte sodann eine Reise nach Italien, suchte hier seine große Begierde, das Ara=
bische zu erlernen, zu befriedigen, indem er bei einem darin erfahrenen ägyptischen Juden
Unterricht nahm. Seine Kenntniß der hebräischen Sprache war so groß, daß ihn in Venedig
die gelehrtesten Rabbinen für einen getauften Juden hielten und die Paduaner einen „He=
bræum nobilem" nannten. Crusius ist seines Lobes voll. — Im Begriffe, nach Tübingen
zurückzukehren, ereilte ihn am 9. März 1599 in Padua der Tod.　　　　G.

***) Geboren in Pfädersheim in der Pfalz 10. Januar 1546. Sohn des Ernst Nikol.
Horn von Cell, von welchem Orte der Vater den Namen entlehnte. Er studirte in Tü=
bingen 1546, ward 1567 Magister und 1568 Professor bis 1606. 1582 erhielt er Frisch=
lin's Lehrstuhl und 1591 das Dekanat. Im Jahre 1574 vermählte er sich mit Barbara,
Tochter des mit Kepler's Großvater verwandten Dr. Anastasius Demmler.　　G.

†) Aus Bülnheim in Franken; geb. 1561. Als Knabe mußte er die Schweine seiner
Stiefmutter, einer Wirthin, hüten, Zechschulden eintreiben, dann bei einem Schreiner in
Rothenburg a. T. hobeln, bis der dortige Rektor Georg Burkhardt sein Talent entdeckte
und ihn bei der Uebersiedlung nach Tübingen mitnahm, wo er Famulus wurde. Neben
den niederen Dienstleistungen als solcher gab er sich aber mit unermüdetem Fleiß dem
Studium hin, benützte dazu die Nächte und erlangte als Famulus 1581, als Erster unter
25, die Magisterwürde. Zuerst Privatdocent, erhielt er 1587 die Professur, die er bis zu
seinem 1626 erfolgten Tode bekleidete. Von 1592 an war er Ephorus des Stifts. 1587
heirathete er die Wittwe des Prof. Valentin Volz: Agnes Engelhardt.　　　G.

††) Der Sohn des Bürgermeisters Joh. Walter Ziegler in Markgröningen; geb.
1. Juni 1563, † 1615. Von Cellius ein „Polyhistor" — ein in allen Wissenschaften Be=
wanderter — genannt. Er studirte in Tübingen; magistrirte 1585; trieb Arzneikunde und
wurde 1591 Professor. Später erscheint er als Schul-Inspektor. Seine 1595 geehelichte
Frau Justine Volz war die Stieftochter des vorerwähnten Veit Müller.　　　G.

ſelben überaus langweilig. Doch ſcheint ihm dies bei ſeinen Collegen viel
weniger geſchadet zu haben, als Friſchlin der Eifer und das Feuer, womit er
über Poeſie und Beredtſamkeit las und wodurch er ſeine Zuhörer begeiſterte.
Hatte doch Friſchlin's Erfolg bei Martin Cruſius, von dem wir nun ſprechen
wollen, einen ſolchen Neid und Haß gegen ſeinen früheren Schüler und jüngeren
Collegen wachgerufen, daß nicht einmal das unglückliche Ende Friſchlin's*)
eine verſöhnende Macht auszuüben vermochte. Martin Cruſius wird in der
That unter den Lehrern der Univerſität, zur Zeit als Kepler dieſelbe beſuchte,
der berühmteſte geweſen ſein. Er galt für einen der erſten Kenner des Griechiſchen
ſeiner Zeit, und ſeine Vorleſungen über Homer fanden ſolchen Beifall, daß man
einen neuen Hörſaal bauen mußte, da keiner der vorhandenen die Menge der
Zuhörer faßte. Ausländer wurden durch ihn herbeigezogen, er hatte im Aus=

---

*) Der berühmte Humaniſt und Dichter Nicodemus Friſchlin wurde in Balingen, wo
ſein Vater in ziemlich beſchränkten Verhältniſſen als Pfarrer lebte, am 21. September 1547
geboren. Er wählte die Lateinſtudien, kam in die Stadtſchule nach Tübingen, in die nie=
dere Kloſterſchule Königsbronn, in die höhere Bebenhauſen, dann ſchon im 15. Jahre in's
Tübinger Stift. Im 17. Jahre wurde er bereits Magiſter. Frühzeitig pflegte er Dicht=
kunſt und Rhetorik; ſchrieb im 13. Jahre ein griechiſches Gedicht, das allgemeinen Beifall
fand, wurde im zwanzigſten Jahre Profeſſor der Poetik und Geſchichte in Tübingen und
erklärte die beſten Schriftſteller des Alterthums. Zugleich legte er ſich auf Mathematik und
Arzneikunſt. Durch Fleiß und Gelehrſamkeit erwarb er ſich bald einen großen Namen.
Kaiſer Rudolph der Zweite ſchmückte ihn wegen ſeines Luſtſpiels Rebekka eigenhändig mit
dem Dichterkranz. Herzog Ludwig von Württemberg, deſſen Vermählungsfeier er in ſchönen
lateiniſchen Verſen beſang, war ihm ſehr gewogen und brachte ihn von ſeinem Vorhaben,
eine Profeſſur in Freiburg zu übernehmen, ab. Bei der hundertjährigen Jubelfeier der
Univerſität Tübingen, 20. Februar 1578, ließ er ſeine, die Reformation verherrlichende Co=
mödie „Priſcianus" aufführen. Im gleichen Jahre noch hielt er jene heftige Rede gegen
den Adel, die ihm einerſeits viel Ruf, andererſeits aber die größten Unannehmlichkeiten be=
reitete. Selbſt ſeinem Gönner Herzog Ludwig erwuchſen daraus Verlegenheiten. Landgraf
Wilhelm von Heſſen mahnte dieſen daran, was ſeinem Ahne (Ulrich) „wegen Verletzung
eines einzigen Edelmannes (Hutten) widerfahren", während durch ſeinen Schützling ſogar Viele
vom Adel beleidigt ſeien. Dieſe und andere Händel trieben Nicodemus außer Landes. 1582
ward er Rektor in Laibach, kehrte aber, weil ihm das Klima nicht zuſagte, 1584 nach Tü=
bingen zurück. Dort fand er aber um ſo weniger eine bleibende Stätte, als er ſich inzwiſchen
durch die Herausgabe ſeiner Grammatik mit dem angeſehenſten Profeſſor der Tübinger
Artiſtenfakultät, dem Philologen und Chroniſten Cruſius, in eine gehäſſige Polemik, den
ſogenannten Grammatikaſten-Krieg, verwickelt hatte, aus der eine tödtliche Feindſchaft zwi=
ſchen beiden Männern entſprungen war. Nachdem Friſchlin ſeine Heimath zum zweiten Mal
verlaſſen hatte, ward ſein Leben immer unſtäter. Kurze Zeit wirkte er als Rektor in Braun=
ſchweig, lehrte in Wittenberg, in Marburg, zog ſich nach Mainz zurück, wurde dort in Folge
ſeiner ungeſtümen Unterſtützungs-Geſuche und Schmähungen gegen den Herzog von Württem=
berg und ſeine Räthe auf des erſteren Antrieb vom Vogt in Vaihingen a. E. aufgehoben
und auf die Feſte Hohen-Urach gebracht, wo er noch zu allgemeinem Staunen ſeine ſchöne
„Hebräis" ſchrieb. Bei einem Fluchtverſuch zerriſſen die zuſammengebundenen Tücher, und
von Felſen zu Felſen geſchleudert, wurde ſein zerſchellter Leichnam am andern Morgen —
30. November 1590 — im Feſtungsgraben gefunden. Er hatte ſich am 29. Auguſt 1568
mit Margaretha, Tochter des berühmten Reformators Johannes Brenz von Weilderſtadt,
vermählt.   G.

lande eine ausgebreitete Bekanntschaft und unterhielt einen ausgedehnten Brief=
wechsel. Fremde kamen nach Tübingen, um den gelehrten Crusius zu sehen.
Kepler war in nähere Beziehung zu ihm gelangt. Noch nachdem er Tübingen
verlassen, wechselten Crusius und er, wenn auch nur wenige Briefe. Doch dürfte
er als Lehrer keinen allzu mächtigen Eindruck auf Kepler gemacht haben. Die
Pedanterie, mit welcher er Homer kommentirte, konnte einen praktisch angelegten
Kopf, wie Kepler war, nur wenig ansprechen. Das Lächerliche solcher Ety=
mologien, wie Frischlin sie ihm nacherzählt, z. B. vom griechischen argos das
deutsche „arg" abzuleiten, konnte dem Scharfsinn Kepler's nicht entgehen.
Ein Mann, der seine 1586 veröffentlichte Streitschrift gegen Frischlin von zwei
Epigrammen Leonhard Engelhard's *) begleiten läßt, von denen das eine dem
Herzoge von Württemberg zuruft:

> „ — erhalte du Kirchen und Schulen
> „Fürder im alten Geleis; Neueres schadet ja nur"

und das andere schließt:

> „Leb' ich, so leb' ich dem Herrn, einst sterb' ich dem Herrn, doch so lang' ich
> „Lebe, nehm' ich auch der alten Grammatik mich an,"

— konnte einen Jüngling, in welchem der Drang, Neues und Großes zu
schaffen, bereits mächtig gährte, wohl überhaupt nicht, am allerwenigsten aber
für sein Fach erwärmen. Am meisten anregend scheinen noch auf Kepler
Crusius' Bestrebungen als schwäbischer Chronist gewirkt zu haben; denn aus
einem Brief Crusius' sehen wir, daß Kepler sich in Graz damit trug, Ma=
terialien zu einer steirischen Chronik zu sammeln, ein Vorhaben, zu dessen Aus=
führung ihn Crusius dringend aufmunterte.**)

Der Mann, der Kepler für das von ihm vertretene Fach zu begeistern
wußte und auf seine gesammte geistige Entwicklung den allerwichtigsten Einfluß
gewann, dies war Michael Mästlin. Doch bevor wir uns näher mit ihm be=
schäftigen, sei uns ein Blick auf seinen Vorgänger Philipp Appian gestattet.
Appian lebte noch als Privatmann zu Tübingen, als Kepler dahin kam, und
beschloß dort während dessen Studienzeit sein Leben.

Aber nicht nur daß Kepler selbst mit Appian, der einen großen Ruf
als Mathematiker genoß, in Berührung kam, das Schicksal Appians wirft so=
wohl auf die Zeit, als auch auf manche spätere Begebenheiten im Leben
Kepler's ein höchst bedeutsames Streiflicht. Philipp Appian***) war der

---

*) Deren Uebersetzung entlehnten wir dem „Nicodemus Frischlin" von D. F. Strauß.
Sie findet sich S. 379.
**) Hanschius Epistolae LII.
***) Sein Name ist eigentlich Bienewitz. Er kam in Ingolstadt 1531 zur Welt, be=
suchte die dortigen Lehranstalten, studirte in Straßburg, bereiste zu besserer Ausbildung in
den mathematischen Fächern 1549 Frankreich und erhielt 1550 die Professur in Ingolstadt.
1552 begann er auch Arzneikunde zu studiren, begab sich deßhalb 1554 und 1557 nach

Sohn Peter Appian's, Hofastronomen Kaiser Carls des Fünften. Bevor er nach Tübingen kam, bekleidete er die Professur der Mathematik zu Ingolstadt. Dort hatte er sich besonders durch eine im Auftrag Herzog Albrechts von Baiern verfertigte große Landkarte in 24 Tafeln einen Namen gemacht. Als er aber aus innerer Ueberzeugung zum Augsburger Glaubensbekenntniß über= trat, wurde er 1568 seines Amtes enthoben und von Ingolstadt ausgewiesen. Im Jahre 1570 verlieh ihm nun Herzog Christoph die Professur zu Tübingen. Als er aber nicht allen Beisätzen, welche die Concordienformel zu jenem Glaubens= bekenntniß machte, beistimmen zu können meinte und darum mit edler Offenheit Anstand nahm, die Formel zu unterzeichnen, wurde er jetzt, ebenso wie früher von den Katholiken, von den Lutheranern seiner Stelle entsetzt. Er brachte den Rest seiner Tage als „brodloser" Gelehrter in Tübingen zu. In dem Dekrete, durch welches Herzog Ludwig Mästlin nach Tübingen berief, heißt es: „Wir haben hochwichtiger Ursachen halber den Appian unserer Hohenschulen zu Tübingen, Matematum Professorem, seiner Lektur entlassen und euch da= gegen anzunehmen befohlen, weil er sich aber dessen viel bekümmert, so haben Wir Befehl gegeben, ihn noch einige Monate in seinem Amte zu gedulden." Wir verkennen nicht die Milde des Herzogs in diesem Aufschube. Aber welche Zeiten des dunklen Fanatismus, wo die Duldung so aussah, und wo Pro= testanten einen Märtyrer ihres Glaubens wegen kleiner Abweichungen von einer starren Formel zu einem zweifachen Märtyrer machten! — Kepler's Lehrer im vollsten und wahrsten Sinne des Wortes, der Meister, der den allerdings größeren Schüler bildete, war Michael Mästlin. Er wurde 1550 zu Göppingen geboren. Auch er gehört zu jenen zahlreichen berühmten Württem= bergern, die Zöglinge des theologischen Stiftes zu Tübingen waren. Von 1576 bis 1580 war er Diakonus in Backnang. Von dort wurde er 1580 als Pro= fessor der Mathematik nach Heidelberg berufen. Vermittelst des oben ange= führten Dekretes bekam er die Professur der Mathematik zu Tübingen, die er 47 Jahre bekleidete. Ueber Mästlin's astronomische Vorlesungen können wir uns am besten aus seinem gedruckten Abriß der Astronomie eine Vor= stellung verschaffen.*) Wir werden aber diese Quelle um so lieber benützen, da ein interessanter Zufall will, daß das Buch 1588 erschien, also ungefähr ein Jahr bevor Kepler die Universität Tübingen bezog und die Lectiones Mästlin's hörte. Wir sind also nicht nur zu einem Schlusse auf Mästlin's Vorlesungen überhaupt, sondern eben auf die, welche Kepler besuchte, berechtigt.

Italien und erhielt in Bologna die Doktorwürde. Er construirte Sonnen= und andere Uhren, Himmelsgloben u. dgl. und befaßte sich mit Sammlung von Naturalien und Alterthümern. In sehr beschränkten Verhältnissen starb er am 15. November 1589.   G.

*) Dessen Titel lautet: Epitome Astronomiæ, quæ brevi explicatione omnia tam ad sphæricam, quam ad theoricam ejus partem pertinentia, ex ipsius scientiæ fontibus deducta, perspicue per quæstiones traduntur, conscripta per M. Michaelem Mæstlinum Göppingensem, Matheseos in Academia Tubingensi professorem; jam nunc ab ipso autore diligentia recognita Tubingæ 1588.

In dem genannten Buche finden wir nun treffliche klare und unparteiische Compilationen aus den Werken Peuerbach's, Regiomontan's und vor allem Copernikus'! Zwar drückt er selbst sich so aus, als betrachte er die Erde als unbeweglich. Doch war dies nur von äußeren Rücksichten gebotene Vorsicht. Er selbst war zweifellos Copernikaner und, so viel an ihm lag, bestrebt, dem wahren Weltsysteme Anhänger zu werben. Auch gewann er in der That nicht nur Kepler durch seine Vorlesungen, sondern auch Galilei durch Gespräche, die er mit ihm führte, dem copernikanischen Weltsysteme.

Mästlin's und Kepler's Verhältniß gehört zu den schönsten, von denen uns die Geschichte zu erzählen weiß; nie war es vom Neide des älteren gegen den jüngeren, bedeutenderen Gelehrten getrübt. Durch seinen erfreulichen Gegensatz gegen den häßlichen Kampf zwischen Crusius und Frischlin stellt es uns den Glauben an die Menschheit, an die veredelnde Macht der Wissenschaft wieder her. Eine wechselseitige Anhänglichkeit von rührender Treue spricht sich in allen ihren Briefen aus. „Bester Lehrer", antwortete Kepler auf das Lob, das Mästlin seinen Schriften spendet, „Du bist die Quelle des Flußes, der meine Felder befruchtet." „Wenn ein Tag den andern lehrt," erwidert Mästlin, „warum sollen wir Aelteren die Werke der Jüngeren nicht eben so schätzen, wie wir wünschen, von ihnen geachtet zu werden. Durch die Nachkommen, nicht durch die Vorältern, steigen Künste und Wissenschaften zu ihrem Gipfel." Unsere Leser werden bald erfahren, in welch' hingebender und aufopfernder Weise Mästlin bei der ersten größeren astronomischen Schrift Kepler, bei seiner „Vorhalle zu den cosmographischen Differtationen", Gevatter stand. Dafür hat wieder Kepler in seinem „optischen Theil der Astronomie", Mästlin's größte Entdeckung, die wahre Ursache des sogenannten aschgrauen Lichtes am Monde betreffend, zur allgemeinen Kenntniß gebracht. Wir werden sowohl hierauf als auf den Briefwechsel zwischen Mästlin und Kepler zurückzukommen, im weiteren Verlaufe dieser Biographie noch vielfach Gelegenheit finden. Nichts gibt in dieser Correspondenz von der ächten unverfälschten Liebe beider Männer zur Wahrheit bessere Kunde, als die Offenheit, mit welcher jeder von ihnen, sei es nun der ältere oder der jüngere, sich, wenn ihm irgend etwas dunkel ist, fern von jeder falschen Gelehrteneitelkeit, bei dem Anderen Rath sucht und Aufklärung erbittet. Es ist, als wäre im Hinblick auf sie Herders schöner Ausspruch geschrieben:

> „Sag, o Weiser, wodurch du zu solchem Wissen gelangtest?
> „Dadurch, daß ich mich nie Andre zu fragen geschämt."

Nicht ohne Ehrfurcht können wir daher jene milden Züge schauen, zu welchen Kepler so oft lauschend emporgeblickt, die seines Meisters Mästlin. Allerdings führten dann dessen beredte Worte Kepler's Geist nicht selten von jedem Menschenantlitze hinweg zum ewigen gestirnten Himmel.

Welch große Rolle die astronomischen Studien und Forschungen in Folge des Eindrucks der Mästlin'schen Vorlesungen bei Kepler bereits zu Tübingen spielen, ersieht man klärlich aus folgender Stelle, die wir einer von ihm selbst verfaßten Note zu dem nach seinem Tode herausgegebenen „Traum vom Monde" entnahmen: „Ich besitze noch ein sehr altes Kärtchen von deiner Hand, berühmtesten Doktor Christoph Besold, gefertigt, wo du ungefähr zwanzig Sätze von den himmlischen Erscheinungen im Monde aus meinen Dissertationen im Jahre 1593 abfaßtest, welche du dem Doktor Veit Müller, dem damaligen Vorstande der philosophischen Disputationen vorlegtest, indem du sie als solche bezeichnetest, über welche du, wenn er zustimmen würde, disputiren möchtest". Besold war zu jener Zeit sein Schüler in der Mathematik und Astronomie,

M. Michael Mästlin *).

und wenn wir die Stelle in ihrem weiteren Zusammenhange überblicken, so ersehen wir aus derselben, daß Kepler selbst in den erwähnten Dissertationen Manches schon aussprach, was er auf der Höhe aller seiner Entdeckungen in jenem merkwürdigen Buche vom Monde, das erst nach seinem Tode erschien, zu wiederholen nicht verschmähte. Wohl besaß Kepler, wie in älteren Zeiten die meisten großen Forscher, namentlich diejenigen, bei denen sich schöpferische Phantasie zu grübelndem Scharfsinn gesellte, von Anfang nicht so sehr das

---

*) Nach dem lebensgroßen Oelbilde in der neuen Aula zu Tübingen, welches folgende Inschrift führt: M. Michaelis Mæstlini Göppingensis nati Anno 1550 30. Septembr. Mathem: in inclyta Tubing. Academia ab Anno 1584, Professoris Effigies Anno 1619. Das Fac simile ist einem Brief Mästlin's entnommen.   G.

Verlangen, die Sternenwelten, als vielmehr die ganze Welt mit allen ihren belebten und todten Theilen zu ergründen und zu erkennen, mit einem Worte, den Drang nach Universalwissen. Noch in unserem Jahrhunderte entwarf der junge Humphrey Davy einen Plan, alle Wissenschaften in einer gewissen Reihenfolge zu studiren und zu bearbeiten. Etwas Aenliches scheint auch nach einer späteren Mittheilung Kepler, angeregt durch die umfassenden Kenntnisse Skaliger's, gethan zu haben. Daß ihn aber hierbei der kosmische Hintergrund des ganzen Schauspiels in erster Linie fesselte und interessirte, ist in einer Zeit um so sicherer anzunehmen, wo eben durch ein neues, das kopernikanische Weltsystem die ganze bisherige Anschauung über den Weltbau erschüttert wurde und jeder begabte Kopf die tief eingreifende, in tausend andern Gebieten revolutionirende Bedeutung dieser Neuerung einsah. Und nicht nur die erwähnten astronomischen Dissertationen aus der Studienzeit, die mathematisch-astronomischen Kenntnisse, die er, nachher, kaum nach Graz gekommen, in seinem ersten Werke „Vorhalle 2c." entfaltete, lassen gar keinen Zweifel zu, daß er sich zu Tübingen auf das eingehendste mit Mathematik und Astronomie beschäftigte. Insbesondere erwirbt man sich nicht rasch jene Detailkenntnisse der Geometrie der Alten, die wir hier finden, denn von dieser wird ewig der bekannte Ausspruch des griechischen Mathematikers gelten: Es gibt keinen königlichen Weg in der Geometrie. Wir kommen auf diesen Punkt bald nochmals zurück, indem wir glauben eine oft citirte Stelle Kepler's, die sich auf seine Berufung nach Graz bezieht, in anderer Weise, als es gewöhnlich bis jetzt geschah, betrachten zu müssen. Wer mit Kepler's Werken vertraut ist, der weiß, daß das Geheimniß seiner wunderbaren Erfolge in einer vielleicht in der Geschichte der Menschheit nie wiederholten Vereinigung der lebhaftesten poetischen Phantasie mit der klarsten mathematischen Anschauung und dem regsten Interesse für den ursachlichen, schulmäßig gesagt: für den physikalischen Zusammenhang der Erscheinungen beruht. Wir dürfen also auch nicht darüber staunen, daß trotz der eben betonten mathematisch-astronomischen Studien doch eine dramatische Aufführung, welche die Tübinger Stipendiaten 1591 veranstalteten, und bei welcher Kepler mitwirkte, ihn nach seiner eigenen Erzählung in eine lebhafte körperliche und geistige Aufregung versetzte*). Längst war es als eines der Hauptübungsmittel zur Erreichung des damals vor Allem angestrebten pädagogischen Zieles, nämlich des flüssigen Lateinredens, betrachtet und daher auch eingeführt worden, Comödien des Terenz oder Plautus von den Schülern, sei es auf der Universität oder sogar auch im Gymnasium, aufführen zu lassen. Der bekannte Straßburger Rektor Sturm ließ in Erinnerung daran, wie viel es ihm genützt, daß er als 13jähriger Schüler zu Lüttich im Terenzischen Phormio den Geta dargestellt, von den obersten Klassen sämmtliche Comödien der beiden römischen Dichter spielen. Keine Woche sollte ohne eine solche Aufführung vergehen. Frischlin, der ein Poet war, begnügte sich aber

---

*) Frisch, I. p. 310.

nicht mit den schon vorhandenen klassischen Stücken, sondern machte neue, die er mit seinen Schülern aufführte. War er in seiner Vorlesung, erzählt Strauß in seinem Nicodemus Frischlin, mit einem Buche der Aeneis fertig, so wurde es in die dramatische Form gebracht, in dieser Gestalt von dem Lehrer vor= gelesen, von den Schülern auswendig gelernt und zuletzt aufgeführt. So sind die beiden Tragödien: Venus aus dem ersten und Dido aus dem vierten Buche der Aeneis, entstanden, und ebenso entstand später aus dem ersten Buche von Cäsars gallischem Kriege die Comödie Helvetiogermani. Da nun Frischlin zu Tübingen lehrte, so rief er dort einen besonders regen Eifer für drama= tische Aufführungen wach, der seine eigene Lehrthätigkeit auf der Universität weitaus überdauerte. Sie blieben jedoch nicht auf den Lehrzweck beschränkt, sondern wie die dramatischen Aufführungen der Gymnasiasten zu Straßburg und Ulm, so waren auch die der Tübinger Studenten und Stipendiaten zugleich eine Unterhaltung für das ganze gebildete Publikum jener Orte und Gegenden. Bezüglich der Stoffe band man sich jedoch keineswegs an klassische, sondern entlehnte dieselben mit Vorliebe der heiligen Schrift. Schon im Mittelalter hatte die Kirche ihre Feste durch dramatische Darstellungen der Passion und anderer biblischer Geschichten zu verherrlichen gesucht. Beim Wiederaufleben des klassischen Alterthums suchte man nun die üblichen biblischen Stoffe in die Form des Terenz und Plautus zu bringen, welchen letzteren man Phraseologie und scenische Anordnung entnimmt. Solche Stücke schrieb auch Frischlin. Er verfaßte eine Rebekka, eine Susanna. Er entwarf eine Trilogie Joseph, wo, als charakteristisches Beispiel sei es angeführt, der zweite Theil „Joseph und seine Brüder" die Adelphi des Terenz imitiren sollte. 1586 wurde zu Tü= bingen in der neuen Aula der Universität eine Comödie Tobias von einem Magister Johann Mentha gegeben. Den klassischen und biblischen Rahmen zugleich durchbrach aber die von uns schon flüchtig erwähnte Faustcomödie. Sie wurde 1587 von zwei Tübinger Studenten verfaßt, welche dafür ins Carcer geworfen wurden *). Nach Klüpfel wurde sie 1588 von Tübinger Studenten aufgeführt. Dies erregte nun so großes Aufsehen und Bedenken, daß ein Visitationsreseß die ernstlichste Mißbilligung darüber aussprach. Man scheint in der Sache eine Art Ketzerei und Teufelsspuk gesehen zu haben. Dafür wurden aber jene dramatischen Aufführungen, welche biblische oder klassische Stoffe zu ihrem Gegenstande hatten, von Seite der Universitätsbehörde nicht nur nicht gehindert, sondern sogar befördert. Unter Anderem ersieht man dies aus einem Erlaß an den Prokurator Stipendii vom 25. Februar 1590 **), dem zufolge dieser 6 Gulden den Stipendiaten zustellen sollte, „welche unterthänig gebeten haben, ihnen zu den Comödien und Tragödien, so sie bisweilen exercitii et recreationis gratia agirn und hallten und darzu allerhandt Vestes ***) be=

---

*) Siehe Mohl, Gesch. Nachweisungen über die Sitten und das Betragen der Tü= binger Studirenden während des 16. Jahrhunderts. Tübingen, 1840. Seite 39.
**) Dieser Erlaß befindet sich noch im Stiftsarchiv.
***) Kleider.

dürffen, gnedige hilff und befürdberung zu thun, damit sie selbige erkhauffen und bekhommen könnten". Der Prokurator wird zugleich angewiesen, „solche Kleider und Zugehörung ins Stipendii verwarung zu nemen und uffzuheben, und den Stipendiariis wann sie's bedürfftig, allwegen herausgeben und verfolgen zu lassen". Schon im nächsten Jahre fand sich hiezu Gelegenheit. Am 17. Februar 1591 spielten die Stipendiaten auf dem Markte zu Tübingen eine lateinische Tragödie von der Enthauptung Johannes des Täufers; wobei nach Crusius' Angabe die Vornehmsten der Universität und der Stadt und eine unzählige Menge anderer Leute zusah. Auf diese Aufführung haben wir wohl auch Kepler's eigene, oben erwähnte Angabe seiner Mitwirkung zu beziehen. Er gab die Marianne*). Es wurden nämlich bei diesen Aufführungen auch die weiblichen Personen von Studenten gegeben. Wer konnte aber zu einer Frauenrolle geeigneter sein, als der überaus zarte, damals erst neunzehnjährige Kepler. Er war von kleiner, hagerer und schwacher Gestalt. Und damals mochten auf seinen Lippen und seinem Kinn kaum die ersten Fläumchen sprossen. Auch im nächsten Jahre, 1592, veranstalteten die Stipendiaten eine ähnliche dramatische Aufführung auf dem Markte. Sie spielten diesmal eine „Susanna", aber wohl auf des unversöhnlichen Crusius' Betreiben nicht die bis heute erhaltene von Nikodemus Frischlin**), sondern eine gleichnamige Comödie von Xistus Bürk (Betulejus). Wahrscheinlich wirkte Kepler auch hier wieder mit. Doch fehlt uns darüber eine direkte Mittheilung. Seines Antheils an der früheren Aufführung erwähnt Kepler ja auch nur, weil er der körperlichen und geistigen Aufregung Schuld an einem Krankheitsanfalle gibt, der ihn bald darauf ergriff.

Wären wir Chronisten und nicht Biographen, so hätten wir überhaupt beinahe in jedem Jahre Fieber= und andere Krankheitsanfälle Kepler's zu registriren. So auch 1590 und 1591***). Ferner hätten wir wieder von mancherlei Unglück in seiner Familie zu erzählen; ein Bruder starb ihm, ein anderer schwebte in Lebensgefahr†). Doch all' dies bietet uns nur das eine Interesse, unsere Bewunderung zu erhöhen, wenn wir sehen, daß Kepler trotz so vieler störender Verhältnisse mit unermüdlichem Eifer den Wissenschaften oblag und in ihnen Trost und Beruhigung fand.

Was das Verhältniß zu seinen Collegen betrifft, so hatte er wieder mit einigen derselben überaus heftige Streitigkeiten und stürmische Auftritte, wobei

---

*) Frisch, I., p. 310.

**) Als einige Jahre später in dem unterdeß eröffneten Collegium illustre eine Frischlinische Comödie gespielt werden sollte, stand Crusius mitten aus der Versammlung auf und ging weg, mit der Aeußerung, daß er diese Dichtung des Dichters wegen hasse und nicht sehen wolle (Strauß, Frischlin, S. 563).

***) Frisch, I., p. 310. Hanschius, vita X.

†) Von 6 Geschwistern Kepler's sind drei zu Leonberg geborene Brüder in der Jugend gestorben, nämlich: Sebald, get. 20. Mai 1577; Johann Friedrich, get. 24. Juni 1579; Bernhard, get. 13. Juli 1589.   G.

sich Kepler nicht ganz schuldlos fühlte. Lassen wir ihn selbst sprechen*): „Kleber**) haßte mich, weil er mich fälschlich im Verdacht einer Nebenbuhler= schaft hatte, während er mich von Anfang an sehr lieb gehabt. Dazu kam dann noch mein loses Maul und sein mürrisches Wesen, weßhalb er oft auf mich losstürzte, mir Ohrfeigen zu geben. Zwischen Dauber***) und mir bestund ein geheimer Neid und Wettstreit, der auf beiden Seiten so ziemlich gleich war. Lorhardt†) stand in keiner Berührung mit mir. Ich wünschte es ihm zuvor zu thun, doch wußte davon weder er noch ein anderer. Erst als Dauber, den er sehr lieb hatte, hinter mich zurück versetzt wurde, fing Lorhard an mich zu hassen, und schadete mir, denn er war der Obere".

Nach zweijähriger Vorbereitung sollten sämmtliche Stipendiaten die Ma= gisterwürde erwerben; wer dieß nicht im Stande war, der mußte sich mit dem so= genannten „Hansetische" d. i. dem Tische für Juristen, Mediciner und nicht im Stipendium befindliche Theologen begnügen und verlor seine bisherige Lokation innerhalb der Stiftler. Die vier tüchtigsten der Promotion dagegen sollten die Würde eines Doctors der Theologie zu erlangen streben. Nun: unserem Kepler wurde in der That, wie nicht anders zu erwarten war, am 11. August 1591 das runde veilchenblaue Barett des Magisters überreicht, und innerhalb der 15 Genossen seiner Promotion ward ihm der zweite Platz zu Theil, nachdem er bei der Lokation Tags zuvor unter 14 ebenfalls der zweite geworden war††). Den ersten Platz als Magister erhielt Johann Hippolyt Brenz†††), ein Enkel des Reformators Brenz und ein Sohn des Dr. Johann Brenz des Jüngeren*†),

---

*) Frisch, V., p. 482 ff.

**) Michael Kleber von Grötzingen; 1591 Febr. Magister; 1596—1599 Pfarrer in Mönchweiler; bis 1605 in Mößingen; bis 1611 in Endingen. G.

***) Nicht Dauber, sondern Tauber, Tobias von Jllingen; 1591 August Magister; 1596—1600 Diaconus in Herrenberg. G.

†) Jakob Lorhard von Münsingen; 1590 Magister, als erster in seiner Promotion; von da an bis 1593 Repetent am Stift. G.

††) Frisch, I., p. 311. — Sammlung aller Magister=Promotionen in Tübingen. Stutt= gart, 1756. — Hanschius, Vita X.

†††) Geboren zu Tübingen 13. Dezember 1572. Seine erste Anstellung erhielt er 1596 als Diaconus in Markgröningen. Von 1597—1605 war er Stifts=Diaconus in Stuttgart; 1606 Prediger und 1607 Dekan in Schwäb. Hall; ebenso 1613 in Herrenberg; 1614—16 in Sulz und wurde dann von Joachim Ernst, Markgraf zu Brandenburg, Herzog in Preußen, zum Stiftsprediger ernannt. Durch seine ungebundenen Kanzelreden zog er sich viele Feinde zu und verlor einige Mal seine Stellen, so in Stuttgart 1605, in Hall 1613, wegen seiner Rede über die „Suppen=Prediger"; in Freudenstadt 1614. Ueber seine Zurückversetzung wegen der hier gehaltenen Predigt schreibt er selbst, „worauf die Sonn aus unbewußten Ursachen getrauert und einen blutigen Schein von ihr gab". — Er starb 1630 in Ansbach. G.

*†) Von erster Ehe; geb. zu Hall am 6. Aug. 1539. Dort besuchte er die Schule; bei der Verfolgung seines Vaters in Hall durch spanische Truppen im Jahr 1548 wurde aber auch auf ihn — den 9jährigen Knaben — gefahndet, und es flüchtete ihn ein Freund seines Vaters und hielt ihn ein Jahr lang in sicherem Versteck. Später erhielt er in Urach Unterricht, studirte schon im 13. Jahre in Tübingen, nahm 1558 als Magister den ersten Platz ein und erhielt im 23. Jahre die Doktor=Würde und Professur der Theologie. 1591

ber zur Zeit der Promotion Profeſſor zu Tübingen und zweiter Superintenbent
im Stifte war. Der nächſte nach Kepler war ein Klagenfurter Namens Andreas
Amptmann*). Erſter Superintendent war der Schwager von Dr. Johann
Brenz: Stephan Gerlach**), und Dekan: der mit beiden verwandte Magiſter Erhard Cellius***).

In welch' hohem Maße ſich Kepler während jener erſten zwei Jahre,
die er in Tübingen ſtudirte, die Achtung und das Wohlwollen ſeiner Lehrer zu
erwerben wußte, welche günſtige Meinung dieſelben von ſeinem Talente hegten,
dies ſpricht ſich am deutlichſten in einer Zuſchrift aus, die der akademiſche Senat
zu Tübingen am 4. November 1591 an den Bürgermeiſter und Rath der Stadt
Weil richtete†). Dieſer hatte in ſeinem Schreiben einen gewiſſen Hörnlein für
das von ihm als erledigt betrachtete Ruoff'ſche Stipendium präſentirt. Hörnlein
war der Sohn des Pfarrers zu Weiſſach, welches eines der zwei vom Stifter
bevorzugten Orte war. Aber nach einer ausdrücklichen Beſtimmung des Fun-
dationsbriefes konnte der Genuß des Stipendiums dem Bedachten „uß ſeiner
Geſchicklichkeit", alſo wegen ſeiner Tüchtigkeit, auch nach Erlangung der Magiſterwürde belaſſen werden, wenn die Univerſität und Weilberſtadt es wollten. Hierauf nahm nun in ſeinem Schreiben der akademiſche Senat Bezug. Nachdem er zu-
erſt verſichert, im Allgemeinen gerne „freundliche Willfahr zu erzeigen", fährt
er fort: „Jedoch weil obgemeldeter Kepler, ſo erſt neulich zum Magiſter promovirt worden, dermaßen eines vortrefflichen und herrlichen Ingenii,
daß ſeinethalben etwas Abſonderliches zu hoffen, er auch bei uns
angehalten, ihm zu beſſerer Fortſetzung ſeiner wohlangefangenen Studien ſolches

<hr />

wurde er zum Abt in Hirſchau ernannt und ſtarb dort am 29. Januar 1596. Seine Zeit-
genoſſen rühmen ihn als einen hoch gebildeten, vortrefflichen, ſehr gaſtfreundlichen Mann.
Das katholiſche Weilerſtadt betheiligte ſich durch eine Deputation bei ſeinem Begräbniß. —
In Bulach hatte er ſich am 4. Novbr. 1563 mit Barbara, Stieftochter des Profeſſors Hailand in Tübingen, vermählt. G.

*) Die weiteren Mitgenoſſen Kepler's in der Magiſterwürde waren: Johannes
Horn (Cellius) von Onolzheim; Heinrich Dettelbach von Schwandorf; Tobias Tauber von
Jllingen; Friedrich Lindenfels von Urach; David Kraft von Baihingen; Conrad Haſelmaier
von Cannſtadt; Georg Conrabi von Mainhardt; Joſeph Dürr von Wien; Baltas Elen-
heinz von Böblingen; Bernhard Reher von Gmünd; Jakob Bernhauſer von Stuttgart;
Georg Belſer von Ulm. G.

**) Von Knittlingen; geb. 26. Dezember 1546. Sohn eines Bürgers dort, der zur
Sekte der Wiedertäufer hielt und, deßhalb vertrieben, nach Mähren zog. Er beſuchte die
Schule in Möckmühl, das Pädagogium in Stuttgart; ſtudirte in Maulbronn 1563, in Tübingen 1565; wurde 1567 Magiſter und machte im gleichen Jahre die erſte, und 1573 die
zweite Reiſe nach Conſtantinopel, wo er ſich bis 1578 aufhielt. Alsdann nach Tübingen
zurückgekehrt, wurde er ſogleich zum Doktor und 1579 zum Profeſſor der Theologie ernannt;
1580 Dekan an der Stiftskirche und 1587 am Stift; 1598 Vicekanzler und Probſt. Er
lehrte bis zu ſeinem am 30. Januar 1612 erfolgten Tode. Vermählt war er ſeit 24. Nov.
1579 mit Brigitta, Stieftochter des Profeſſors Hailand. G.

***) Oben Seite 86 näher erwähnt.

†) Beilage XVI.

Stipendium länger angedeihen zu laffen und ferner die Ordination (der Fun=
dationsbrief nämlich) gemeldeten Stipendii ausdrücklich verfügt, daß dergleichen
Ingenia dispensirt und ihnen ihr Stipendium prorogirt werden möge; auch uns
unbekannt ist, wie sich obberührter Hörnlin, in Ansehung er noch nicht lange
allhier gewesen, anlaffen möchte: wollten wir unsres Theils dem Kepler auf
sein bittlich Anhalten das Stipendium auch gerne seiner Doktrin und Geschick=
lichkeit halber länger erstrecken." In der einwilligenden Antwort des Bürger=
meisters und Rathes der Stadt Weil vom 17. Dezember 1591*) finden wir
die schönen Worte: „Wir hören zuvörderst mit besonderen Freuden und gern,
daß der erwähnte junge Kepler sein vortreffliches und herrliches Ingenium also
wohl und rühmlich anlegen thut, daß seinethalben etwas absonderliches
zu verhoffen ist, dazu wir ihm denn von Gott dem Allmächtigen Glück, Heil
und alle Wohlfahrt wünschen". Und so ist Weil nicht nur Kepler's Vater=
stadt, sondern sie, die ihn in der Jugend schon unterstützte und an seinem Ta=
lente solchen Antheil nahm, die sich jetzt nach Jahrhunderten mit allen Kräften
für sein Monument in ihren Mauern bemüht, sie verdient es auch zu sein.

Wie kam es nun aber, daß Kepler, welcher als junger Magister artium
solche Anerkennung des akademischen Senats fand, später um eine Anstellung zu
finden, sein Vaterland verlaffen mußte? Um dieß zu begreifen, müssen wir
Kepler aus der neutralen Artistenfakultät in die theologische, die in jener
Zeit den Namen „die streitende" verdiente, begleiten. An dieser mußte er
den Stiftseinrichtungen gemäß nach erlangter Magisterwürde die nächsten
drei Jahre Theologie studiren. Dr. Jakob Andreä**) hatte in derselben

---

*) Beilage XVII.

**) Das am 25. März 1528 geborne älteste von 6 Kindern des Jakob Endres und
der Anna Weißkopf. Sein Vater diente als Kriegsmann in Böhmen, Ungarn, Frankreich
und Spanien, und ließ sich 1527 als Schmid in Waiblingen nieder. Der Sohn wurde zum
Mechaniker bestimmt, und daher erwuchsen ihm die Namen „Schmidlin", „Schreinerle".
„Fabricius". Auf Andringen des schon erwähnten Erhard Schnepf, der den Beruf des
talentvollen Knaben zum Gelehrten erkannte, kam er jedoch in die Schule des früheren
Predigermönchs Alex. Marcoleon in Stuttgart, und schon im 13. Jahre (1541) in's Stift
nach Tübingen. 1545 wurde er Magister; 1546 Diaconus in Stuttgart, wo ihn Herzog
Ulrich äußerst gerne predigen hörte; 1549 Diaconus in Tübingen; 1553 Doktor der Theo=
logie; Dekan in Göppingen, dann bis 1562 Generalsuperintendent in Adelberg; von da an
bis zu seinem am 7. Januar 1590 erfolgten Tode Professor der Theologie, dann Probst
und zuletzt Kanzler in Tübingen. Er wurde 1556 von Markgraf Carl zur Reformation
Badens berufen; 1561 von Herzog Christoph von Württemberg zu Religionsbesprechungen
nach Paris gesandt; 1568 von Herzog Julius mit der Reformation Braunschweigs betraut;
1573 von der Reichsstadt Memmingen wegen eines Abendmahlstreits zu Rathe gezogen;
1575 reformirte er die Kirche in Aalen; bekämpfte 1576 — von Churfürst August veranlaßt —
den Calvinismus in Sachsen, und kam von da an den kaiserlichen Hof in Prag. Hier
ermunterte ihn der den Lutheranern so sehr geneigte Kaiser Maximilian II. in seinen Mühen
um die Concordienformel mit den Worten: „O Doktor Jakob, wie habt Ihr so viele Wider=
sacher. Aber fahret in negotio concordiae beständig fort." — 1578 kam er wieder nach
Sachsen; 1586 zur Disputation nach Mömpelgard; 1588 nach Regensburg, Worms; 1589
zum Colloquium in Baden u. s. f. Von dem kriegerischen Sinn seines Vaters schien viel

die zumeist*) von ihm verfaßte Concordienformel 1579 zur unumschränkten Geltung gebracht. Sie wurde die Grundlage einer starren und strengen Orthodoxie,
welche in ganz Württemberg solche Macht erlangte, daß man, wie Klüpfel anführt,
Württemberg mit dem Namen des lutherischen Spaniens bezeichnete. Unsere Leser
haben ja schon im Schicksale Philipp Appians ein bezeichnendes Beispiel dieser
Zustände erhalten. Zwar war Jakob Andreä 1590, also bevor Kepler noch
theologische Collegien besuchte, als Kanzler der Universität gestorben. Aber der
von ihm der Universität und insbesondere der theologischen Fakultät aufgeprägte
fanatische, religiös-unduldsame Geist, der starr und unverbrüchlich an dem Wort-
laut der Concordienformel festhielt, so daß Katholiken nicht fester an den Aussprüchen des unfehlbaren Papstes hängen konnten, behauptete noch lange, lange
nach seinem Tode die Herrschaft. Dr. Jakob Heerbrand**) welcher ihm als Kanzler folgte, war nicht minder als er selbst ein eifriger erprobter Vorkämpfer der durch
die Concordienformel normirten lutherischen Orthodoxie. Er hatte ein beliebtes
Lehrbuch der Dogmatik geschrieben, nach welchem an den meisten protestantischen
Universitäten Deutschlands gelesen wurde. Ein anderer eifriger Polemiker war
der Professor Johann Georg Siegwart***). Derselbe bekämpfte den Heidel-

---

auf ihn gekommen zu sein, denn neben all' seinen Vorzügen und seiner großen Frömmigkeit
erfüllte ihn — besonders gegen Andersdenkende — ungemeine Streitsucht und Heftigkeit, die
häufig einen gehässigen Charakter annahm. Seine erste Frau — seit 1546 — Anna Ent-
ringer († Juli 1583) gebar ihm 18 Kinder; seine zweite Frau (cop. 26. Januar 1585,
† 16. Septbr. 1591) war eine Wittwe Regine Schacher von München.   **G.**

    *) Die andern Mitverfasser waren: Chemnitz; Selneccer; Chytraeus; Musculus;
Cornerus. Die Concordienformel wurde von 3 Churfürsten, 21 Fürsten, 22 Grafen, 4 Ba-
ronen, 35 Reichsstädten und 8000 Predigern unterzeichnet.   **G.**

    **) Geboren zu Giengen a. d. Brenz, 12. August 1521, † 22. Mai 1600: Sohn eines
tüchtigen Musikers und Rechnungslehrers Andreas Heerbrand und der Maria Barbara
Martini; las schon als 7jähriger Knabe die in Leyden gedruckte Bibel; besuchte 1536 das
Gymnasium in Ulm, studirte — um Luther und Melanchthon zu hören — 1538 in Wittenberg, wo er seines übergroßen Fleißes wegen „die schwäbische Nachteule" genannt wurde;
erhielt daselbst 1540 die Magisterwürde, ertheilte dann Privatunterricht, um seine armen
Aeltern unterstützen zu können; kam 1542 nach Tübingen; und 1544 auf das Oberdiaconat
allda. Von 1550—56 fungirte er als Prediger und Dekan in Herrenberg, Dornstetten,
Dornhan, Hornberg und Sct. Georgen, wurde 1557 Doktor und Professor der Theologie
in Tübingen, war von 1561—1590 Stiftsdekan, dann mehrjähriger Rektor der Universität
und von 1591—98 Probst und Kanzler. Im Jahre 1552 wohnte er dem Concil in Trient
bei, wurde mit Jak. Andreä 1556 von Markgraf Carl zur Reformirung Badens berufen
und wohnte ein Jahr in Pforzheim. Sehr vortheilhafte Anträge von Jena und Marburg
schlug er aus, um sich dem Vaterland zu erhalten. Großen Ruhm brachte ihm sein theolog.
Compendium, das von Crusius in's Griechische übersetzt, von den Griechen in der Türkei
sehr eifrig gelesen ward. Er machte auch Reisen nach Constantinopel und Alexandria. Seine
ihm im Februar 1547 angetraute Frau war Margaretha Stammler, mit welcher er 11
Kinder erzeugte.   **G.**

    ***) Sein Vater Michael Siegwart war Bürgermeister in Winnenden, seine Mutter
eine geborne Grüninger. Er selbst wurde dort am 16. Oktober 1554 geboren und geschult,
kam dann in die Klöster Lorch 1571, Adelberg 1574, nach Tübingen 1576; magistrirte 1578,
wurde Repetent 1579, Diaconus 1584, Stadtpfarrer und Professor der Theologie 1587.

berger Calvinisten Pareus, der eine Bibelübersetzung im calvinistischen Sinne herausgegeben hatte, in einer sehr heftigen Streitschrift. Der schon oben genannte Stephan Gerlach, zugleich Professor an der theologischen Facultät und erster Superintendent des Stifts (das letztere von 1590 bis 1612) ließ es auch an polemischer Schärfe in seinen Streitschriften gegen den Mainzer Jesuiten Busäus und den Calvinisten Donäus nicht fehlen. Er hatte aber einen weiteren Gesichtskreis, wie die meisten seiner Collegen. Er war in seiner Jugend mit dem kaiserlichen Gesandten Freiherrn von Ungnad*) nach Constantinopel gekommen, und knüpfte daselbst mit dem Patriarchen und anderen gelehrten Häuptern der griechischen Kirche Verbindungen an, die er alsbald zu Bekehrungsversuchen benützte. Er machte sie mit der augsburgischen Confession und Heerbrands Dogmatik näher bekannt, und hielt mit ihnen förmliche Disputationen. In der besten Hoffnung, die Griechen zum Lutherthum zu bekehren, begab er sich nach Tübingen zurück, wo er Professor der Theologie wurde. Als aber nach einigen Jahren die Griechen die Verhandlungen mit ihm und seinen Tübinger Collegen abbrachen, so entspann sich ein ärgerlicher Streit mit den Katholiken, die den Tübingern zudringliche Proselytenmacherei vorwarfen. Gerlach rechtfertigte sich öffentlich. Er liebte es, bei Tische den Stiftlern von seinem Aufenthalte in Constantinopel zu erzählen. Gegen Kepler war er von sehr wohlwollender Gesinnung. Dies ersehen wir namentlich aus einem Brief, den Kepler als junger Grazer Professor an Gerlach richtete, und auf welchen wir bei Besprechung der astrologischen Ansichten Kepler's zurückkommen werden. In diesem Briefe spricht nun Kepler seinen Dank für die väterliche Gesinnung aus, die ihm Jener durch ein Geldbarlehen bewiesen habe, und für die gefällige Förderung, die ihm, verlassen von seiner Familie, durch Gerlach und andere Tübinger Lehrer zu Theil geworden sei. Noch inniger war Kepler's Beziehung zum jüngsten Lehrer der theologischen Facultät, zum neu angestellten Professor Mathias Hafenreffer**). Bald nachdem Kepler in die theologische

---

Doktor 1589, Dekan des Stifts 1599, Amtsdekan in dem nahen Lustnau 1602—10 und wieder Stiftsdekan bis 1618, in welchem Jahre er am 5. Oktober starb, nachdem er auch 4mal das Rektorat der Universität bekleidet hatte. Durch eine Predigt in Poltringen führte er die ganze Gemeinde der Reformation zu. Bei äußerst schwacher Constitution und vielem körperlichem Leiden entwickelte er eine ungemeine Thätigkeit und Geistesfrische. In Schrift und Wort bekämpfte er am heftigsten die Jesuiten; aber auch gegen die Reformirten trat er sehr feindselig auf.   G.

*) Eine nahe Verwandte desselben, die Freifrau von Starhemberg zu Efferding, geborne Ungnad von Sonnegg, war die Pflegemutter von Kepler's zweiter Frau, von der betreffenden Orts die Rede sein wird.

**) Aus Lorch; geboren 24. Juni 1561, † zu Tübingen 22. Oktober 1619. Sohn des dortigen Kloster-Vorstehers gleichen Namens und der Marie Heinrichmann. Er studirte in den Klosterschulen Lorch 1573, Sct. Georg 1575, Hirschau 1578, im Stift in Tübingen 1579; ward Magister 1581; Repetent in Tübingen 1583; Diaconus in Herrenberg 1586; Pfarrer in Ehningen bei Böblingen 1588; Hofprediger und Consistorialrath in Stuttgart 1589; von 1592 an war er Prof. der Theologie in Tübingen; zugleich Dekan im Stift bis 1612. Dekan, dann Probst an der Stiftskirche bis 1619, und von 1617 an Kanzler der Universität.

Fakultät eingetreten war, wurde Hafenreffer zweiter Superintendent des Stiftes, indem er in diesem Amt seinem Schwager dem Doktor Johannes Brenz, der Abt zu Hirschau wurde, nachfolgte. Zwar hielt er sich strenge an die orthodoxen Lehrmeinungen, zeichnete sich aber in jener Zeit unduldsamer Kampflust durch eine ungemeine Milde der Gesinnung aus. Den im Stift Studirenden kam er mit väterlicher Zärtlichkeit entgegen. Und so schloß sich der eblere selbstdenkende Theil derselben, den das theologische Gezänke ermüdete, an ihn an. Unter diesem befand sich auch Kepler, und während seines späteren Aufenthaltes zu Graz und zu Prag stand er mit Hafenreffer in freundschaftlichem Briefwechsel. Darin nennt sich der frühere Lehrer Kepler's in der Theologie — seinen Schüler in der Mathematik. Hierauf antwortet Kepler: „Es scheine ihm hier das Gegentheil, wie bei den sichtbaren Dingen zu geschehen. Diese würden durch die Entfernung verkleinert, hier aber habe, wohl durch die Wolke der Liebe, eine Vergrößerung stattgefunden". Im Jahre 1613 veröffentlichte Hafenreffer eine Schrift: Templum Ezechielis, die von seinen mathematischen Kenntnissen Zeugniß gab. Kepler lobte sie sehr, und hob, als ihn in Staunen versetzend hervor, daß sich eine Annäherung an die Quadratur des Cirkels im Verhältnisse der Linien des Tempels finde. Höchst bezeichnend ist es, daß Hafenreffer in einem der Briefe an Kepler den Rath ertheilt, er möge nichts veröffentlichen, worin er die Uebereinstimmung der Bibel mit den astronomischen Ansichten des Copernikus nachzuweisen suche. Er warnt ihn davor auf das eindringlichste. Er solle, meint er, die astronomischen Behauptungen als Hypothesen veröffentlichen, und dabei jede Erwähnung der Bibel vermeiden. Wie viel besser kannte doch Hafenreffer, der mit der Sanftmuth der Taube auch Einiges von der Klugheit der Schlange vereinigt zu haben scheint, seine Standesgenossen, als Kepler oder Galilei! Weit mehr als den Widerspruch selbst scheuen sie dessen Bekanntwerden in weiteren Kreisen, wie es durch den Versuch seiner Lösung statthat.

Doch kehren wir zu Kepler's Studium an der theologischen Facultät zu Tübingen zurück*). Wenn auch Hafenreffer eine Ausnahme bildete, im

---

Mit der Tiefe seiner Gelehrsamkeit, seiner großen Frömmigkeit und Mäßigung wetteiferte sein vortrefflicher Charakter, seine Uneigennützigkeit und die Wärme seines Gemüths. Lansius nennt ihn das Nachbild eines Titus; er ward der Vater der Studirenden in des Wortes vollster Bedeutung. Seine theologischen Lehrsätze wurden auch außerhalb Württembergs, namentlich in Schweden, eingeführt, in Stockholm zweimal gedruckt und 1672 von der württembg. Prinzessin Anna Johanna, Tochter des Herzogs Johann Friedrich, in's Deutsche übersetzt. Er war zweimal verehelicht; zuerst mit der Tochter des Reformators Brenz aus Weilderstadt: Agatha, Wittwe des Pfarrer Thomas Spindler in Linz, die ihm 10 Kinder gebar; dann mit Euphrosine Besserer aus Memmingen, mit welcher er 5 Kinder zeugte. G.

*) Der Vollständigkeit wegen nennen wir noch die weiteren Lehrer, deren Vorlesungen Kepler hörte: M. Caspar Bucher von Kirchschlagen in Oesterreich 1592—1617 für Philosophie, Poesie und Sprachenkunde; M. Georg Burkhard II. von Weissenburg, 1578—1607 für Dialektik, Logik und Metaphysik; M. Wilhelm Dietrich, 1591—94 für Philosophie; M. Samuel Hailand von Basel, 1559—92 für Ethik; M. Bartholomäus Hettler

Allgemeinen herrschte an derselben Unduldsamkeit, und die vorgetragene Wissenschaft war, um es mit Einem Worte auszusprechen, lutherische Scholastik. Kepler aber, der von jeder Sache das innere Wesen erfaßte, war durch und durch erfüllt von dem ursprünglichen Gedanken des Protestantismus, daß das einzig Maßgebende das Wort der heiligen Schrift sei. Er hielt Jeden für berechtigt, die vorgetragenen Auslegungen derselben zu prüfen, und nach bester Ueberzeugung sich eigene zu bilden. Zu verwundern wäre es gewesen, wenn ein Denker wie Kepler hierbei in Allem und Jedem strikte zu den Resultaten der Concordienformel gelangt wäre. Allerdings kam er ebensowenig zu den Glaubenslehren der Calvinisten oder Katholiken. „Ich ehre" sagt er „in allen drei Religionsbekenntnissen das, was ich mit dem Worte Gottes übereinstimmend finde, protestire aber ebensowohl gegen neue Lehren als gegen alte Ketzereien". Dadurch hatte er aber in jenen Zeiten der Unduldsamkeit den sichern Weg eingeschlagen, um von allen Religionspartheien nicht nur gehaßt, sondern auch verfolgt zu werden. Wir werden dieß leider in seinem Leben bewahrheitet finden. Und auch schon in seiner Studienzeit scheint genug von seinen Gesinnungen bekannt geworden zu sein, um ihm die weitere Laufbahn in Württemberg zu erschweren. Man rühmte seine theologischen Kenntnisse, seine rednerischen Talente, aber zu einem Kirchenamte wollte man ihn nicht recht tauglich finden!

Und darüber sollen wir staunen? Wurde doch die Forderung strenger Rechtgläubigkeit nach der Concordienformel nicht nur an Theologen, sondern an alle Professoren, ja sogar an Studenten der Tübinger Universität gestellt. Ein Visitationsrezeß von 1584 rügt, es seien viele fremde Studenten zu Tübingen, welche die calvinische Lehre öffentlich und heimlich verfechten, man solle auf solche ein wachsames Auge haben, gegen die Irrenden die gebührenden Mittel correctionis gebrauchen, die aber, so halsstarrig und unheilbar erfunden werden, relegiren, da der Herzog nicht gemeint sei, Calvinismus und andere schädliche Irrthümer auf der Universität zu dulden.

Noch hatte Kepler nicht das dritte Jahr seiner theologischen Studien vollendet, da erledigte sich die Mathematik=Professur am ständisch=protestantischen Gymnasium in Graz durch den Tod von Georg Stadius. Die damaligen protestantischen Gemeinden in Steiermark sowohl als in Krain, Kärnthen und Oberösterreich waren in regem Verkehr mit Tübingen. Sie pflegten sich bei

---

von Haslach, 1574—1600 für Philosophie; der blinde Dr. Georg Hitzler von Giengen, bis 1591 für Rhetorik, Griech. Sprache; M. Georg Liebler, 1548—96 für Physik; Dr. Andreas Osiander von Blaubeuren, für Theologie; Dr. Andreas Planer von Bozen, dessen Analytik Kepler am besten „gefiel" (Frisch, V., S. 477), von 1578—1607 für diese, Philosophie ꝛc.; M. Erhardt Uranius von Gerstetten, bis 1596 für Geschichte ꝛc.; M. Heinrich Welling von Tübingen, 1588—1620 für Philosophie. In der Musik, die Kepler so sehr liebte und pflegte, erhielt er Unterricht von den Repetenten M. Samuel Magirus und M. Erasmus Grüninger, welch letzterer in seiner späteren allmächtigen Stellung als Probst von Württemberg (1619) unserem Kepler im Abendmahlstreit so bös mitspielte. (S. III. Buch.)   G.

erledigten Lehr- und Kirchenämtern dahin zu wenden. Hier vereinigte sich nun Feind und Freund, Kepler die frei gewordene Stelle zu verschaffen. Diejenigen denen seine Orthodoxie nicht verläßlich genug war, sahen es gerne, daß er außer Landes und zu einem nicht theologischen Amte berufen werden sollte. Wir wollen nicht untersuchen, ob bei Manchen auch jene Empfindung thätig war, welche sich so häufig gegen ein Talent bei seiner heimathlichen Umgebung regt und welche Chamfort in den drastischen Worten ausdrückt„ er soll nur fort" (qu'il aille ailleurs). Von diesem Gefühle getrieben, stellte ja auch derselbe akademische Senat zu Tübingen, dem genialen Frischlin, den er vor- und nachher auf jede Art gemißhandelt hatte, das trefflichste Zeugniß aus, als es sich um dessen Berufung zum Rektor des Laibacher Gymnasiums handelte. Freunde, welche schon merken konnten, daß es mit einem Kirchenamte überhaupt und namentlich in Württemberg bei Kepler seine Schwierigkeiten haben würde, und welche sein großes Talent für Mathematik und Astronomie längst erkannt hatten, mußten eine Gelegenheit willkommen heißen, ihn in solcher Weise durch ein seinen großen wissenschaftlichen Fähigkeiten anpassendes Amt versorgt zu sehen. Mästlin, der väterliche ältere, und Besold, der jüngere Freund, der erstere sein Meister, der letztere sein Schüler in Mathematik und Astronomie begegneten sich gewiß in diesem Gefühle. Im Januar 1594 schlug man Kepler die Stelle vor; er nahm sie an, und schon im Februar war er erwählt*). Da jeder in der Klosterschule und im Tübinger Stift Erzogene zum württembergischen Kirchendienste verpflichtet war, so mußte er sich bittweise um Entlassung an den Herzog wenden. Sein Gesuch wurde vom Superintendenten Gerlach unterstützt, und unter Bezugnahme auf ein Schreiben des evangelischen Predigers und Superintendenten zu Graz, Dr. Wilhelm Zimmermann, schon am 5. März bewilligt**). So eilig ging es mit seiner Entlassung zu! Nachdem er vorher noch einmal die Seinen besucht hatte, reiste er am 13. März 1594 nach Graz ab ***). Ein Verwandter gab ihm das Geleite.

Ueber seine Annahme der Stelle spricht sich aber Kepler in den Commentarien zur Bewegung des Planeten Mars folgendermaßen aus: „Ein „verborgenes Schicksal treibt den einen Menschen zu diesem, den anderen zu „jenem Beruf, damit sie überzeugt werden, daß sie, ebenso, wie sie einen Theil „der Schöpfung bilden, so auch unter Leitung der göttlichen Vorsehung stehen. „Als ich alt genug war, der Philosophie Süßigkeit zu erkennen, umfaßte ich „die gesammte mit außerordentlicher Begier, ohne mich gerade für Astronomie „speziell zu beeifern. Es war zwar Anlage vorhanden, und ich begriff das „Geometrische und Astronomische, was in der Schule vorkam, mit Leichtigkeit. „Dieß waren aber vorgeschriebene Studien, nichts, was eine übermächtige „Neigung zur Astronomie bewiesen hätte. Auf Kosten des Herzogs von Würt-

---

*) Frisch, v. I., p. 311.
**) Beilage XVIII.
***) Frisch, v. I., p. 311.

„temberg unterhalten, sah ich meine Commilitonen, wenn sie der Fürst, darum
„angegangen, in fremde Länder schickte, aus Liebe zum Vaterlande zögern; da
„beschloß ich bei mir selbst, kaum noch herangereift, weniger weich als Jene
„(vielleicht auch bewogen durch das unglückliche Loos der Eltern), wohin ich auch
„bestimmt würde, auf das bereitwilligste zu gehen. Es bot sich zuerst ein
„astronomisches Amt dar, zu dessen Uebernahme ich — die Wahrheit zu sagen —
„durch das Ansehen meiner Lehrer gleichsam hinausgestoßen ward; nicht durch die
„Entfernung des Ortes geschreckt, welche Furcht ich ja, wie schon gesagt, bei
„Anderen verdammte, sondern durch die unerwartete und verachtete Art des
„Amtes und durch meine geringe Gelehrsamkeit in diesem Theile der Philo=
„sophie. Mehr mit Anlagen als mit Kenntnissen ausgerüstet, ging ich daran,
„unter ausdrücklicher Verwahrung, daß ich meinem Rechte auf eine andere
„Laufbahn, die mir glänzender schien, nicht entsage“.

Es ist dieß eine oft citirte, wohl aber auch eine oft mißverstandene Stelle.
Kepler, seitdem zum großen Astronomen geworden, unterschätzt seine damaligen
Kenntnisse. Seine Dissertationen über den Mond, sein Unterricht an Besold
und Andere, zeigen, daß er schon als Tübinger Stiftler an mathematisch=
astronomischem Wissen hervorragte. Ja sogar den Ruf eines Astrologen hatte
er bereits während seines Aufenthalts im Stifte. Dieß ersehen wir aus einem
Briefe, den ein gewisser Schärer am 27. Januar 1593 *) an ihn richtete, und
worin derselbe sagt: er bemerke, Kepler sei in den astrologischen Studien nicht
wenig bewandert; Zeugen dafür seien nicht nur diejenigen, die ihn näher kennen,
sondern durch von ihm verfaßte Themata beweise er selbst seine Geschicklichkeit.
Und wenn Kepler von einer „verachteten Art des Amtes“ spricht, so dürfen
wir dieß nicht auf die Wissenschaft, sondern nur auf das „Amt“ beziehen. Nicht
lange nach seinem Abgange von Tübingen, in seinem ersten Buche, preist er
astronomische Entdeckungen als „ein Nachdenken der Gedanken Gottes“. Die
Sternkunde ist ihm hier bereits das erhabenste Priesterthum der Natur. Sollte
er sie so kurz vorher „verachtet“ haben? Was aber das „Amt“ selbst betrifft,
so müssen wir hier Verschiedenes ins Auge fassen. Die Artisten=Fakultät, zu
welcher der Professor der Astronomie und Mathematik gehörte, stand in Tü=
bingen nicht wie auf allen andern Universitäten, den übrigen Fakultäten gleich,
sondern war denselben in eigenthümlicher Weise untergeordnet. Nun handelte
es sich aber nicht einmal um eine Stelle an der Artistenfakultät einer Univer=
sität, sondern an einem Gymnasium. Auch hatte sich Kepler für ein Kirchen=
amt vorbereitet, und ein solches stellte man damals noch allgemein über das
Lehramt. Das angebotene „Amt“ konnte also Kepler in der That nach den
Begriffen seiner Umgebung als „verachtet“ bezeichnen. Am allerwenigsten kann
man aber etwas Tadelnswerthes oder auch nur Auffälliges darin finden, daß
Kepler in seiner Studienzeit nicht für die Astronomie speziell, sondern für
die gesammte Philosophie Eifer fühlte. Warum hätten ihn aus der ganzen

---

*) Hanschius, vita XI, Note 83.

Fülle der Erscheinungen nur die Bahnen der „seelenlosen Feuerbälle", denen er allerdings noch eine Seele zuschrieb, fesseln und interessiren sollen? Aehnliche Einseitigkeit von Anfang an finden wir in der Regel nur bei Curiositätenkrämern. Sie entspricht mehr der Neugierde als der Wißbegierde. Diese wird sich zunächst als allumfassender Welterkenntnißtrieb äußern. Erst später wird sich das Talent, gestachelt vom Verlangen auch selbst zur Erweiterung des Wissens beizutragen, mit seinem Feldherrnblicke ein einzelnes Gebiet, ja einen einzelnen Punkt ausersehen, wo sich in eben dem Momente der Schlüssel zu neuen großen Entdeckungen, zu einer wesentlichen Förderung menschlicher Erkenntniß befindet. An diesen Punkt wird nun auch manchmal das Talent statt durch eigene Ueberlegung, durch den Zufall, durch das Schicksal geführt. Das Letztere trat bei Kepler ein, und so ist Herber allerdings im Rechte, wenn er aus der oben angeführten Stelle schließt, daß Kepler, „vielleicht Theolog geworden wäre, wenn ihn nicht (nach deutscher Weise) Befehl und Druck weiter gestoßen hätte."

So schied also Kepler noch nicht ganz drei und zwanzig Jahre alt, aus seiner schwäbischen Heimath. Kaum mochte er sich dabei leichten Herzens gefühlt haben. War er doch in Tübingen nicht mehr so vereinsamt geblieben, wie in der Klosterschule. Er hatte väterliche Freunde gefunden, so vor Allem Mästlin. Und zwischen ihm und seinen Collegen hatte sich trotz allerlei Streitigkeiten auch manches innige Band geknüpft. So währte die mit Christoph Besold geschlossene Freundschaft das ganze Leben. Auch mit Hippolyt Brenz stand er wohl in einem näheren Verhältniß, als blos dem des Collegen. Wahrscheinlich machte er mit Hippolyt jene wiederholten Ausflüge nach Hirschau, die wir in seinen Aufzeichnungen erwähnt finden. Dort war dessen Vater Keplers vormaliger Lehrer, Abt. Mit einem andern Freunde, Mägerlin*), als Gefährten unternahm er im Frühjahre 1591, nachdem er kurz vorher von der durch das Theater zugezogenen Krankheit genesen war und die Seinigen in Leonberg besucht hatte (März), eine kleine Lust= und Erholungsreise nach Murrhard, Hall, Maulbronn, Pforzheim, Calw, Weil und von da nach Tübingen zurück. Auch nahm er im November 1593 an einer festlichen Grundsteinlegung in Mömpelgard Theil**).

Im Dezember 1592 begab sich Kepler, wie er in seinen eigenhändigen Aufzeichnungen***) erzählt, einmal nach Weil und zweimal nach Hirschau; am Sylvesterabend (ohne allen Zweifel auf dem Rückweg von da) gerieth er nach sehr beschwerlicher Reise, die ihm heftige Schmerzen verursachte, nach Kuppingen, woselbst ihm bei einem Gastmahl die ehrenhafte Verbindung mit einer schönen und tugendhaften Jungfrau zum ersten Mal angetragen wurde. Aus dieser Erwähnung dürfen wir wohl schließen, daß hierbei auch sein Herz

---

*) Hanschius, vita X. Es ist dieß David Mägerlin (Megerlin) von Tübingen; Magister im Februar 1592.   G.

**) Frisch, v. I., p. 311.

***) Hanschius, vita XI.

nicht ganz unbetheiligt blieb. Und von all' diesen Stätten seiner Jugend-
Erinnerungen sollte er sich nun trennen; viele, viele Meilen sollten sich zwischen
ihm und ihnen erstrecken. Und doch brauchte er nicht zu verzagen, denn Sonne,
Mond und Sterne schienen über Kepler so gut in Graz, wie in Schwaben *),
und sie sollten ihm gar bald einen Trost gewähren, der ihn in allen Lebens-
lagen aufrecht erhielt und über die schwersten irdischen Leiden erhob. Sanct
Augustin ruft einmal aus: „Was hülfe es dem Menschen, so er die ganze
Erde durchwanderte und käme Gott nicht näher". Kepler aber fand in den
Sternen, welche über jedem Punkte der kleinen Erde, die gegen ihre Entfernungen nur ein Stäubchen ist, in gleichem Abstand und gleicher Helligkeit
herabblinken; das Mittel, das ihn überall, wo er auch sein mochte, Gott näher
brachte. Denn was sie ihm verkündeten, waren — Gesetze der Natur, Gedanken Gottes.

---

*) Der sich selbst ironisirende schwäbische Volkshumor erzählt folgenden Schwank:
Ein Bauernsohn aus Kuppingen, jenem schon oben genannten württemb. Dorfe, entlief sei-
ner Heimat und wurde Landsknecht in päbstlichen Diensten. Als er nun zu Rom in stiller
Nacht auf dem Wachtposten, vom tiefsten Heimweh ergriffen, den Mond mit seinem trau-
lichen Silberschein am dunkeln Himmel emporsteigen sah, da brach er, überwältigt von
Staunen und Freude, in den lauten Ruf aus: „„Gucket au, do ischt jo der Kuppinger
Maun"" —   G.

Fünftes Kapitel.

Kepler als „Landschafts-Mathematikus".

„Kunst geht nach Brod."

Als Kepler an die evangelische Stiftsschule zu Graz kam, da war das protestantische Glaubensbekenntniß, wenn auch nicht die „herrschende" Religion, so doch die der weitaus überwiegenden Mehrheit in ganz Innerösterreich. Insbesondere hatte der Adel die neue Lehre beinahe ausnahmslos angenommen. Den ersten Samen hatten die zahlreichen mit zündender Beredtsamkeit abgefaßten Schriften Luther's ausgestreut. Insbesondere aber kehrte die adelige Jugend von den Universitäten Leipzig, Wittenberg ꝛc., wohin sie Studirens halber zog, zum allergrößten Theile für die Reformation gewonnen heim. Mit der klassischen Bildung verband sich bei ihr, wie bei Melanchthon, ihrem gefeiertsten Lehrer, wie bei Hutten, der ihr als junger Ritter vorzugsweise zum Vorbilde diente, Begeisterung und Eifer, „das Joch Roms", so drückte man sich aus, „abzuschütteln und ein reines Christenthum herzustellen." Vom Adel aus verbreitete sich die protestantische Lehre in alle Schichten der Gesellschaft. Nicht nur in den Städten gewann sie großen Anhang, sie eroberte im Sturm auch das übrige Land. Wie man auf der höchsten Alpe sich noch ein Kreuz aus dem Holze des verkrüppelten Baumes machte, der an der Grenze des ewigen Schnees sich befand, und wie der Bergmann im tiefen Schachte aus den versteinerten Ueberresten urweltlicher Bäume die gleiche Form sich bildete, so gesellte sich jetzt im Alpenthale und im Bergwerke, so weit Steiermark reichte, das Wort Gottes zum christlichen Symbole, zum Kreuze die verdeutschte Bibel, „das reine Evangelium", wie man es nannte. Mit Fug konnten in der Zeit, von der wir sprechen, die Landstände behaupten, daß sie sich insgesammt mit alleiniger Ausnahme der Bischöfe und Prälaten zur „christlichen augsburgischen Confession" bekennen, — nur noch das Herrscherhaus hielt fest zur katholischen Kirche.

War die Reformation selbst auf Forschung und Prüfung gegründet, so mußte sie auch in der Volksbildung ihre festeste Stütze sehen. Ueberall, wo sie Platz griff, war sie daher auf Hebung der Schulen bedacht. Die Landschaft, welche zu Graz, wo die Landtage gehalten wurden, der Landeshauptmann residirte und viele vornehme Adelsgeschlechter ihren Wohnsitz wählten, einen regelmäßigen lutherischen Gottesdienst einrichtete, sorgte auch bald für einen angemessenen Elementarunterricht der adeligen Jugend. Dieser umfaßte damals ben Unterricht in der lateinischen Sprache, im lutherischen Katechismus und in der Arithmetik. Als das Lutherthum aber in Stadt und Land überhand= genommen hatte, genügte diese Schule dem Bedürfnisse nicht. In den „Neben= handlungen“ der Stände wurde die „anrichtung“ einer höheren Schule um so mehr als nothwendig erkannt, da es ja doch zweckmäßiger erschien, die Kinder der Mitglieder und Befreundeten der Herren und Landstände mit geringeren Unkosten in der Heimath unterweisen zu laffen, als sie mit doppeltem Gelde in fremde Länder zu schicken und dennoch, wenn sie gleich eine gute Zeit aus= gewefen, zu finden, daß sie wenig oder gar nichts erlernet haben*). Man faßte den Plan, die Kirche, in welcher bisher der lutherische Gottesdienst gehalten wurde, für die Landschaft eigenthümlich zu erwerben, zu erweitern und in dem angrenzenden Haufe die Schule einzurichten. Seit längerer Zeit (wahrscheinlich von 1540 an) hatte bereits Jakob von Eggenberg eine ihm gehörige Kapelle, die Eggenberger Stiftskapelle genannt, seinen Glaubensgenoffen zur Benützung überlaffen. Unter der alten Linde vor derselben hatte schon der greife blinde Balthafar dem Volke die neue Lehre geprebigt. Im Jahre 1568 trat man mit Seifried von Eggenberg wegen Ankaufs dieser Kapelle und des dazu gehörigen Haufes und Grundes in Unterhandlung und bereits im Jahre 1570 wurde der Kirchenbau zur Vollendung gebracht. Nicht so rasch ging es mit dem Baue der Schule. Man suchte von der Stadtgemeinde Steuerfreiheit für das Gebäude zu erlangen. Hierüber entspann sich eine längere Verhandlung. Insonderheit mußte „denen von Grätz des Schuelgeben halben“ von der Landschaft bewilligt werden, daß jederzeit die Söhne der Grazer Bürgerschaft, welche zum Studiren tauglich sind, in der Landschaftsschule zu gleicher Unterweisung und Belehrung wie die adelige Jugend unweigerlich angenommen werden sollen. Wahrlich ein Begehren, das der Regfamkeit der Grazer Bürgerschaft alle Ehre macht. Welcher Fortschritt, daß in der zweiten Hälfte des Jahrhunderts, an deffen Anfang sich Ritter und Städte noch blutig befehdeten, die Söhne des Adels und des Bürger= standes im friedlichen Wettkampfe um wiffenschaftliche Erfolge in der Schul= arena ringen wollten! Der die Steuerfreiheit betreffende Vertrag, der diese intereffante Stipulation enthält, wurde am 1. September 1570 abgeschloffen**). Am 7. Oktober deffelben Jahres wurden die zum Bau benöthigten Grundstücke durch Kauf erworben, und um die Mitte 1574 waren die Räumlichkeiten von „Stift und Schule“ so weit vollendet, daß sie ihrer Bestimmung übergeben werden konnten. Ein stattliches Gebäude war hergestellt worden. Im regelmäßigen

---

*) So erzählen die landständischen Verordneten in einer Zuschrift an den Mag. Georg Khuen vom 9. September 1573. In dieser und den folgenden Angaben über Ge= schichte und Einrichtung der evangelischen Stiftsschule zu Graz benützten wir vorzüglich Direktor Dr. R. Peinlich's treffliche Arbeit im Jahresberichte des Grazer Gymnasiums, veröffentlicht am Schluffe des Schuljahres 1866. Ferner schöpften wir auch aus dem Auffatze: über den Einfluß der Landstände auf die Bildung in Steiermark. (Steierm. Zeitschrift. 1835. 1. Heft. S. 94.)

**) Die Original-Urkunde befindet sich im Archive des Grazer Joanneums.

Vierecke umschloß es einen Hof von 173 Quadratklaftern, wie noch heutzutage zu ersehen ist. Denn das Haus Nr. 319, das „Paradies" genannt, nimmt gegenwärtig dieselbe Ausdehnung ein. Das Stift hatte zwei große Thore, das eine in das „Badgässel", das andere in das „Kirchengässel" führend, einen eigenen Thurm und enthielt Platz für die Wohnungen des obersten Scholarchen, des Pastors, des Rektors, einiger Professoren, unter welchen sich bis zu seiner Heirath auch Kepler befand; ferner der Stipendiaten, des Oekonomen sammt den Wirthschaftslokalitäten, endlich 7—8 Schulzimmer. Als in späteren Jahren die Lokalitäten des Collegiums dem Bedürfnisse nicht mehr genügten, wurde der sogenannte Rauberhof (1592) von der Landschaft angekauft und einigen Lehrern und Predigern daselbst die Wohnung angewiesen. Als der Bau seiner Vollendung nahte, wandten sich die Landschaftsverordneten an den berühmten Schulmann und Professor zu Rostok Dr. David Chyträus*) mit der Bitte, dem neuen Schulwesen die geeignete Anordnung zu geben.

Schon einige Jahre vorher hatte Chyträus ein schätzbares Werk über die Art und Weise, die Studia zweckmäßig einzurichten, geschrieben. Durch den Landschaftsprädikanten Georg Runäus hatte man auch bereits am 28. Mai 1569 an Chyträus das Ansuchen gestellt, die Steiermark in die neue Kirchenreform einzubeziehen, die derselbe in Oesterreich unternommen hatte. Diesem Wunsche hatte derselbe nicht nachzukommen vermocht. Um so bereitwilliger folgte er der im September 1573 an ihn ergangenen Einladung zur Organisation der neuen Schule. Von December 1573 bis Juni 1574 verweilte er in Graz. Er führte den neuen aus dem Auslande berufenen Rektor Magister Hieronimus Osius ein und löste seine Aufgabe mit so viel Eifer und Geschick, daß ihm die Verordneten am 29. Mai 1574 mit vielem Danke für die Mühe und Zeit-

---

*) David Chyträus, geb. zu Ingelfingen in Schwaben im Jahre 1530 (26. Febr.), erlangte schon im 15. Lebensjahr in Tübingen die Magisterwürde, lehrte darauf in Wittenberg Rhetorik und Mathematik, durchreiste Deutschland, die Schweiz und Italien, und erwarb 1551 in Rostock, wo er damals docirte, den Doktorgrad der evangelischen Theologie. Er wohnte dem 1555 abgehaltenen Reichstage zu Augsburg, wie auch vielen der damals üblichen theologischen Unterredungen in verschiedenen Städten Deutschlands bei. Er wurde vom Kaiser nach Oesterreich berufen, die lutherische Kirche daselbst zu organisiren. Nicht nur aus dem Gesagten, sondern auch daraus, daß er, nachdem er Graz wieder verlassen hatte, an der Concordienformel mitgearbeitet, die Gesetze der Helmstädtschen Akademie, nachmals einer der blühendsten Hochschulen Deutschlands, entworfen und über 30 verschiedene in lateinischer und deutscher Sprache geschriebene Werke herausgegeben hat, geht unzweifelhaft hervor, daß die steiermärkischen Landstände sich zur Gründung ihrer Landesschule an einen tüchtigen, vielerfahrenen und gelehrten Mann gewendet hatten. Chyträus wünschte vor seiner Reise nach Steiermark eine vom Erzherzoge Carl II. ausgestellte Verheißung sicheren Geleites zu erhalten; allein die ständischen Verordneten lehnten dieses Ansuchen mit dem Beifügen ab, daß sie schon über zwanzig Jahre, seit Kaiser Ferdinand I., das Recht zur freien Berufung ihrer Diener für Kirche und Schule besäßen und diesem ihrem Rechte daher leicht Eintrag thun würden, wenn sie nun anfingen, bei Hofe um freies Geleite für dieselben zu bitten. Hierauf begab sich Chyträus ohne ein solches nach Graz und verweilte daselbst die im Texte angegebene Zeit.   R.

Versäumniß bei der „ins Werkrichtung der Landschul" 1000 Pfund Pfennige verehrten und seinen Diener für die besorgte Schreiberei mit 100 Pfund Pfennigen belohnten. Er eröffnete das neue Gymnasium, wie er die Stiftschule in seinen Schriften nennt, ebenso wie Melanchthon das Nürnberger, durch eigens hiezu verfaßte und später in Druck gelegte Reden*). Zwischen ihm und den Ständen fand ein so freundliches Einvernehmen statt, daß er, nachdem er Steiermark schon verlassen hatte, sich noch bewogen fühlte, seine Geschichte der augsburgischen Confession den steiermärkischen Landständen zu widmen.

Die von Dr. Chyträus der Schule gegebene Verfassung wurde in den Nebenhandlungen des Brucker Landtages 1578 bestätigt, den drei Landen Steiermark, Kärnten und Krain vorgeschrieben und da man sich zeitweise Abweichungen davon erlaubt hatte, im Jahr 1593 abermals, nur mit einigen kleinen zeitgemäßen Aenderungen versehen, zur genauen Befolgung anempfohlen. Einen wichtigen Bestandtheil dieser Verfassung bildete die Einrichtung der „Inspektoren". Ohne deren Vorwissen, Rath und That sollte nichts von Bedeutung in der Schule vorgenommen werden. Außer dem obersten Inspektor, Scholarchen, der aus der Mitte der Verordneten gewählt wurde, gab es Subinspektoren, von denen gewöhnlich der eine der jeweilige Pastor der Stiftskirche, der zweite ein Doktor der Rechte, der dritte ein Doktor der Medizin oder einer der höheren landschaftlichen Beamten war. Der unmittelbare Leiter der Schule aber, welchem die Sorge oblag, daß alle Lektionen, Studien, Uebungen und die Schuldisziplin der aufgestellten Schulordnung völlig entsprachen, war der Rektor. In seiner Instruktion wird hervorgehoben, daß er auch selbst fleißig unterrichten solle, damit er mit dem Beispiele seines Eifers und treuer steter Arbeit die Professoren zu gleicher Emsigkeit anreize. Ferner wurde ihm aufgetragen, auch in den Stunden, wo er nicht selbst las, in den Klassen herumzugehen und Achtung darauf zu haben, „wie und mit welchem Fleiße und mit welcher Geschicklichkeit ein jeder Kollege seine Lektionen und Repetitionen gebe"**).

Wie man aus dem „Verzeichnuß der Lectionen" für 1594 (mitgetheilt von Dr. Peinlich) ersieht, bestand die Schule aus zwei Hauptabtheilungen, nämlich aus der Knabenschule (schola puerilis) in 3 Dekurien, nach Melanchthons in Wittenberg und anderen Orten eingeführtem Lehrplan, die eine Art Vorbereitungsschule für die classes bildete, und aus den Klassen, deren man vier zählte. Abweichend von der anderwärts herrschenden Sitte, fing man die Zählung mit der untersten Klasse an, so daß die vierte die höchste war. Mit dem Jahre 1592 trat der Gebrauch ein, auch die Dekurien zu den Klassen zu rechnen, so daß nun von einer 5., 6. und 7. Klasse die Rede ist. Zu sehr besuchte Klassen (1575 waren bereits in der schola puerilis über 100 Schüler) wurden abgetheilt und erhielten eigene Lehrer, Collaboratores, auch Unterpräceptoren

---

*) Orationes de introductione Gymnasii recens instaurati Græcii.
**) Bestallungsrevers des Rektors Hieron. Osius. Siehe Peinlich l. c. p. 11.

geannnt, wozu nicht selten Stipendiaten der „publica classis" verwendet wurden. So nannte man die höchste Klasse und ihre Lehrer führten den Titel „Professoren", da sie eine Art „hohe Schule" war. Im wissenschaftlichen Unterricht an derselben waren Theologie, Rechtswissenschaft und Philosophie vertreten, nur die Arzneiwissenschaft war unberücksichtigt geblieben. Die theologische Abtheilung dieser Klasse war für die Stiftsstipendiaten bestimmt, welche sich für das Predigtamt vorbereiteten. In der juridischen Abtheilung befanden sich die jungen Adeligen mit ihren Pädagogen; hier wurde neben römischem Rechte auch noch Geschichte gelehrt, auf deren Studium Chyträus einen besonderen Werth legte. In der philosophischen Abtheilung kamen Logik, Metaphysik, Rhetorik und altklassische Lektüre, namentlich auch griechische, zum Unterrichte, auch wurden öffentliche Disputationen über entsprechende Thesen vorgenommen. Endlich, was für uns das Wichtigste ist, war in der philosophischen Abtheilung der publica classis auch Gelegenheit gegeben, Mathematik zu studiren, welche der jeweilige Landschaftsmathematikus lehrte. In dieser Stelle folgten sich: Lauterbach, Stadius und Kepler.

Die Rektoren, Pro= und Conrektoren, sowie die Professoren an diese neue Schule berief man von deutschen Universitäten. Hierbei gingen die Stände mit großer Vorsicht zu Werke. Sie holten vorerst die Wohlmeinung der Universitätssenate über die Lehrfähigkeit und die guten Sitten der zu berufenden Schulmänner und Gelehrten ein. Die Mehrzahl derselben kam von den hohen Schulen zu Straßburg, Jena, Wittenberg, Heidelberg, Rostock, vor allem aber von Tübingen, von wo sie nach vorausgegangener Empfehlung der akademischen Consistorien und insbesondere derjenigen Gelehrten, zu denen die Landschaft in freundlicher Beziehung stand, wie Dr. David Chyträus zu Rostock, Dr. Philipp Marbach zu Straßburg, Dr. Jakob Heerbrand zu Tübingen und Dr. Aegydius Hunnius zu Wittenberg „vocirt" wurden. Trotz der schlechten Straßen und Verbindungsmittel herrschte der rege geistige Verkehr, den schon das Zeitalter der Humanisten hervorgerufen hatte, während der ganzen Reformationsepoche — bis zum breißigjährigen Kriege — fort und verknüpfte Städte und Universitäten in den entferntesten Theilen Deutschlands. Daß auch Kepler in der angeführten Weise nach dem Tode des Georg Stadius von der Universität Tübingen an die Stelle eines Landschaftsmathematikus in Graz „vocirt" wurde, erzählten wir bereits am Schlusse des vorigen Kapitels.

Da man bei diesen Berufungen nur solche Männer wählte, die sich als Lehrer und Schriftsteller ausgezeichnet hatten oder zu großen Hoffnungen berechtigten, so erfreute sich bald die Stiftschule eines trefflichen Rufes in ganz Deutschland. In Graz selbst aber wirkte sie um so anregender, als sich, wie wir bereits oben gesehen haben, Adel und Bürgerstand in dem Wunsche begegneten, ihren Söhnen eine bessere Bildung zu verschaffen.

Schon Kepler's Vorgänger im Amte des „Landschaftsmathematikus", Georg Stadius, hatte sich durch astronomische Kenntnisse hervorgethan. Dennoch war die mathematische Lektion, die derselbe gab, nur wenig besucht; die exakten Wissenschaften fanden in jenem theologisch-juridischen Zeitalter geringe Theilnahme und Stabius hielt deßhalb außer den mathematischen auch noch rechtswissenschaftliche und historische Vorträge. Er starb 1593.

Im vorigen Kapitel erfuhren wir, daß Kepler, nachdem er den Ruf Stabius, Nachfolger zu werden angenommen hatte, am 13. März 1594 die Reise nach Graz angetreten hat. Ihn begleitete ein Vetter auf der damals noch ziemlich langwierigen und beschwerlichen Reise, die bei der geringen Sicherheit der Straßen auch nicht ungefährlich war. Derselbe sollte sodann nach seiner Rückkehr Kepler's Freunden und Bekannten in der Heimath Bericht erstatten, welche Verhältnisse Kepler in Graz gefunden habe. Aus einer Bittschrift, die Kepler sogleich nach seiner Ankunft in Graz an die Inspektoren der Stiftschule richtete, sehen wir, daß er sich von der Universität Tübingen und guten Freunden daselbst fünfzig Gulden zur Reisezehrung entlehnt hatte *). Er hatte versprochen, solches Geld durch seinen Vetter, der ihn begleitete, „treulich wiederum hinauf zu schicken". Und da er nun solche Reisekosten aus seinem Beutel nicht erstatten könne, und sein Vetter wegfertig sei, so stellt er die Bitte um Rückgabe des Geldes aus dem Einnehmer-Amte der steirischen Landschaft. Nach dem beigefügten Verzeichniß der aufgelaufenen Reisekosten, betrugen dieselben für Kepler und seinen Gefährten von Tübingen bis zur Ankunft in Graz für Fuhrlohn, Zehrung und andere „Nothdurft" 31½ fl. **). In Graz war er bei „Gall'n Colhowern"***) abgestiegen und hier verzehrten er und sein Verwandter in 4 Tagen 4½ fl. Von da an bis zu dem Datum, welches wir dem Verzeichnisse beigefügt finden, hatten beide die Kost bei Steffen Kirsnern, einem Schneider, genommen. Die Inspektoren, an deren Spitze wir Amman, der schon Chyträus bei der Gründung der Schule unterstützt hatte, treffen, befürworteten Kepler's Bitte bei den Landschaftsverordneten. Pastor war Wilh. Zimmermann; Christoph Gäbelkhowen (Gabelkofer) und Adam Venediger sind die zwei anderen Inspektoren, die wir außer Amman und dem Pastor noch unterzeichnet lesen. Vielleicht kann es ein Licht auf den Geist werfen, in welchem die Inspektoren die Schule leiteten, wenn wir hier einschalten, daß Adam Venediger bei der späteren Gegenreformation vor der Religionskommission nicht für einen Lutheraner, sondern allein für einen Christen gehalten werden wollte. Ueber den neu berufenen Lehrer sprechen sich die Inspektoren dahin aus, daß er nicht allein treffliche Testimonia mitgebracht habe, sondern sie hätten ihn auch, als sie mit ihm conversirten, so befunden, daß sie mit Sicherheit hoffen, er werde ein würdiger Nachfolger des seligen Stabius sein. Sie schlagen vor, Kepler sechzig Gulden aus dem Einnehmeramte der Landschaft verabfolgen

---

*) Diese Bittschrift und andere interessante Aktenstücke, welche wir in diesem Kapitel benützen, befinden sich im ständischen Archive zu Graz. Herr Direktor Dr. Göth hatte die Freundlichkeit, sie an Herrn Hauptmann Neumann mitzutheilen. Die hier angeführte Bittschrift veröffentlichen wir im Anhange (Beil. XIX.).

**) Beilage XX.

***) Gallus Kolhofer.

zu laſſen *). Es erfolgte ein günſtiger Beſcheid, datirt vom 19. April. Schon am nächſten Tage ſtellte Kepler die verlangte Quittung aus **) und am 21. April erhielt er ſeine Reiſekoſten zurück ***).

Die Hauptpflicht des Landſchaftsmathematikus war die „mathematiſche Lektion" im Stifte. Kepler hielt ſeinen erſten Vortrag am 24. Mai 1574 †). Er hatte ebenſo wie ſein Vorgänger Stadius nur wenige Zuhörer, im zweiten Jahre ſogar mehrentheils gar keine. Dieß ſei jedoch, fügen die Inſpektoren ihrem Berichte hierüber bei, ihres Wiſſens nicht ihm ſondern den Zuhörern, „weil Mathematicum Studiren nicht Jedermanns Thun iſt", zu imputiren. Damit aber Kepler ſeine Beſoldung nicht „umſonſt" beziehe, trugen ihm die Inſpektoren mit Gutheißen des Rektors auf, Arithmetik, wie auch Virgilium und Rhetorik ſechs Stunden in der Woche in den höheren Klaſſen zu lehren, bis etwa mehr Gelegenheit zu mathematiſchem Unterrichte ſich ergebe ††).

In ſeiner wiederholt angeführten ſelbſtverfaßten Nativität †††) entwirft Kepler eine höchſt lebendige Schilderung von den Schwierigkeiten, welche ihm die eigenthümliche Beſchaffenheit ſeines Geiſtes, ſeiner Neigungen und Anlagen ſowohl in der Rede als noch mehr im Lehramte bereitet. Da Kepler die Nativität mit 26 Jahren ſchrieb, ſo ſpricht er hier von ſeiner Grazer Lehrthätigkeit, weßhalb wir die Schilderung ihrem weſentlichen Inhalte nach mittheilen wollen. Ueberſtürzung und ſtete Begier nach Neuem ſchreibt er ſich darin zu. Dadurch verfiele er in den Fehler, etwas zu ſagen, bevor er es überlegen konnte, was oft ſehr ſchädlich ſei. Immerwährend verſpreche er ſich und raſch ſchreibe er nicht einmal einen Brief gut. Aber nach einer mäßig angebrachten Korrektur werde Alles ausgezeichnet. Er ſpreche zwar gut und ſchreibe auch gut, wenn ihn nichts dränge und er den Gegenſtand reiflich überlegt habe. Jedoch ſowohl dem Sprechenden als dem Schreibenden fließen immerwährend neue Gedanken zu und ſtören ihn, betreffen dieſelben nun Worte, Thatſachen, Beweiſe oder gar Bedenken, ob er das, was er eben ſage, nicht verſchweigen ſolle. Da Andere, wie Scaliger, auf das trefflichſte raſch ſchreiben, ſo folgt, daß bei dieſen mit dem Schöpfungstriebe die richtige Einſicht unmittelbar verbunden iſt. Bei ähnlicher Ueberſtürzung der Gedanken wird ihm aber nicht leicht ein Anderer gleich ſein; denn dazu müßte derſelbe auch der Verknüpfung ſo viel verſchiedener Gedanken fähig ſein. Von dieſer Begabung rührt es her, daß ſeine Einbildungs- und Erinnerungskraft an das Wunderbare grenzt, während ſein Gedächtniß im gewöhnlichen Sinne des Wortes niemals ausgezeichnet war, jene Art Gedächtniß nämlich, durch welche ſich Gehörtes oder Geleſenes direkt einprägt. Um

---

   *) Beilage XXI.
  **) Beilage XXII.
 ***) Friſch, v. I., p. 311.
    †) Ebendaſelbſt.
  ††) Beilage XXIII.
 †††) Friſch, v. V., p. 479.

etwas in seiner Erinnerung zu befestigen, muß er es an früher Bekanntes an=
knüpfen, so daß das Eine mit dem Andern in Zusammenhang steht. Dies ist
die Ursache der sehr vielen Einschachtelungen in seiner Rede, indem er Alles,
was ihm beifällt, wegen der lebhaften Erweckung aller verwandten Gedanken
im Gedächtniß auch in der Rede gleichzeitig vorbringen möchte. Dadurch wird
aber seine Rede ermübend, complizirt und wenig verständlich. Hatte er an
einer vorhergehenden Stelle der Nativität gesagt, es beruhe seine stete Begierde
nach Neuem auf einem mußevollen Leben, so fügt er hier die Beschränkung hin=
zu, er glaube aber nicht, daß sie durch ein noch so thätiges auszurotten sei.
Denn auch „jetzt" (1597), obwohl auf das angestrengteste beschäftigt, schweife
er mit Vernachlässigung des ehrenhaftesten Berufes oft dahin ab, wohin ihn
der Geist reiße und er könnte nicht jedem Tadel ausweichen, würde er nicht
mit schnell extemporirter Gelehrsamkeit seinem Berufe genügen. Er schließt diese
Betrachtungen mit den Worten: Kurz, obwohl er seinem (Lehr=) Berufe eifrig
nachkömmt, so geschieht dies doch unter beständigem Kampfe mit den erwähnten
Hindernissen. Denn niemals fehlt der Stoff für seine Begierde, für sein glühen=
des Verlangen, solches, dessen Studium schwierig ist, zu erforschen. Und tausende
Gedanken drängen sich ihm zugleich auf und indem er diese auseinandersetzen
will, wozu keine Zeit hinreicht, hindert ihn Eifer im Berufe mehr, als selbst
Sorglosigkeit ihn hindern würde. „Und sicher", fährt er fort, wie gewöhnlich
in diesem Schriftstücke von sich in der dritten Person redend, „wenn ihn der
Zufall zum Kriegerstande bestimmt hätte, er wäre ganz und gar tapfer geworden.
Denn gewiß ist es nicht in höherem Maße jener Soldat, der nach Verschwendung
seines Vermögens sich aus Verzweiflung zum Heere begibt. Vorhanden sind
Zorn, Gefallen an Schlauheit und List, Wachsamkeit, plötzliche und rasche Ein=
fälle — und vielleicht würde auch das Glück nicht fehlen!" Eine überraschende
Wendung, deren Interesse sich noch steigert, wenn wir das, was Kepler hier
schreibt, mit dem vergleichen, was eines Tages der größte Heerführer der
christlichen Zeitrechnung, der moderne Schlachtengott äußerte. „Ich verstehe
Sie, mein Herr", sagte der Sieger von Marengo zu Lemercier, als dieser die
Stelle eines Staatsrathes ausschlug, „Sie lieben die Wissenschaften und wollen
ihnen ganz angehören. Ich habe diesem Entschlusse nichts entgegenzusetzen.
Und glauben Sie ja nicht, ich selbst würde, wäre ich nicht Obergeneral und
Werkzeug des Geschickes für eine große Nation geworden, in Bureaux und
Salons mich abgelaufen haben, um mich in die Abhängigkeit von irgend einem
Minister oder Gesandten zu begeben. Nein! nein! ich hätte mich auf das
Studium der exakten Wissenschaften geworfen. Ich hätte die Bahn der Galilei,
der Newton verfolgt. Und weil ich stets in meinen großen Unternehmungen
glücklich war, wohlan — ich würde die Erinnerung schöner Entdeckungen zurück=
gelassen haben. Kein anderer Ruhm hätte meinen Ehrgeiz locken können."
Demnach lautet der Ausspruch: „wäre ich nicht Alexander, ich möchte Diogenes
sein", ins Moderne übersetzt: „Wäre ich nicht Napoleon, ich möchte Newton oder
Kepler sein" — Welteroberer oder Welterkenner — Eines von Beiden wollten

die großen Männer aller Zeiten sein; uns will aber das Letztere das Größere scheinen.

That nun auch der Genius des großen Entdeckers, — denn dessen über= quillenden Ideenreichthum schilderte Kepler in obigen Worten — dem Lehrer einigen Eintrag, die „Schulinspektoren" waren nicht blind für das, was sie an Kepler besaßen — er habe sich, bezeugen sie den Landtagsverordneten, „an= fangs perorando, hernach docendo, und dann auch disputando" dermaßen er= wiesen, daß sie es anders nicht aussagen können, denn, daß er bei seiner Jugend ein gelehrter, der Landschaftsschule „wohlanstehender" Magister und Professor sei*). Und in all jenen kleinlichen materiellen Fragen, die das Erdenwallen des Genius so sehr verbittern, nahmen sie sich Kepler's stets auf das eifrigste an. Auch der jetzt schon zweimal angeführten Urkunde vom 3. Januar 1596 liegt eine solche Frage zu Grunde. Sein jährlicher Gehalt betrug 150 fl., wie wir aus den noch vorhandenen Quittungen mit Sicherheit erfahren**). Zu den Amtspflichten Kepler's als Landschaftsmathematikus gehörte es auch, einen Kalender versehen mit den üblichen Prognosticis jährlich anzufertigen und in Druck legen zu lassen. Sein Vorgänger Stadius hatte dies gleichfalls be= sorgt und eine jährliche Gratification von 32 fl. dafür noch außer seiner Be= soldung erhalten. In einem Schreiben vom 18. Dezember 1595***) theilten nun die Landschaftsverordneten den Inspektoren mit, es habe sich Kepler wegen eines für das kommende Jahr gestellten und in Druck gelegten Kalenders mit „Suppliciren" an sie gewandt. Sie wünschten daher von den Inspektoren zu erfahren, ob „berührter Kepler die Lektura wie sein Vorfordere, wailand M. Stadius seeliger verrichte, denn solle man ihm allein des Kalendermachens halber jährlich eine solche Besoldung und dazu noch auf jede Hereingebung etlicher Exemplare ein sonderbares Extradeputat reichen, so hieße es gar zu theuer er= kauft." Darauf erstatteten den 3. Januar 1596 die Inspektoren einen Bericht, dem wir soeben das günstige Urtheil über Kepler's Tüchtigkeit und schon vorher die Angabe, daß ihm für die mathematische Lektion, welche keine Zu= hörer fand, der Unterricht aus Arithmetik, Virgilius und Rhetorik in den höheren Klassen übertragen worden sei, entnommen haben. Sie knüpfen hieran den An= trag: „Kepler in seiner Vokation auch hinführo zu erhalten, ihm seine Jahres= besoldung von 150 fl., wie auch für Abfassung der Kalender jährliche 20 fl. (weil M. Stadius im einen und anderen mehr gehabt habe) mit Gnaden ver= abfolgen zu lassen, da man gelehrte Leute bei dieser Schule gar wohl bedürfe..." Schon am 4. Januar 1596 ertheilten die Verordneten ihren Bescheid. Binnen vier und zwanzig Stunden eine Erledigung — da möchte man glauben, die Verordneten seien frei von bureaukratischem Geiste gewesen. Aber nur zu sehr athmet solchen das Aktenstück selbst. Zwar entschlossen sich die Herren Verordneten,

---

*) Beilage XXIII.
**) Beilage XXIV.
***) Beilage XXV.

daß erwähntem Kepler noch diesmal seines auf heuer verfertigten Kalenders und Praktik halber die zwanzig Gulden aus gemeiner Landschaft Einnehmer-amt sollen gereicht werden. Es wird aber sobann daran erinnert, daß Stabius auch professionem juris und historiarum und was mehr dazu und zur mathe-matischen Lektur gehört mit Lob und nicht geringem Nutzen verrichtet hat. In den Classen würden präceptores unterhalten, welche den Knaben vorstehen. Es wäre nun gar zu viel, wenn dem Magister Johannes Keplerus derohalb, weil er diesen zu doziren hilft, die 150 fl. Besoldung jährlich sollten gegeben werden. Gewiß würden unter den Stipendiaten und pronatis präceptoribus solche vorhanden sein, die zum Nothfall dergleichen um ein viel Geringeres und gar gern leisten. Daher sollten die Herren Inspektoren und der Rektor dahin bedacht sein, daß obberührten und anderen sehr nothwendigen publicis professi-onibus wiederum ehestens auf die Füße geholfen werde. Unzweifelhaft seien bei so richtigen guten Besoldungen genugsam taugliche Leute wohl zu bekommen. Weil M. Stabius zugleich Jura dozirt habe, so möchten überflüssige Unkosten erspart werden können. So lautet im Wesentlichen der Erlaß der Verordneten*). Wir verkennen nicht das große Verdienst, das sich dieselben um Einrichtung und Hebung der Stiftsschule erworben haben. Es ist jedoch so schwer, dem Genius gerecht zu werden. Wie sollen wir aber von bureaukratischem Geiste nicht sprechen, wenn wir bei den Verordneten dem Glauben begegnen, die Kepler wüchsen auf allen Bäumen?

Noch im selben Jahre fanden die Inspektoren zum zweiten Male Gelegen-heit, sich Kepler's anzunehmen. Auf einer Reise nach seiner Heimath, deren Veranlassung wir in einem späteren Kapitel erfahren werden, war Kepler nicht blos zwei Monate, wie ihm gestattet worden, sondern sieben Monate von Gratz abwesend geblieben. Es scheint, daß die Verordneten Bedenken trugen, ihm den Gehalt für diese Zeit auszuzahlen. Uns liegt nämlich ein Aktenstück vor**), worin zwei Inspektoren Pastor Zimmermann und Adam Venediger „über beiliegend M. Kepleri Suppliciren" berichten, daß er mit ihrem und des Scholarchen Mathias Ammann Vorwissen und Erlaubniß die ersten zwei Mo-nate abwesend war. Zwar sei er fünf Monate darüber ausgeblieben. Er habe sich aber mehrmals schriftlich entschuldigt, und bringe jetzt gute Gründe für die längere Abwesenheit vor. Und so könnten sie nicht erachten, daß ihm diese fünf Monate an seiner Besoldung abgezogen würden, in Anbetracht, daß er in seinem Fache vor Anderen sehr gelehrt und erfahren sei, den eben vergangenen Sommer so gar viel nicht verabsäumt habe, und gegen seinen Willen vom Herzoge zu Württemberg, seinem Landesfürsten, aufgehalten worden sei. Sie fügen noch die Erwägung bei, es habe der Herzog von Württemberg den Kirchen und Schulen einer ehrsamen Landschaft, indem er ihnen gelehrte Leute zusandte, viel Gutes erwiesen. Sollten also Ihre fürstliche Gnaden hernach erfahren, daß

---

*) Beilage XXVI.
**) Beilage XXVII.

dem Magister Kepler wegen der fünf Monate, so er sich in Stuttgart aufgehalten habe, ein Abzug an seiner Besoldung gemacht worden wäre, so würde es Ihrer fürstl. Gnaden zweifelsohne nicht geringe Befremdung verursachen. Wir werden in einem späteren Kapitel nochmals auf Proben dieser wohlwollenden Fürsorge der Inspektoren für Kepler's materielle Interessen treffen. Wir nannten oben die Inspektoren, welche die Rückzahlung der Reisezehrung Kepler's befürworteten. In den späteren Aktenstücken begegnen wir denselben Namen, nur daß an die Stelle von Gäbelkhowen Johannes Oberndorffer trat, welcher zu den spezielleren Freunden Kepler's zählte.

Dagegen gerieth Kepler zu dem neuen Rektor, Johannes Regius, in ein feindliches Verhältniß. Seit 1. Januar 1595 war dieser an die Stelle von Papius getreten, unter dessen Rektorate Kepler berufen worden war. Wie Kepler erzählt*), wurde Regius sein Gegner, weil er ihn als Vorgesetzten nicht genug zu ehren und seine Anordnungen zu bekämpfen schien. Regius chikanirte ihn daher in hohem Grade. Zwar suchte sich Kepler zu mäßigen, aber doch schwieg er zu dessen Beleidigungen und Angriffen nicht völlig still. Einen ferneren Feind unter seinen Mitlehrern an der Stiftsschule fand Kepler an Murarius**). Kepler, der ihm vorher Wohlthaten erwiesen hatte, nahm sich die Freiheit, ihn zu tadeln, als ob er dazu ein Recht hätte, und zog sich dadurch seinen Haß zu. Pastor Zimmermann jedoch, der angesehenste Lehrer am Stifte, blieb bis zu seinem 1598 erfolgten Tode stets unserem Kepler in Freundschaft zugethan. Heinrich Osius, bis 1581 an der Stiftsschule Präceptor, von da an Diakon und Stiftsprediger, zählte gleichfalls zu Kepler's Freunden. In einem späteren Kapitel werden wir Näheres von einem Freundschaftsdienste erfahren, den Osius und Oberndorffer Kepler während seiner Abwesenheit in Württemberg erwiesen.

Wie wir schon erwähnten, mußte der steirische Landschaftsmathematikus auch alljährlich einen Kalender herausgeben, welche Amtspflicht sowohl Stadius als Kepler erfüllten. Jeder dieser Kalender mußte auch mit Prognosticis über die Witterungsverhältnisse des Jahres und die in demselben bevorstehenden Haupt- und Staatsactionen versehen sein. Fünf Kalender mit ihren Prognosticis verfaßte Kepler zu Graz, für die Jahre 1595 bis 1599. Die ersten zwei sind die frühesten Druckschriften, welche von Kepler erschienen. Wir besitzen aber dieselben nicht mehr, denn von jenen fünf Kalendern sind uns nur die zwei letzten erhalten. Deren Prognostica druckte Rektor Dr. Frisch in Kepler's sämmtlichen Werken ab.

Die Zeitrechnung, welche diesen steiermärkischen Kalendern zu Grunde lag, war bereits die Gregorianische. Das Breve, durch welches Gregor XIII. die bekannte Kalenderreform***) einführte, erschien im Jahre 1582. Hiernach sollten

---

*) Frisch, v. V., p. 482.
**) Ebendaselbst.
***) Nach dem Julianischen Kalender, dem sog. alten Stil, hat das gemeine Jahr 365 Tage, jedes vierte, das sogenannte Schaltjahr dagegen 366 Tage, so daß nach dem 23. Februar ein

aus dem Oktober dieses Jahres 10 Tage ausfallen. Allgemein widersetzte man sich aber dieser Reform in protestantischen Ländern, weil man „lieber nicht mit der Sonne als mit dem Pabst übereinstimmen wollte". Selbst in katholischen Ländern fand die Sache Opposition. Nach dem päbstlichen Dekrete fing die Reform mit dem 5/15. Oktober an. Auf die dringenden Vorstellungen Kaiser Rudolfs, des zweiten, wurde sie 1584 in den katholischen Ländern Deutschlands in Vollzug gesetzt. Aber erst 1699 schlossen sich auch sämmtliche protestantische Länder Deutschlands an. Ja, in England zählte man erst vom Jahre 1752 angefangen nach dem Gregorianischen Kalender *). Daß in Steiermark schon

Tag eingeschaltet wird. Hierbei wird die Länge des Sonnenjahrs 365 Tage 6 Stunden gesetzt. Der Fehler eines mittleren Jahres beträgt also 11 Minuten 15 Sekunden, welche nach 128 Jahren zu einem ganzen Tage angewachsen sind und folglich im Laufe der Jahrhunderte dahin führen müssen, die Monate in andere Jahreszeiten fallen zu lassen. Nach 10000 Jahren z. B. wird bei denjenigen Völkern der nördlichen Halbkugel, die alsdann noch den Julianischen Kalender beibehalten haben, Oktober der kälteste und April der wärmste Monat des Jahres sein. Nach Julius Cäsar's Absicht sollte das Frühlingsäquinoktium auf den 21. März fallen. Zur Zeit der Nicänischen Kirchenversammlung 325 n. Ch. corrigirte man die drei Tage Abweichung, welche sich bis dahin gezeigt hatten, allein ohne die Quelle des Fehlers zu beseitigen. Er stellte sich daher abermals ein. Im Jahre 1582 unter dem Pontifikate Gregors XIII. war der Fehler bis auf 10 Tage gestiegen, so daß das Frühlingsäquinoktium auf den 11. März fiel. Um hier dauernd Abhilfe zu bringen, veranstaltete der Pabst eine Verbesserung der alten Julianischen Jahresrechnung. Sein im Texte angeführtes Breve verordnete, es sollten nach dem 4. Oktober 1582 zehn Tage weggelassen und folglich der 15. gezählt werden, und die Schaltjahre sollten zwar, wie bisher in jedem 4. Jahre stattfinden, allein in den Säkularjahren sollten sie wegfallen, wenn nicht die ganzen Hunderte durch 4 theilbar sind. Hiernach war also 1600 ein Schaltjahr, waren 1700 und 1800 gemeine Jahre, wird 1900 auch noch ein solches und erst 2000 wieder ein Schaltjahr sein. Dadurch ward dem Fehler, der in 128 Jahren einen Tag betragen hatte, so weit abgeholfen, daß er erst nach 3300 Jahren zu einem Tag anwächst. Der Fehler nach der Gregorianischen Zeitrechnung, dem sog. neuen Stil, wird also erst nach vielen Jahrtausenden einigermaßen fühlbar. Am genauesten würde sich, wie Mädler in seinem „Wunderbau des Weltalls" bemerkt, die Kalendereinrichtung dem Himmel anschließen, wenn nach je 128 Jahren ein Schaltjahr ausgelassen würde.

*) Der Unterschied zwischen dem Julianischen und Gregorianischen Kalender betrug dazumal 11 Tage wegen des Jahres 1700, das nach dem Julianischen Kalender ein Schaltjahr, nach der Gregorianischen Zeitrechnung aber ein gewöhnliches Jahr gewesen war. In England wurde die Opposition gegen den Gregorianischen Kalender dadurch noch gesteigert, daß man bis zum Jahre 1752 den Anfang des Jahres vom 26. März an gerechnet hatte und mit der Einführung des neuen Stils auch der Jahresanfang auf den 1. Januar festgesetzt werden sollte. Derselbe legislative Akt, der in England den Gregorianischen Kalender dem Julianischen substituirte, verminderte die Dauer des Jahres 1751 fast um ein Viertel. Das Jahr 1751 hat, wie in den vorangegangenen Jahren, in England den 26. März angefangen. Dieses Jahr ging nicht zu Ende. Schon vom 1. Januar 1751 engl. Zeitrechnung an zählte man 1752. Das Jahr 1751 kam also um die ganzen Monate Januar und Februar, sowie um die ersten 24 Tage des März. Dies erklärt es, wie Lord Chesterfield, der Urheber der Bill, fast das Opfer der Volkswuth geworden wäre. Man verfolgte ihn überall mit dem Geschrei: Gib uns unsere drei Monate wieder. Man hätte sich vielleicht den Verlust der 11 im September 1752 unterdrückten Tage (dem 3. folgte der 15. September) noch gefallen lassen; aber nur wenige Leute wollten, wenn man ihnen auch erklärte, es sei nur Schein, mit einem Male um volle drei Monate älter sein.

1583 der neue Kalender eingeführt wurde, war vorzüglich das Verdienst des Oberpredigers David Thonner. Es erhob sich nämlich unter den steirischen Protestanten ein lebhafter Streit darüber. Dr. Jeremias Homberger, „einer löblichen ehrsamen Landschaft provisionirter Theologe", eiferte gegen die Einführung des neuen Kalenders, während Thonner dieselbe vertheidigte. Wir erhalten von Thonner's Geistesfreiheit eine doppelt vortheilhafte Vorstellung, wenn wir beachten, daß er, der den neuen Kalender sogleich annahm, sich dagegen den orthodoxen Feststellungen der Concordienformel widersetzte. Wirklich kam er wegen mancher seiner Ansichten in den Ruf eines Calviners und noch auf dem Todtenbette mußte er zwei seiner Lehren, die man calvinistisch fand, widerrufen. Ihm gebührt also das Verdienst, in der Kalenderfrage dem Vernünftigen den Sieg verschafft zu haben *). Ihm verdankt es demnach Kepler, daß er die erwähnten Kalender nach der von ihm für richtig gehaltenen neuen Zeitrechnung abfassen durfte, und daß er nicht etwa gar, wie Mästlin, gezwungen wurde, gegen seine bessere Ueberzeugung dem Gregorianischen Kalender entgegenzutreten. In Württemberg hatte nämlich schon 1583 der Herzog Ludwig die Einführung des Gregorianischen Kalenders anempfohlen. Der akademische Senat zu Tübingen gab jedoch darüber ein Gutachten, in welchem er sich dieser Einführung als einer der Protestanten unwürdigen Connivenz gegen den Pabst „mit Hand und Fuß widersetzte". „Da der Kaiser den Pabst," heißt es daselbst, „für den Vikar Christi auf der Erde hält, so ist es nicht zu verwundern, daß er dessen Kalender in seinen Erbstaaten einführte und den Ständen des römischen Reiches zuschickte. Julius Cäsar hatte nicht Glieder seines Reiches, die Herren und Regenten für sich waren, wie die Stände des jetzigen römischen Reiches. Kaiserliche Majestät wissen sich selbst zu bescheiden und geben in ihrem Schreiben den Ständen blos zu verstehen, daß es zu allerhöchstem Wohlgefallen gereichen würde, wenn sie sich diesem Werke akkomodirten. Allein der neue Kalender ist offenbar zur Beförderung des abgöttischen pabstischen Wesens gestellt und wir halten den Pabst billig für einen gräulichen reißenden Bärwolf. Nehmen wir seinen Kalender an, so müssen wir in die Kirche gehen, wenn er uns in dieselbe läuten läßt. Sollen wir uns mit diesem Antichrist vergleichen? Wie stimmt Christus mit Belial? Sollte es ihm gelingen uns seinen Kalender unter kaiserlicher Autorität an den Hals zu werfen, so würde er uns das Band dergestalt an die Hörner bringen, daß wir uns seiner Tyrannei in der Kirche Gottes nicht lange erwehren möchten. Der Pabst greift hiermit den Reichsfürsten nach ihren Fürstenthümern. Wenn der neue Kalender nicht allgemein angenommen wird, so wird darum die Welt nicht untergehen. Es wird weder

---

*) Dr. Peinlich theilt die interessante Notiz mit, daß vermöge „Rathschlag der landsch. Verordneten" vom 24. Dezember 1583 der erste amtliche Akt nach Annahme des neuen Kalenders der Auftrag war, den Landschaftsoffizieren (d. i. Beamten, Kirchen- und Schulpersonen) und den Gläubigern die zehn Tage, die durch den neuen Kalender (im Oktober 1583) auszufallen hatten, an der Besoldung und an den Interessen vom Jahr 1583 abzuziehen. (Registrat. Buchv. d. J. p. 350.)

früher noch später Sommer, ob die Frühlings Tag= und Nachtgleiche im Ka=
lender etliche Tage tiefer hineingesetzt ist, oder nicht. Kein Bauer wird so
einfältig sein, daß er um des Kalenders willen um Pfingsten Schnitter oder um
Jakobi Leser in den Weinberg bestellt. Dies sind blos Vorwände von Leuten,
die dem Pabst den Fuchsschwanz streichen, und nicht dafür angesehen sein
wollen. Der Satan ist aus der christlichen Kirche ausgetrieben, den wollen wir
durch seinen Statthalter den Pabst nicht wieder einschleichen lassen". Mästlin
erhielt vom akademischen Senat den Auftrag, gegen den Gregorianischen Ka=
lender zu schreiben. Erst nach einem scharfen Verweise, daß er mit seiner
Arbeit so lange zaubere, verstand er sich dazu. In Bezug hierauf schrieb K e p l e r
an Mästlin: „Was treibt das halbe Deutschland? Wie lange will es noch von
der anderen Hälfte des Reiches und von dem ganzen europäischen Festlande
getrennt bleiben? Schon seit 150 Jahren fordert die Astronomie die Ver=
besserung der Zeitrechnung. Wollen wir es verbieten? Worauf wollen wir
warten? Bis etwa ein Deus ex machina die evangelischen Magistrate erleuchtet?
Es sind zwar mancherlei Verbesserungen vorgeschlagen worden, es ist jedoch
diejenige, welche der Pabst eingeführt hat, die beste. Wenn man aber auch
eine bessere erfindet, so kann sie nicht in Gang gebracht werden, ohne Unord=
nungen zu verursachen, nachdem diese nun einmal in Uebung ist. Für die
nächsten Jahrhunderte ist sie hinreichend, für die entfernteren wollen wir nicht
sorgen. Gleichförmigkeit in der Zeitrechnung gehört zur Zierde des politischen
Zustandes. Ich denke, wir haben dem Pabste genugsam bewiesen, daß wir die
alte Zeit für unsere Feste beibehalten können, es wäre einmal Zeit zu ver=
bessern, wie er verbessert hat. Wir werden die Milde und Nachgiebigkeit Kaiser
Rudolf's nicht immer genießen. Die evangelischen Fürsten fragen ihre Ma=
thematiker; der Kaiser erläßt ein politisches Edikt; so wird nicht Gregor's
Bulle, sondern der Rath seines Mathematikers gut geheißen. Es ist eine Schande
für Deutschland, wenn es allein diejenigen Verbesserungen, welche die Wissen=
schaften verlangen, entbehrt". Mästlin antwortete: „Da in dieser Sache die
Theologen neben den Astronomen streiten, so gereicht es diesen nicht zur Unehre,
wenn sie demjenigen, was der Religion nachtheilig werden könnte, nicht bei=
pflichten". Kepler's Gönner und Freunde zu Tübingen, wie Hafenreffer und
Andere, denen er seinen Kalender übersandt hatte, beklagten sich, daß er nicht
wenigstens den alten Stil dem neuen beigefügt habe, da in Württemberg nur
der erstere gebräuchlich sei *). In einem späteren Theile dieses Werkes werden
wir sehen, wie K e p l e r seine Ueberzeugung von der Vorzüglichkeit des Grego=
rianischen Kalenders am deutschen Reichstage vertheidigte und zur Geltung zu
bringen suchte.

Die Prognostika oder „Praktika", welche K e p l e r dem Kalendarium bei=
fügte, bezogen sich der Sitte der Zeit gemäß, theils auf die Witterung, theils
auf wichtige Ereignisse in Staat und Kirche. Die meisten Astronomen leiteten

---

*) Hanschius, J. Keppleri epist., p. 1 u. 66.

damals derartige Vorhersagungen nach bestimmten astrologischen Regeln aus
den Aspekten der Gestirne ab. Aber Kepler schenkte diesen Regeln nur geringes
Zutrauen. Weniger nach diesen, als nach natürlichen Ursachen, machte er seine
Vorherverkündigungen, welche er selbst für höchst zweifelhaft hielt. „Wohl
weiß ich", schrieb er an Professor Gerlach Oktober 1594 bei Uebersendung
seines ersten Prognostikums, „daß Ihr mit wichtigern Studien beschäftigt
seid, als daß Euch Muße bliebe, von einem Kalender Einsicht zu nehmen und
müßige (frivolas) Vermuthungen der Astrologen kennen zu lernen". Zufällig
trafen aber die Prophezeiungen des ersten Kalenders in überraschender Weise
ein — der Winter war so kalt, daß die Gemsen durch den Frost in großer
Anzahl zu Grunde gingen, der Türke drang bis Neustadt, Alles verwüstend
und plündernd vor *). Insbesondere aber traten die vorhergesagten Bauern-
unruhen ein. Dies verschaffte dem jungen Mathematikus damals mehr Ruf,
als es wissenschaftliche Entdeckungen vermocht hätten. Baron von Tzernem,
der von den oberösterreichischen Ständen nach Graz geschickt wurde, daß er dort
Hilfe gegen die aufständischen Bauern suche, ließ Kepler rufen. Er begann
sein Gespräch, indem er das genaue Eintreffen des Kepler'schen Kalenders
bezüglich der Unruhen hervorhob. Hieran knüpfte der Baron, offenbar wegen
der dadurch bewiesenen Geschicklichkeit, das im Namen der oberösterreichischen
Stände gestellte Verlangen, Kepler solle — Oberösterreich vermessen und eine
Landkarte davon entwerfen. Jene ältesten Prognostika, die ein so seltener Erfolg
begleitete, besitzen wir, wie schon gesagt, nicht mehr. Doch können wir uns
von deren Form einige Vorstellung durch die Prognostika, die uns noch vor-
liegen und den Kalendern für 1598 und 1599 beigegeben waren, verschaffen.
Was Kepler's Ansichten über die Astrologie betrifft, so müssen wir deren
genauere Auseinandersetzung einem späteren Theile vorbehalten, da Kepler
seine eingehendsten Schriften über diesen Gegenstand erst in einer späteren
Zeit verfaßte. Nur so weit er schon in den Prognosticis zu den steiermärkischen
Kalendern sich hierüber aussprach, müssen wir schon an dieser Stelle darauf
eingehen. Und da finden wir merkwürdiger Weise als Hauptinhalt der Prognostika für 1598 eine überraschend klare Auseinandersetzung der Unsicherheit
aller Prognostika, wenn sie sich auf zu spezielle Einzelheiten einlassen ***).

„Da die Erfahrung bezeugt", beginnt er, „daß die schöne Gottesgabe und
edle Kunst von des Himmels Lauf und Wirkung nichts mehr in Verachtung

---

*) Frisch, v. I., p. 7.
**) Ebendaselbst, v. I., p. 19.
***) Schreib=Calender auff das Jahr nach des Herrn Christi unsers Erlösers Geburt
1598. Gestelt durch M. Joannem Kheplerum, Einer Ersamen Landschafft des Herzog-
thumbs Steyr Mathematicum. Gedruckt zu Gräz in Steyer durch Hansen Schmidt. —
Practica auff die vier zeiten, auch andere Bedeutungen der Planeten vnd Finsternussen.
Gestelt auf das Jahr nach Christi Geburth 1598 durch M. J. Keplerum, einer ersamen
Landschafft des Herzogthumbs Steyer Mathematicum. Frisch, p. 392.

gebracht, als daß man ihr zu viel zugeschrieben und durch unziemliches aber=
gläubisches Anrühmen die Gelehrten von ihr abwendig gemacht, also habe ich
mich in den zwei nächst vergangenen Jahren meiner Praktiken unterstanden,
solchen unmäßigen Ruhm der Astrologie zu beschneiden und anzuzeigen, daß auf
die jährlichen Prognostika, so man den Kalendern anheftet, keineswegs zu
bauen, sondern vielmehr nur zu einer ehrlichen Ergetzlichkeit und sonderlich von
gelehrten, verständigen und ruhigen Leuten sollen gelesen werden: in Ansehung,
daß die Kunst selber keinen solchen Grund habe, daraus einiger Zufall in
specie oder anders als generaliter könnte vorhergesagt werden". Hierauf
unterscheidet er zweierlei Weissagungen, die einen entnommen aus natürlichen
und den Menschen erkennbaren Ursachen, die anderen aber solche, „deren kein
Mensch und mehrer Theils auch der Weissager selber keinen natürlichen Grund
weder sieht noch weiß". Zu den letzteren rechnet er auch diejenigen Prophe=
zeiungen, bei welchen der Sternseher den allerungereimtesten Regeln, so die
abergläubischen Araber erdachten, nachgeht und also ad speciem kommt.
Wer nun solcher Weise recht vielerlei in seine Praktiken setzt, dem kanns nicht
wohl fehlen, es muß ihm einmal auch etwas gerathen und sei es auch mehren=
theils auf weit andere Art, denn er selber gedacht. Wie denn das Glück in
allen dergleichen ungegründeten Dingen, als geomantischem Würfelfall, Alphabet
Aristotelis, jüdischer Cabbala rc. ein wunderlicher Meister ist und überdies der
Menschen Aberglauben den Wahrsager selten stecken läßt. Oftmals würden
solche Praktiken für wahr gehalten, wenn sie gleich in etlichen Stücken das
Gegenspiel sagten. Ursache dessen ist, weil uns Menschen alles das getroffen
heißt, was nicht allerdings gefehlt ist, und weil man der großen Menge täg=
licher Fehlschlüsse als etwas, das nicht seltsam ist, vergißt, während man desto
länger eingedenk ist, wenn einer etlichermaßen etwas trifft. Daher manchem
Wahrsager seine Aussage, wie weit sie auch fehlet, durch anderer Leute Aus=
legung ohne sein Begehren wahr gemacht wird. Mit solchen und anderen
köstlich offenherzigen Worten setzt Kepler auseinander, daß „sich auf die Prak=
tiken nicht zu verlassen sei", bevor er selbst sich zum Prognostikum des künftigen
Jahres wendet. Dasselbe besteht aus 3 Kapiteln. Im ersten spricht er von
der Witterung. Wie er bemerkt, sollte der Astrologe in seinen Vorhersagungen
der Witterung weniger irren, als in anderen Punkten, weil dieselbe mehren=
theils aus der Natur folgt und des Menschen Gewalt und unerforschlichem
Willen am wenigsten unterworfen ist. Dennoch herrscht auch hierin große
Unsicherheit. Im zweiten Kapitel spricht er von den im künftigen Jahre zu
gewärtigenden Finsternissen, worunter eine ansehnlichere Sonnenfinsterniß. Das
dritte und letzte Kapitel widmet er „der Bedeutung der Finsternisse und anderer
Aspekten".

In diesem letzten Kapitel begegnen wir nun zum ersten Mal jenen eigen=
thümlichen politischen Prophezeiungen Kepler's, die mehr Warnungen als
Vorhersagungen waren. Was könnte der Astrologe anfangen, wenn er sich nur
um der Himmel Lauf bekümmern würde? Es würde ihn Niemand verstehen

und er könnte auch kaum etwas anderes aussagen — als Astronomie. So
äußert sich Kepler in der Einleitung, der wir schon oben so viel entnahmen.
Besser als irgend ein Astrologus, heißt es daselbst, „weiß ein Kriegsverständiger
von künftigem Glück und Unglück, ein Rechtserfahrener vom Ausgang seiner
Sachen, ein Weltweiser von Veränderung der Regiment, ein alter betagter Mann
vom künftigen Zustand seiner Kinder, ein Arzt vom Ausgang der Krankheit,
ein Bauersmann von verhoffter Fruchtbarkeit oder von dem morgigen Regen=
wetter, ein jeder von seiner fürhabenden Sache zu sagen, weil ihnen die nächst
verwandten Ursachen, als bei den Feldherren Volk, Proviant, Munition, Sinn
und Gewohnheit, des Richters Brauch, des Landes gute und böse Ordnungen,
der Jungen Weise, Geberden und Gestalt des Angesichts, des Patienten na=
türliche Kraft, die Winterwitterung, des Grundes Art, die Abend= und Morgen=
röthe, oder das Bergriechen wohl bekannt." Solcher natürlicher Ursachen be=
diente sich denn auch Kepler bei seinen Vorhersagungen über Staats= und
Kirchenbegebenheiten, und seinem offenen vorurtheilslosen Blicke gelang manche
überraschende Vorhersicht, so schon in seinem ersten Prognostikum, so in vielen
seiner späteren Schriften. Kaum kann man aber derlei Vorhersagungen, in=
soferne die Astrologie ihr Fundament ist, mit feinerer Ironie verspotten als
Kepler am Schlusse des vorliegenden Prognostikums für 1598. „Summa",
sagt er, „dem stärkern unter zwei Feinden kann der Himmel nicht viel schaden,
dem schwächeren nicht viel nützen. Wer sich nun mit gutem Rath, mit Volk,
mit Waffen, mit Tapferkeit stärkt, der bringt auch den Himmel auf seine Seiten
und so er ihm zuwider, so überwindet er ihn und alles Unglück".

Nun fürchtete er aber das Kind mit dem Bade verschüttet zu haben.
Er könne sich leicht die Rechnung machen, beginnt er seine nächstjährigen
Praktika*), daß er in Vielen den Zweifel erregt haben werde, ob denn die
Natur zu dergleichen Prognosticis auch nur die geringste Ursache gebe, oder ob
das ganze Werk im Grunde nichts als eitel Spiegelfechterei sei. Um aber das,
was sodann Kepler zur Ablehnung solcher durch seine Vorrede etwa verur=
sachter Gedanken vorbringt, unpartheiisch zu würdigen, müssen wir Mehreres
beachten. So vor allem den eigenthümlichen Reichthum seiner Natur. In
unserem Jahrhunderte kam nach Arago's Erzählungen einer der größten Phy=
siker desselben, Ampère, der unsterbliche Schöpfer der Elektrodynamik, in den
Ruf der Leichtgläubigkeit, weil ihm seine erfindungsreiche Phantasie, gepaart
mit Scharfsinn, für die unglaublichsten Vorgänge noch die Möglichkeit natür=
licher Ursachen vorspiegelte. Wenn wir aber überdies die Zeit ins Auge fassen,

---

*) Frisch. v. I., p. 401. — Im Besitze des Joanneums zu Graz ist ein Exemplar des
Kalenders für 1599 dessen vollständiger Titel lautet: „Schreib Calender — Auff das Jar
nach des Herrn Christi unsers Erlösers Geburt 1599. Gestellt durch M. Joannem Keplerum,
Einer Ersamen Landschafft des Herzogthumbs Steyer Mathematicum — Auff des Poli Borelias
höhe 47 Grad. Gedruckt zu Grätz in Steyr durch Hansen Schmidt." Es ist mit einer Dedika=
tion an den „Junkherrn Hannß Wilhalmen von Sauraw" aus dem Jahre 1599 versehen,
die höchst wahrscheinlich von Kepler selbst herrührt.   N.

so werden wir eine Hypothese nicht allzu auffallend finden, die noch heutzutage einen der größten Naturforscher der Gegenwart, G. Th. Fechner, den Urheber der „Psychophysik", zu ihrem Anhänger hat. Glaubte man überhaupt, daß die Aspekten am Himmel, die wechselseitigen Stellungen der Planeten und Fixsterne, einen entscheidenden Einfluß auf die Witterung, allgemeiner auf meteorologische Erscheinungen ausüben, so konnte man sich wohl kaum eine natürlichere Erklärung dafür ersinnen, als Kepler gab. So phantastisch sie Vielen heute scheinen mag, sie erhob sich bereits über den Wunderglauben früherer Zeiten, der zwischen Sternen und Wetter keinen ursächlichen Zusammenhang annahm und doch aus den ersteren auf das letztere schließen wollte. Der Mysticismus des „Ungrundes" ist von Kepler völlig überwunden; nach seiner Ansicht können wir nur aus Solchem auf die Zukunft schließen, was dieselbe herbeizuführen geeignet ist. So erklärt Kepler es ausdrücklich für eine lächerliche Phantasie, einem Jahre nach dem Brauch der Astrologen seine Nativität zu stellen, da zwar ein Mensch zumal mit Haut und Haaren in einem Augenblicke geboren werde, das Jahr aber kein solches ganzes Wesen sei, sondern: wenn der Lenz angeht, so ist der Sommer noch nicht da, und so der kommt, ist der Lenz schon vergangen. Darum sei es aber noch nicht um die Astrologie geschehen.

Wir sehen, fährt er fort, 1. daß der Erdboden seine natürliche Wärme in sich hat, und Sommer und Winter behält, 2. daß so viele mächtige Ströme aus den höchsten Bergen entspringen, 3. daß eine unerschöpfliche Menge von allerlei Metall und Mineralien in der Erde zusammenkommt und gesteht. Woher kommt dies Alles? Nirgend werden wirs besser erfahren, denn an des Menschen Leib, an der kleinen Welt (dem Mikrokosmos). Da trifft man auch eine natürliche Wärme, da findet man, daß sich das Blut in den Adern täglich mehrt, da fallen stetige Flüsse aus dem hohen Berge des Hauptes. Woher kommt es da? Dahero, dieweil der Mensch eine lebendige Seele hat. So steckt auch in der Erde eine Seele, die dies Alles wirkt und aus dem Meerwasser (welches durch seine Kanäle in die tiefsten Orte der Erde hinabfließt) durch seine natürliche Hitze solche mächtige Dämpfe in die Berge aufsteigen macht, allda sie alsgleich in einem Alembico (einer Retorte) wieder zu Wasser werden. Je mehr sich nun dieser Werkmeister erhitzet, desto mehr sein Leib, die Erde, schwitzet, daß die Dämpfe weit über die Berge ausgehen und da allerlei Gewitter machen. Wie kann aber ein Aspekt hierauf wirken? Ein Aspekt heißt es, wenn die Lichtstrahlen zweier Planeten hier auf der Erde einen gewissen Winkel machen. So wirkt nun das himmlische Licht, dessen das eine Mal fast so viel als das andere ist, nicht nur an sich selbst, sondern mehr wegen der „Astronomie zweier Lichter". Wie kann das zugehen? Oder wie kann ein geometrisches Verhältniß oder eine Harmonie wirken? Antwort, wir wollen es abermals von einem Erempel lernen. Es pflegen etliche Aerzte ihre Patienten durch eine liebliche Musik zu kuriren. Wie kann da die Musica auf eines anderen Menschen Leib wirken? Nämlich also, daß die Seele des Menschen, wie auch etlicher Thiere, die Har-

monie verſteht, ſich darüber erfreut, erquidet und in ihrem Leibe deſto kräftiger
wird. So denn nun auch die himmliſche Wirkung auf den Erdboden durch
eine Harmonie und ſtille Muſik ausgeübt wird, ſo muß abermals in dem Erd=
boden nicht nur die dumme unverſtändige Feuchtigkeit, ſondern auch eine ver=
ſtändige Seele ſteden, „welche anfahe zu tanzen, wann ihr die Aſpekte pfeiffen".
Solcher Art greift Kepler zur Hypotheſe einer Erdſeele, um eben in natür=
licher Weiſe die Wirkung der Aſpekten zu erklären. Denn Alles, was wider
die Natur wäre, verwirft er: Wir werdens in keiner Hiſtorie finden, daß bei
guter Jahreswitterung die Früchte von ſich ſelbſt nicht wachſen wollten, gleich
als würde der Same ſelbſt vom Himmelsgeſtirne gehindert; ſondern wenn ein
unfruchtbar Jahr eingetreten, ſo haben ſich allewege an übriger Dürre oder
Feuchte, Hitze oder Kälte, an Hagel, Waſſergüſſen und dergleichen, augenſchein=
liche Urſachen eingefunden. Und nicht nur die meteorologiſchen, auch die erd=
magnetiſchen Erſcheinungen ſchienen Kepler auf eine Erdſeele hinzudeuten[*]),
ja in der Zeit, von der wir hier ſprechen, glaubte Kepler ſelbſt die regel=
mäßige Bewegung der Erde und der Planeten um die Sonne nicht erklären
zu können, ohne ihnen Seelen zuzuſchreiben.

Auch in dieſem Prognoſtikum widmet Kepler ebenſo, wie in dem des
nächſtvorhergehenden Jahres, ein Kapitel „den Zuſtänden im weltlichen Regi=
ment". Er vergleicht darin die Conſtellationen des kommenden Jahres mit
denen des 49. Jahres vor Chriſti Geburt, darin ſich Cäſar zum Oberherrn
von Rom aufwarf. Hier, wie an vielen Stellen ſeiner Werke, legt er Zeugniß
ab von dem lebhaften Intereſſe, das hiſtoriſche Ereigniſſe ihm erregten. So
ſehen wir aus ſeiner Correſpondenz mit Cruſius[**]), daß er ſich mit einer
Sammlung ſteiriſcher Alterthümer beſchäftigte, und der Gedanke, eine ſteiriſche
Chronik in ähnlicher Weiſe, wie Cruſius eine ſchwäbiſche veröffentlicht hatte, zu
verfaſſen, dürfte Kepler damals nicht fremd geweſen ſein. Doch überſchätzte
er anderſeits die Wichtigthuerei des Menſchentreibens bei ziel= und zwecloſem
Dahinleben nicht. Sein Lieblingsſpruch, den er auf unzählige Stammbuchblätter
ſchrieb, war: O curas hominum, o quantum est in rebus inane — o wie ſorgt
ſich der Menſch und doch iſt alles ja nichtig! Flößten ihm geſchichtliche Bege=
benheiten auch lebhafte Theilnahme ein, ſeine wahre Befriedigung fand er
doch nur in der Erforſchung des unendlichen Himmels; nicht die Heimlichkeiten
fürſtlicher Kabinete beunruhigten ihn, ſondern das Geheimniß des geſammten
Weltbaues feſſelte ſeinen jugendlichen Geiſt, ihm widmete er ſein erſtes größeres
Werk, welches wir im nächſten Kapitel kennen lernen werden.

Ging Kepler's Kunſt im Lehramte an der Stiftsſchule und im Frohn=
dienſte des Kalendermachens nach Brod, ſo beſeelten ihn jedoch ganz andere,
höhere Empfindungen, als er ſein „Geheimniß des Weltbaues" ſchuf und in
ihm „die Vorhalle kosmographiſcher Schilderungen" (ſo lautet des Buches zweiter

---

*) Hanschius, J. Keppleri epist., p. 133.
**) Ebendaſelbſt, p. 88—90.

Titel) betrat. Das Amt des „Landschaftsmathematikus" nährte wohl seinen Mann, doch Kepler's Geist bedurfte edlerer Speise. Nicht der Wunsch nach Erwerb führte ihm die Feder, sondern jenes Entzücken beflügelte sie, das eine geistige Thätigkeit gewährt, die dem Wahrheits= und Schönheitstriebe zugleich gewidmet ist. Herrlich drückt Kepler dieses Gefühl, das abgesehen von jedem Nutzen, den die Erkenntniß liefert, in ihr selbst den erhebendsten, menschenwürdigsten Genuß finden läßt, in der an den Landeshauptmann und die Landstände von Steiermark gerichteten Widmung aus, die er der ersten Auflage seines Geheimnißes voranschickt.

„Ist's nöthig", sagt er daselbst, „den Werth der göttlichen Dinge nach dem Werthe des Gemüsepfennigs zu schätzen? Dem hungrigen Bauch nützt freilich die Erkenntniß der Natur und die ganze Astronomie nichts. Edlere Menschen aber hören nicht auf solche Stimmen der Barbarei, die deßhalb diese Studien verschreien wollen, weil sie nicht nähren. Maler und Tonkünstler, die unsere Augen und Ohren erfreuen, bringen uns auch weiter keinen Nutzen; aber das Vergnügen, das man aus ihren Werken schöpft, hält man nicht nur für mensch= lich, sondern auch für edel. Wie unmenschlich also, wie einfältig, dem Geiste sein edleres Vergnügen zu mißgönnen, das man doch den Sinnen, dem Auge, dem Ohr gönnt! Krieg gegen die Natur führt der, welcher diesem Vergnügen entgegenstrebt. Denn der große Meister, der nichts in die Schöpfung brachte, als was der Nothwendigkeit dient oder zur Schönheit und Lust gereicht, er sollte den menschlichen Geist, den Herrn der ganzen Natur, sein Ebenbild, ihn allein sollte er mit keinem Vergnügen bedacht haben? Wie wir nun nicht fragen, welchen Nutzen der Vogel sucht, wenn er singt, da wir wissen, daß Gesang ihn erfreut und er zum Singen gemacht ist, so muß man auch nicht fragen, warum der menschliche Geist mit so vieler Mühe die Himmel durchsuche. Denn er ist vom Schöpfer nicht blos dazu den Sinnen beigegeben, daß der Mensch durch ihn für seinen Unterhalt sorge (thierische Instinkte könnten dies schneller bewirken), sondern daß er von den sichtbaren Erscheinungen sich zu der Erkenntniß der Ursachen erhebe; gleichviel ob dies Nutzen bringe oder nicht. Wie der mensch= liche Leib, gleich dem der Thiere, durch Speise und Trank erhalten wird, so ernährt sich und wächst und kräftigt sich der Geist durch diese Erkenntnißspeise." Im „Geheimniß des Weltbaues" ging also Kepler's Kunst — nach himm= lischem Brode.

Sechstes Kapitel. Das Geheimniß des Weltbaues.

Der fortgeschrittne Mensch trägt auf erhobnen Schwingen
Dankbar die Kunst mit sich empor,
Und neue Schönheitswelten springen
Aus der bereicherten Natur hervor.

———

Jetzt wägt er sie mit menschlichen Gewichten,
Mißt sie mit Maßen, die sie ihm gelieh'n;
Verständlicher in seiner Schönheit Pflichten
Muß sie an seinem Aug' vorüberzieh'n.
In selbstgefäll'ger jugendlicher Freude
Leiht er den Sphären seine Harmonie
Und preiset er das Weltgebäude,
So prangt es durch die Symmetrie.

Schiller.

Wunderbar sind die Wege — menschlicher Geistesentwicklung. Wohl vermochte unser Kepler die Bahnen der Planeten zu erkennen, aber noch ergründete kein zweiter Kepler die Spirale des Fortschrittes. Die Geschichte der Wissenschaften würde ihres fesselndsten Interesses, ihres höchsten Reizes entbehren, wollte man nur von der einfärbig gekleideten „Wahrheit" selbst und nicht auch von deren seit Jahrtausenden treuem Begleiter, dem mit bunten Lappen aller Art geschmückten Gesellen „Irrthum" erzählen. Um den Ursprung der Feuerkugeln aus dem fernen Himmelsraume wahrzunehmen, mußte man sie in ihrem Wolkengewande beobachten. Und wenn wir auch noch immer nicht wissen, aus welcher höheren Sphäre uns Wahrheiten zufließen; daß sie zunächst in einem Wolkengewande, in einer Umhüllung von Wahn und Irrthum auftreten, daran ist kein Zweifel. Doch raubt dieß ihrer Erhabenheit nichts. Als die Menschen noch an die Besuche von Göttern auf der Erde glaubten, da stellten sie sich auch vor, die Unsterblichen stiegen in Wolkennebeln hernieder. Der Olympier Jupiter besuchte in einem Gewölke die Jo und erzeugte mit ihr den Epaphus, den Ahnherrn des Herkules. So tritt oft der Stammvater künftig geborener Wahrheiten im Gewande des Irrthums auf. Doch glückt es dann nicht immer, wie es dem eifersüchtigen Auge Juno's gelang, den Wolkenschleier zu durchblicken. Man vergißt meistens später, daß man den eigentlichen Schöpfungsakt dort zu suchen habe, wo das Problem der Natur in eine Frage des Menschengeistes verwandelt wurde. Niemand zweifelt daran, daß zu dem Größten,

zu dem Herrlichsten, worauf die Menschheit stolz zu sein ein Recht hat, in aller=
erster Linie die drei Kepler'schen Gesetze über die Planetenbewegungen gehören.
Dennoch ist selbst in einer so vortrefflichen Monographie, wie sie der Engländer
Small *) über die astronomischen Entdeckungen Kepler's lieferte, dessen Jugend=
werk: Vorhalle kosmographischer Abhandlungen oder das Geheimniß des Welt=
baues **), keiner eingehenderen Betrachtung unterzogen. Als ob man nicht in
eben dieser Schrift den Keim zu jenen drei Gesetzen, und zwar nicht nur im
Allgemeinen, sondern zu jedem einzeln genommen fände? Wäre diese „Vorhalle"
nicht von Kepler, sondern von wem immer, wir müßten dies anerkennen
und deren Verfasser in eine ähnliche Beziehung zu Kepler setzen, wie Hooke
zu Newton.

Das Verhältniß der „Vorhalle" zu Kepler's späteren Werken, ins=
besondere zur „neuen Astronomie" und zur „Harmonie der Welt" kann man
nicht besser charakterisiren, als es Kepler selbst in einer Note zum Titel der
zweiten Auflage des Werkes that. „Diese Vorhalle glich", sagt er daselbst „der
ersten Schifffahrt des Amerigo Vespucius, ihre Anbauten aber waren wie die
heutigen jährlichen Reisen nach Amerika". Man verbessere hier den Irrthum
Kepler's, den er mit den meisten seiner Zeitgenossen theilte und setze „Colum=
bus" an die Stelle von „Amerigo Vespucius". Daß Columbus bei seiner ersten
Fahrt nicht schon den transatlantischen Continent selbst, sondern nur einige zu
diesem gehörige Inseln entdeckt und so kaum noch eine Vorstellung von den
Umrissen der neuen Welt erhalten hat, während jede nähere und genauere Er=
forschung späteren Reisen vorbehalten blieb, dies war wohl die Aehnlichkeit,
welche Kepler selbst zum Vergleiche veranlaßt hat. Derselbe ist aber noch viel
bezeichnender, als es Kepler ahnte oder auch nur ahnen konnte. Vergeblich
hatte Columbus den Seeweg nach Indien auf jener Fahrt gesucht und ebenso
erfolglos war Kepler's Streben für die bestimmte Anzahl der Planeten, von
welchen man damals sechs kannte, eine apriorische Ursache aufzufinden. Beide
waren in ihren Bemühungen von religiösen Ideen geleitet und angefeuert, welche
die Gegenwart gänzlich aus dem Gebiete des Wissens ausschließt und dem des
Glaubens zuweist. Columbus hoffte das irdische Paradies, aus welchem die
ersten Eltern der Menschen ob ihres Sündenfalles vertrieben worden waren,
wieder aufzufinden und zugänglich machen zu können und Kepler glaubte im
Gesammtplane des Weltgebäudes ein Bild der heiligen Dreieinigkeit zu erblicken
und meinte, die Gedanken, die Gott selbst bei der Schöpfung der Planeten geleitet

---

*) An account of the Astronomical Discoveries of Kepler etc. by Robert Small:
London 1804.

**) Prodromus dissertationum cosmographicarum, continens Mysterium cosmo-
graphicum de admirabili proportione orbium celestium: deque causis coelorum nu-
meri, magnitudinis, motuumque periodicorum genuinis et propriis, demonstratum per
quinque regularia corpora geometrica a M. Joanne Keplero, Wirtembergico, Illustrium
Styriæ Provincialium Mathematico. Tubingæ. Excudebat Georgius Gruppenbachius
1596.

hatten, errathen zu können. Sollen wir im Besitze der hohen Errungenschaften, welche uns jene Männer verschafften, des kindlichen Wahnes, der sie begeisterte und unter den größten Schwierigkeiten ausharren ließ, vergessen oder gar denselben belächeln? Keines von Beiden! Ihre Irrthümer verdienen als merkwürdige Momente in der Geschichte des Menschengeistes aufbewahrt zu werden.

Unsere Leser erinnern sich, wie wir, indem wir die irrthümlichen Ueber= lieferungen entgegengesetzter Art wiederlegten, bereits an einer früheren Stelle*) des regen Interesses gedachten, das Kepler schon zu Tübingen an Astronomie genommen. Eine neuerliche Bestätigung werden dieselben in der Vorrede des eben betrachteten Werkes finden. Kepler beschreibt darin, wie er, nur wenig mehr als achtzehn Jahre alt, als er Mästlin zu Tübingen hörte, Anstoß an den Unzukömmlichkeiten des herrschenden ptolemäischen Weltsystems genommen habe und von der Lehre des Copernikus, welchen Mästlin häufig und mit besonderer Achtung erwähnte, so entzückt worden sei, daß er nicht blos dessen Behauptungen in den physikalischen Disputationen der „Stiftler" vertheidigte, sondern auch eine eigene Abhandlung zu Gunsten der Achsendrehung der Erde verfaßte. Der Erde habe er, erzählt er ferner, auch die Bewegung um die Sonne zugeschrieben, und zwar ebenso aus „physischen, oder besser metaphysischen" Gründen, wie es Copernikus aus „mathematischen" that. Wirklich waren diese Gründe ursprüng= lich nur zu sehr „metaphysisch"; je mehr aber Kepler in seinen Entdeckungen fortschritt, desto mehr verwandelte sich ihm unter den Händen zum Glücke der Naturwissenschaft die anfängliche Metaphysik des gestirnten Himmels in eine Physik desselben — eine Metamorphose, die uns nicht nur in diesem ersten Buche, sondern durch das ganze Werk hindurch beschäftigen wird. Theils durch seine eigenen Bemühungen, theils durch Mästlin's Belehrungen wurde Kepler stets vertrauter mit den mathematischen Vorzügen des copernikanischen Systems vor dem ptolemäischen. Schon früher immer, wenn auch in Unterbrechungen, mit diesen Studien beschäftigt, ward er durch sein Grazer Amt noch mehr an dieselben gekettet. Drei Gegenstände waren es nun vor Allem, über welche Kepler mit aller Energie des Geistes nachsann: Die Ursachen für Zahl, Größe und Bewegung der Planeten und ihrer Sphären. Diese Ursachen erforschen zu wollen, war ein Unternehmen von unerhörtester Kühnheit. Doch lassen wir Kepler selbst berichten, in welcher Weise er glaubte, den Schlüssel zu diesen Räthseln gefunden zu haben.

„Daß ich ein solches Ziel mir zu stellen wagte," sagt er in der angeführten Vorrede, „bewirkte jene schöne Uebereinstimmung der Ruhenden: der Sonne, der Firsterne und des Zwischenraumes mit Gott Vater, Gott Sohn und dem heiligen Geiste, welche Analogie ich in einer künftigen „Kosmographie" noch näher verfolgen werde. Da sich nun die Ruhenden so harmonisch verhielten, so zweifelte ich nicht daran, daß sich auch an den Beweglichen Beziehungen finden würden. Ich versuchte die Sache zuerst mit Zahlen und prüfte, ob eine der

---

*) Siehe S. 103.

Planetensphären das doppelte, dreifache oder irgend ein sonstiges Vielfache der übrigen sei und wie viel jede von jeder andern nach Copernikus abstünde. Ich verlor an diese Arbeit, wie an ein Spiel, viel Zeit, da keine Art Uebereinstimmung weder mit den Sphären selbst, noch mit deren Zuwüchsen sich ergab, und ich zog hieraus keinen andern Gewinn, als daß ich die von Copernikus angegebenen Entfernungen meinem Gedächtnisse tief einprägte; oder, daß vielleicht die Erwähnung dieser verschiedenen Versuche deine Zustimmung, aufmerksamer Leser, bald hier= bald dorthin wendet, bis du dich ermüdet endlich um so williger zu den in diesem Buche erläuterten Grundsätzen, wie in einen sichern Hafen, flüchtest. Doch einigermaßen wurde ich getröstet und in meinen Hoffnungen auf Erfolg aufrecht erhalten, sowohl durch andere Gründe, welche sogleich folgen sollen, als insbesondere durch die Beobachtung, daß die Bewegungen in jedem Falle als mit den Entfernungen zusammenhängend erscheinen, und daß, wenn irgendwo ein großer Sprung zwischen den Sphären war, ein solcher sich auch zwischen den Bewegungen zeigte. Und ich folgerte, daß, wenn Gott die Bewegungen in eine gewisse Beziehung zu den Entfernungen der Sphären gesetzt hatte, es wahrscheinlich sei, daß er auch die Entfernungen mit Beziehung auf irgend etwas Anderes geschaffen habe*)."

"Da ich," fährt Kepler fort, "auf diesem Wege keinen Erfolg erreichte, so versuchte ich einen andern, von seltener Kühnheit. Ich schaltete einen neuen Planeten zwischen Mars und Jupiter und einen andern zwischen Venus und Merkur ein, welche beiden ich als unsichtbar voraussetzte, vielleicht wegen ihrer Kleinheit und ich schrieb jedem derselben eine gewisse Umlaufsperiode zu. So glaubte ich eine gewisse Gleichheit der Verhältnisse bewirken zu können. Diese nehmen nämlich in ihrer natürlichen Reihenfolge nach der Sonne zu ab, und wachsen in der Richtung der Firsterne derart, daß die Erde der Venus in Theilen der Erdsphäre näher steht, als der Mars der Erde in Theilen seiner Sphäre. Aber die Einschaltung eines einzigen Planeten genügte noch nicht für die ungeheure Kluft zwischen Mars und Jupiter; noch immer blieb das Verhältniß Jupiters zu dem neuen Planeten größer, als das Saturns zu Jupiter. Und obwohl ich mit Hilfe dieser Voraussetzungen eine Art Proportionalität herstellte, gelangte ich dennoch zu keiner vernünftigen Schlußfolgerung oder sicheren Bestimmung in Betreff der Zahl der Planeten, weder gegen die Firsterne hin, so daß sie an diese gereicht hätten, noch der Sonne zu, weil die Theilung des übrig gebliebenen Raumes zwischen Merkur und Sonne nach einem derartigen Verhältnisse in's Unendliche fortgesetzt werden konnte. Auch mußte ich keine Gründe für den Vorzug bestimmter Zahlen anzugeben, warum denn unter einer unendlichen Anzahl gerade jene wenigen der Beweglichen zur Geltung kämen.

---

*) Bekanntlich bildet die Beziehung zwischen der Entfernung und der Bewegung der Planeten den Gegenstand des dritten Kepler'schen Gesetzes. Die Frage, welche zu demselben führte, legte sich also Kepler schon in der hier erwähnten Zeit vor. Einen Versuch, den er bereits im „Geheimnisse" zu ihrer Beantwortung machte, werden wir noch an einer späteren Stelle dieses Kapitels kennen lernen.

Nicht minder unwahrscheinlich erschien mir aber auch jene Vermuthung, die Rheticus in seiner das copernikanische Weltsystem erläuternden Erzählung *) aufstellt und nach welcher die Sechszahl der Beweglichen von der Heiligkeit dieser Zahl herstammen würde. Denn, wer die Erbauung der Welt selbst erforscht, darf seine Gründe nicht von Zahlen entnehmen, die ihre Würde von Dingen borgten, welche später als die Welt entstanden sind."

Unterbrechen wir hier Kepler einen Moment und geben wir jenem Gedanken Ausdruck, der sich jedem unserer Leser bei der Durchsicht der vorangehenden Zeilen bereits aufgedrängt hat: Welche merkwürdige Ahnung leitete doch hier Kepler, zwischen Jupiter und Mars einen Planeten vorauszusetzen, der wegen seiner Kleinheit dem unbewaffneten Auge unsichtbar sei? Zwar werden uns Manche erwiedern, man habe mit Hilfe des Fernrohrs solcher Planeten nicht blos einen, sondern eine größere Anzahl entdeckt und noch jährlich werden in dem Zwischenraum zwischen Jupiter und Mars etwelche Duodezplaneten gefunden. Diese erklärt jedoch eine viel verbreitete Hypothese für die Trümmerstücke eines einzigen zersprungenen Hauptplaneten von jener Art und Beschaffenheit, wie ihn Kepler voraussetzte. Auch blieben sogar die erwähnten Kepler'schen Untersuchungen nicht ohne Antheil an der späteren Entdeckung der kleinen Planeten. Das von ihm hervorgehobene proportionale Wachsthum der Planetenweiten lenkte die Aufmerksamkeit der Astronomen auf die Aetherkluft zwischen Mars und Jupiter, wo man endlich mit gut gezieltem Fernrohr das winzige Planetoidenwild erjagte. So zahlt die Geschichte der Astronomie mit reichlichen Zinsen jenen Ruhm an Kepler zurück, den er bezüglich der mediceischen Gestirne, als ihm nicht gebührend, in edler Besorgniß, den Rechten Galilei's Eintrag zu thun, ausdrücklich von sich wies. In der zweiten Auflage seines „Prodromus" fügt er der oben mitgetheilten Vermuthung eines Planeten zwischen Mars und Jupiter folgende Anmerkung bei: „Nicht etwa ein Gestirn, das um Jupiter liefe, wie die mediceischen Galilei's**); man täusche sich hierüber nicht, an diese habe ich niemals gedacht; sondern an solche, welche die in der Mitte befindliche Sonne in der gleichen Weise, wie die Hauptplaneten mit ihrem Gefährte umkreisen." Ein herrlicher Charakterzug! Wie günstig sticht doch diese ängstliche Wahrung fremden Rechtes gegen die leidenschaftlichen Prioritätsansprüche heutiger Naturforscher ab, welche, um eine zum erstenmal gesehene Schwanzfeder einer neuen Pfauenspecies in ihrer wissenschaftlichen Häuptlingskrone nicht zu missen, sämmtliche gelehrte Akademien der alten und neuen Welt mit Protesten überschütten. Auch Kepler war von lebhafter Ruhmesliebe. Doch über Alles ging ihm die Wahrheit. Dieser leiden-

---

*) Narratio M. Georgii Joachimi Rhetici, de libris revolutionum, atque admirandis de numero, ordine et distantiis sphärarum mundi hypothesibus excellentissimi mathematici totiusque astronomiæ restauratoris D. Nicolai Copernici.

**) Die „mediceischen Galilei's" sind die Jupitersmonde, welche Galilei mit dem von ihm verfertigten Fernrohre am 7. Januar 1610 wahrgenommen und zu Ehren des großherzoglich-toskanischen Hauses: „Sidera Medicea" genannt hat.

schaftliche Wahrheitstrieb war auch die Veranlassung, daß er mit einer Aufrichtig=
keit, wie kein zweiter Forscher, jeden mißlungenen Versuch erzählte. Gerade
dadurch wirkt aber die Lektüre seiner Schriften ebenso anregend, als belehrend.
Sie liefert die herrlichsten Belege, wie sich aus anfänglichen Irrthümern durch
Fleiß und Scharfsinn dem echten Forscher die großartigsten Wahrheiten entwickeln,
ein Punkt, auf welchen wir durch Kepler's Werke immer wieder gelenkt werden.
Daher gedachten wir desselben auch bereits in den Eingangsworten, mit welchen
wir uns zu seinem Probromus wandten. Doch kehren wir nun zu Kepler's
eigenem Berichte über den Gang seiner Forschung zurück. Wir übergehen einen
ferneren mißglückten Versuch, den Zusammenhang zwischen den Entfernungen
und den Bewegungen der Planeten durch eine geometrische Construktion darzu=
stellen. Wir begleiten ihn sogleich zu jenen Schritten, die ihn zum Grundge=
danken seines „Geheimnisses des Weltbaues" führten.

„Beinahe der ganze Sommer", erzählt er, „ging mit diesen fruchtlosen
Bemühungen verloren, bis ich endlich durch einen unbedeutenden Zufall der
Wahrheit näher kam. Mir schien es eine unmittelbare Schickung Gottes, daß
ich endlich durch Zufall erlangen sollte, was ich mit der größten Anstrengung
zu erreichen nicht im Stande war; und ich glaubte um so mehr hieran, als ich
unaufhörlich zu Gott gebetet hatte, er möge, wenn Copernikus die Wahrheit
verkündigt habe, meine Bemühungen gelingen lassen. Es geschah nun anno 1595,
am 9. Juli, am neunzehnten neuen Styls, daß ich, als ich meinen Zuhörern
die Sprünge der großen Conjunktionen durch je acht Zeichen zu erklären hatte,
und wie sie nach und nach aus einem Gedrittschein in den andern übergehen,
in einen Cirkel eine große Anzahl von Dreiecken oder Quasidreiecken einzeichnete,
so daß je das Ende des Einen den Anfang des nächsten bildete. (Man sieht
dieß auf dem beifolgenden Schema der großen Conjunktionen Saturns und Ju=
piters *). In solcher Weise wurde durch die Punkte, wo sich je zwei der Linien
schnitten, ein innerer kleinerer Kreis geformt. Nun beläuft sich der Durchmesser
des einem Dreiecke eingeschriebenen Kreises auf die Hälfte vom Durchmesser des
umgeschriebenen. Also erschien das Verhältniß der beiden Kreise nahezu dem
gleich, welches zwischen den Bahnzirkeln Saturns und Jupiters statt hat. Und
zugleich ist das Dreieck ebenso die erste der Figuren, wie Saturn und Jupiter
die äußersten der Planeten sind. Ich versuchte unverzüglich für die nächste
Entfernung, für die zwischen Jupiter und Mars, ein Viereck, für die dritte
ein Fünf=, für die vierte ein Sechseck. Und als das Auge auf den ersten
Blick bei der zweiten Entfernung: zwischen Jupiter und Mars, gegen die
Anwendung des Quadrates Protest erhob, so combinirte ich das Viereck mit

---

*) Zum besseren Verständnisse fügen wir bei, daß, da die Umlaufszeit des Saturn
beiläufig dreißig, die des Jupiter beiläufig zwölf Jahre beträgt, je eine Conjunktion der=
selben nach zwei Drittel Umlauf des ersten, und nach einem ganzen und zwei Drittel Um=
lauf des zweiten Planeten stattfinden muß, woraus wir unmittelbar einsehen, daß sie je
nach einem Fortschritte des langsameren Planeten durch acht Zeichen des Thierkreises
wiederkehrt.

einem Dreieck und einem Fünfeck. Endlos wäre es, jedes einzelnen Schrittes zu gedenken.“

„Und das Ende dieses vergeblichen Versuches war der Anfang des schließ= lichen glücklichen Ausganges. Ich überlegte, daß ich, wenn ich unter den Figuren Ordnung einzuhalten wünschte, niemals bis zur Sonne gelangen würde, und daß sich auf diesem Wege auch keine Ursache ergäbe, warum gerade sechs und nicht zwanzig oder hundert bewegliche Sphären vorhanden seien. Und doch hatten die Figuren meinen Beifall als Größen und als Dinge, die älter als

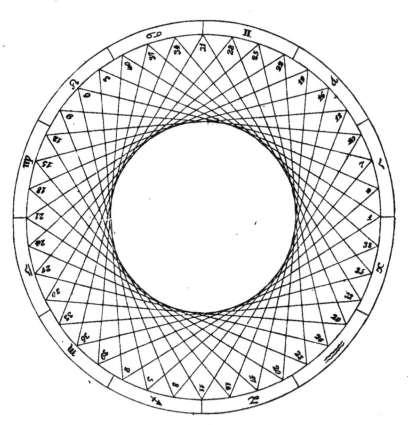

die Himmel waren. Denn die Größe wurde zugleich mit den Körpern erschaffen; die Himmel aber am nächsten Tage. Wenn sich (so war nun mein Gedanken= gang) für die Größe und das Verhältniß der sechs Himmel, welche Copernikus aufstellte, unter den unendlich vielen nur fünf Figuren fänden, welche sich vor allen übrigen durch irgend welche besondere Eigenschaften auszeichnen würden, so hätte ich mein Ziel erreicht. Und dann wieder fiel mir bei: Was sollen ebene Figuren zwischen körperlichen Sphären? Da ist das Augenmerk viel mehr auf ausgedehnte Körper zu richten. Wohlan, Leser, hier hast du nun die Erfindung und den Gegenstand dieses ganzen Werkchens! Denn wenn irgend Jemand, der mit der Geometrie nur einigermaßen vertraut ist, durch obige Worte gemahnt wird, so werden sich ihm sogleich die fünf regelmäßigen Körper aufdrängen, mit ihren eingeschriebenen und umgeschriebenen Kugelflächen und es wird ihm jenes bekannte Euklideische Scholion vor Augen treten, durch welches bewiesen wird, daß es nur fünf regelmäßige Körper gebe und daß es unmöglich sei, mehr als diese auszudenken*)".

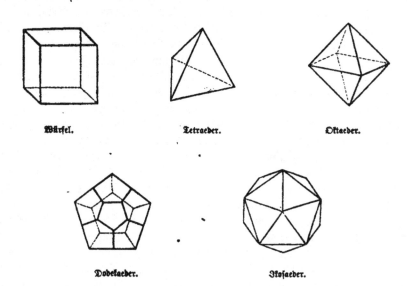

Würfel.   Tetraeder.   Oktaeder.

Dodekaeder.   Ikosaeder.

---

*) Um Lesern, welche der Geometrie weniger kundig sind, das Verständniß zu erleichtern, brachten wir oben eine Abbildung der fünf regelmäßigen Körper und wollen auch noch einige Worte der Erläuterung beifügen. Regelmäßige Körper nennt man solche, welche von lauter gleichen, gleichseitigen und gleichwinkligen Vielecken begrenzt sind. Solcher Körper gibt es fünf: der Würfel oder Cubus, das Tetraeder, das Oktaeder, das Dodekaeder und das Ikosaeder. Ein Würfel ist ein von sechs gleichen Quadraten begrenzter Körper. Ein Tetraeder ist ein von vier gleichen und gleichseitigen Dreiecken begrenzter Körper. Ein Oktaeder ist ein von acht gleichen und gleichseitigen Dreiecken begrenzter Körper. Ein Dodekaeder ist ein von zwölf gleichen, gleichseitigen und gleichwinkligen Fünfecken begrenzter Körper. Ein Ikosaeder ist ein von zwanzig gleichen und gleichseitigen Dreiecken begrenzter Körper. Daß es nicht mehr als die genannten regelmäßigen Körper geben könne, sieht man in folgender Weise: Der Winkel eines gleichseitigen Dreiecks beträgt zwei Drittel eines rechten. Sucht man also aus gleichseitigen Dreiecken eine körperliche Ecke zusammenzusetzen und so eine körperliche Figur zu erzeugen, so kann man drei gleichseitige Dreiecke aneinander fügen und bekommt das Tetraeder; vier und bekommt das Oktaeder; fünf und bekommt das Ikosaeder. Wollte man aber sechs oder mehr gleichseitige Dreiecke zur körperlichen Ecke zusammensetzen, so wäre die Summe der Winkel von der körperlichen Ecke, von denen jeder $2/3$ eines rechten beträgt, gleich oder größer als vier Rechte, was unmöglich ist. Dem Laien wird es die Auffassung erleichtern, wenn er den Versuch macht, sich aus sechs gleichseitigen Dreiecken eine körperliche Ecke zu bilden. Hier beträgt die Summe der zusammentreffenden

„Eine verwundernswerthe Thatsache ist es, daß ich, dem damals noch nichts von den Ansprüchen der einzelnen Figuren auf einen bestimmten Platz in der Reihenfolge bekannt war, doch sogleich, indem ich mich einer, nichts weniger als besonders scharfsinnig aus den bekannten Planetenentfernungen abgeleiteten Vermuthung hingab, so glücklich in der Anordnung der Körper an's Ziel traf, daß ich auch später, als ich mich der ausgesuchtesten Gründe bediente, nichts daran zu ändern im Stande war. Zum Andenken der Begebenheit theile ich dir den Ausspruch der Erfindung mit, so wie er mir damals im Augenblicke auf die Zunge trat: Die Erdbahn liefert den Kreis, der das Maß aller übrigen bildet; um denselben beschreibe ein Dodekaeder: der dieses umschließende Kreis ist der des Mars; die Marssphäre begrenze mit einem Tetraeder, der diesem umschriebene Kreis wird der des Jupiter sein. Die Sphäre des Jupiter umschließe mit einem Würfel; der diesem umschriebene Kreis ist der des Saturn. Ferner schreibe der Erdsphäre ein Ikosaeder ein, der von diesem eingeschlossene Kreis wird der der Venus sein. Der Venus schreibe ein Oktaeder ein und der Kreis in diesem wird dem Merkur gehören. Und so erhälst du den Grund für die Anzahl der Planeten."

„Dies die Veranlassung und der Erfolg meiner Arbeit. Blicke nun auch auf meine Behandlung im Buche. Welchen Genuß mir aber die Erfindung selbst gewährte, werde ich in Worten nie auszudrücken vermögen. Nun bereute ich nicht länger die versäumte Zeit, keine Mühe verdroß mich, keine Beschwerlichkeit des Calkuls scheute ich, Tag und Nacht verbrachte ich mit Ausrechnungen, um mich zu überzeugen, ob die Worte jenes Ausspruches mit den Sphären des Copernikus übereinstimmen, oder aber, ob der Wind meine Freude verwehe. Wenn ich die Sache so, wie ich vermuthete, träfe, gelobte ich Gott, dem Allmächtigen, diese bewunderungswürdige Probe seiner Weisheit, schwarz auf weiß gedruckt unter den Menschen zu verkündigen; damit, obschon noch nicht Alles vollendet und wohl noch Manches übrig ist, das aus den Principien fließt und dessen Erfindung ich mir hätte vorbehalten können, doch auch Andere, die dazu die Gabe besitzen, möglichst viel und in möglichst kurzer Zeit nach mir zur

---

Winkel genau vier Rechte und statt einer körperlichen Ecke erhält er einen in Eine Ebene fallenden, von sechs Seiten begrenzten Stern. Daß man in solcher Weise zu keinem Körper gelange, leuchtet ein. Aus drei Quadraten entsteht der körperliche Winkel des Würfels oder Cubus; aber schon vier Quadrate würden eine Summe von vier rechten Winkeln liefern. Aus drei gleichseitigen und gleichwinkligen Fünfecken entsteht der körperliche Winkel des Dodekaeders. Aber schon mit vier solchen Fünfecken läßt sich keine körperliche Ecke mehr herstellen. Jeder einzelne Winkel beträgt $1\frac{1}{5}$ Rechte, folglich sind vier derselben bereits größer als vier Rechte. Bei dem gleichseitigen und gleichwinkligen Sechsecke betrüge aber schon die Summe von drei Winkeln, womit wir die geringste Anzahl Winkel, aus welchen eine körperliche Ecke sich herstellen läßt, bezeichnet haben, dreimal $\frac{4}{3}$ Rechte, also 4 Rechte; daher kann man aus gleichen Vielecken dieser Art keinen Körper bilden, um so weniger aber aus gleichen, gleichseitigen und gleichwinkligen Vielecken mit einer noch größeren Anzahl von Seiten und Ecken, deren einzelner Winkel noch größer als $\frac{4}{3}$ Rechte wäre. Es kann demnach auch nicht mehr regelmäßige Körper geben, als die angeführten.

Verherrlichung des göttlichen Namens beitragen und wie mit Einem Munde den weisesten Schöpfer lobpreisen. Da nun nach wenigen Tagen die Sache gelungen war und ich wahrnahm, wie passend ein Körper nach dem anderen zwischen die Planeten sich einreihe, so brachte ich die ganze Unternehmung in die Form des gegenwärtigen Werkes, und da dieses von Mästlin, dem berühmten Mathematiker gebilligt wurde, siehst du ein, Freund Leser, daß ich, gebunden an mein Gelübde, dem Dichter keine Rechnung tragen konnte, nach dessen Rath man die Bücher bis ins neunte Jahr verschließen soll".

„Dieß die eine Ursache meiner Eile, welcher ich, damit ich jede schlimme Erwartung beseitige, willig noch eine andere beifüge, indem ich den Ausruf des Architas, wie ihn Cicero (Lælius 23) mittheilt, anführe: „„Wenn ich den Himmel selbst ersteigen und die Natur der Welt und die Schönheit der Gestirne durch und durch schauen könnte, genußlos wäre mir die Bewunderung, fände ich nicht einen billigen, aufmerksamen und wißbegierigen Leser, gleich dir, dem ich er= zählen kann"". Wenn du dieses Gefühl anerkennst, so wirst du, wenn du anders billig bist, dich des Tadels enthalten, den ich nicht ohne Ursache voraus= sehe; aber wenn du, indem du dieß auf sich beruhen lässest, dennoch fürchtest, daß diese Dinge nicht gewiß seien und daß ich den Triumphgesang vor dem Siege anstimme, so nahe zum mindesten diesen Seiten und lerne den bespro= chenen Gegenstand kennen. Du wirst nicht neue und unbekannte Planeten, wie in dem vormaligem Versuche, eingeschaltet finden, jene Kühnheit bewährte sich mir nicht; sondern die altbekannten Planeten, nur ein klein wenig aus ihrer Lage gebracht, dafür aber durch die Einschaltung eckiger Körper, so absurd du es auch finden magst, dergestalt befestigt, daß du fürderhin jenem Bauer, der da frug, an welchen Haken der Himmel aufgehängt sei, damit er nicht herunterfalle, Rede und Antwort stehen kannst. Lebewohl".

Da sind wir am Ende der Vorrede. Wir wollten Kepler nur begleiten bis zu dem oben angeführten Ausspruche seiner Erfindung. Da riß er uns durch seine beredte Darstellung so fort, daß wir unsere Uebertragung ins deutsche so lange fortsetzten, bis sein lateinischer Text selbst uns ein « Vale » zurief. Sollen wir schon Geschriebenes streichen? Wir wollen uns lieber der Hoffnung hingeben, daß auch unsere Leser gegen den Zauber Kepler'scher Begeisterung und Beredtsamkeit nicht unempfindlich sein werden.

Für den wunderbaren Fortschritt, den die Naturwissenschaft seit Kepler auf den, wie wir sehen werden, zum größten Theile durch ihn eröffneten Bahnen errungen hat und der Alles übertrifft, was frühere Jahrtausende zu erreichen im Stande waren, gibt es kaum einen besseren Beleg, als daß wir uns in diesen wenigen Jahrhunderten bereits so weit von der Wissenschaft entfernt haben, die Kepler voranging, daß wir seine Resultate bewundern und begreifen, aber nur mit Mühe uns klar zu machen vermögen: wie er zu denselben ge= langte, von welchen Gesichtspunkten er bei seinen Forschungen ausging, welchen Zielen er dabei nachstrebte? Und doch erzählt gerade er, wie kein anderer, uns haarklein jeden Vorsatz, den er faßte, jeden Schritt, den er machte. Um hier

nun einen Einblick zu gewinnen, müſſen wir uns vor Allem jene Ideen zu
entrollen ſuchen, von welchen Kepler bei Abfaſſung des „Geheimniſſes des
Weltbaues" geleitet war.

Schon aus religiöſen Gründen huldigte er der Meinung, daß die Welt
nicht, wie manche griechiſche Philoſophen behauptet hatten und wie das Geſetz
der Erhaltung der Kraft neuerdings Viele annehmen läßt, von Ewigkeit her
geweſen ſei, ſondern er denkt ſich die Welt in einem beſtimmten Momente von
Gott mit Ueberlegung und Bewußtſein geſchaffen. Daß er den Zeitpunkt dieſer
Erſchaffung damals, wo von Geologie noch keine Rede war, nach der Tradition
beiläufig viertauſend Jahre vor Chriſti Geburt ſetzte, war nicht anders zu erwarten. Im letzten Kapitel des „Geheimniſſes" leiht er der Vermuthung
Worte, daß die Weltſchöpfung im Augenblicke einer großen Conjunktion im
Widder ſtattgefunden habe. Die Rechnung lehrt nämlich, daß ſich eine ſolche
Conjunktion in eben jenem Jahre ereignete, welches Kepler nach der tradi-
tionellen Zeitrechnung als erſtes bezeichnen zu müſſen glaubte. Wir haben
uns heutzutage ſchon ſo gewöhnt, unſere Erforſchung der Natur auf den Zu-
ſammenhang der Erſcheinungen zu beſchränken und die letzten Urſachen als
unergründlich zu betrachten, insbeſondere aber nach einem erſten Urſprunge
von Naturgeſetzen, die wir ja als ewig und ausnahmlos giltig betrachten,
überhaupt gar nicht mehr zu fragen, daß wir uns nur mit Anſtrengung die
Aufgabe klar zu machen vermögen, die ſich Kepler bei ſeinem „Geheimniſſe"
geſtellt hat. Doch auch zu ſeiner Zeit bedurfte es eines Mannes, der von ſich
ſelbſt in ſeiner Nativität ſagte*), „er ſei mit der Beſtimmung zur Welt
gekommen, ſich mit Dingen zu befaſſen, vor deren Schwierigkeit
Andere zurückſchrecken", um ſich an ſo unerhört Kühnes zu wagen. Nur
wer ſchon als Knabe zum Gegenſtande dichteriſcher Ergießungen, wie unſern
Leſern bekannt, „die Ruhe der Sonne, den Urſprung der Ströme, des
Atlas Ausblick auf die Wolken"**) und dergleichen ſich gewählt hatte, dem
konnte als Jüngling-Mann von fünfundzwanzig Jahren beifallen, als ein für
ihn lösbares Problem zu betrachten, von welchen Gedanken Gott, als Bau-
meiſter der Welt, als er ſie eben ſchaffen und das Nichts in ein All verwandeln wollte, geleitet war. Eine Entdeckung von ſolch' ſchwindelnder Großartigkeit wagt unſere nüchterne Zeit überhaupt nicht mehr für möglich zu halten.
Soll man ſich wundern, wenn Jemand, der da glaubt, Gott habe ihm einen
Einblick in jene Rathſchlüſſe geſtattet, die er noch vor der Schöpfung gefaßt,
von einer ſolchen Wonne übermannt wird, daß Thränen des Entzückens ſeinem
Auge entſtrömen, wie Kepler in einem Brief an Mäſtlin von ſich erzählt? Wir
ſagten an einem früheren Orte, daß Kepler ſeine Aufſchlüſſe über die Natur,
die Fauſt vom Teufel erhalten wollte, bei Gott ſuchte. Wie konnte er aber
auch anders? Denn wer, außer Gott, vermochte ihm zu dem Geheimniſſe zu

---

*) Friſch, v. V., p. 476.
**) Ebendaſelbſt.

verhelfen, welchen Plan des Weltbaues Gott bei der Schöpfung verfolgt habe? Nicht mehr und nicht weniger glaubte Kepler in seinem Prodomus mitgetheilt zu haben. Von der metaphysischen Voraussetzung geführt, bevor Gott die Himmel erschuf, habe es nur „Größen" für ihn gegeben, daher ihn die Vorstellung von solchen beim Bau der Himmel habe leiten müssen, meinte Kepler, wie unsere Leser bereits wissen, die Dreieinigkeit und die fünf regelmäßigen Körper seien die Vorstellung gewesen, von welchen Gott die Anordnung des Weltalls entlehnte. Insbesondere hätten die fünf regelmäßigen Körper Zahl und Entfernung der Planetensphären bestimmt.

Daß die leitende Idee des klassischen Alterthums die Schönheit war, während die der Neuzeit die Wahrheit ist, dürfte man wohl behaupten können. Durch die Wiederbelebung des klassischen Alterthums, wie sie am Eingange jenes Jahrhunderts stattfand, an dessen Ausgang Kepler wirkte, war die antike Schönheit neuerdings aus dem Meere der Vergessenheit emporgetaucht und mit ihr jene Forschung, die von der Schönheit ausgehend sich zur Wissenschaft erhebt, jene Forschung, die unser Dichter in den „Künstlern" besingt. Die Liebe zur Schönheit vermählte sich in ihr mit dem Wahrheitstriebe. Und in keiner Brust feierte sie eine lebendigere Auferstehung als in der Kepler's, wo sich zu ihr noch der volle Ernst, die ganze Tiefe der Reformation gesellte. Wohl sucht Kepler die Wahrheit in der Natur. Um sie aber zu finden, frägt er, wie sie von Gott geschaffen werden mußte, um dem Gesetze der Schönheit zu genügen. Daß sich Kepler hierbei in inniger Verwandtschaft mit pythagoräisch-platonischen Ideen bewegte, ist unverkennbar. Insbesondere entnahm er Plato dem „göttlichen", daß die höchste Güte und Schönheit zusammentreffen und daß daher Symmetrie der Formen und Harmonie der Anordnung in Gottes Plan des Weltgebäudes lag. Ferner hatte Plato auch schon den Satz aufgestellt, Gott verfahre bei der Schöpfung als Geometer. Und Pythagoras hatte in den fünf regelmäßigen Körpern, diesen Lieblingsformen der älteren Geometer, die Grundbausteine des Weltalls erblickt. Freilich in einem ganz andern Sinne, als Kepler. Er hat die Elemente mit den Formen der regelmäßigen Körper verknüpft; die Erde sollte dem Würfel, das Feuer der Pyramide u. s. f. entsprechen. Es fehlte ihm, bemerkt Kepler, nur ein Copernikus, der ihn zuerst gelehrt hätte, wie die Welt wirklich sei; dann hätte er wohl auch die Ursache entdeckt, warum sie so geworden sei; weil der Schöpfer nämlich nicht ihren einzelnen Elementen, sondern ihrem Gesammtbauplane jene fünf Körper zu Grunde legte. So ist Gott, sagt Kepler an einer andern Stelle, völlig wie einer unserer Architekten mit Maß und Richtscheit zum Aufbau des Weltalls geschritten; die einzelnen Theile in solcher Art berechnend, als ob, statt daß die Kunst der Natur nachahme, Gott selbst hierbei bereits die künftige Bauweise der Menschen vor Augen gehabt hätte.

Welches berauschende Bewußtsein mußte es aber für Kepler sein, zu glauben, jenes Bild des Urschönen, von welchem Gott selbst bei der Schöpfung ausgegangen war, mit den schwachen Fähigkeiten eines sterblichen Menschen

aufgefunden und der erste unter allen Erdbewohnern mit der Vorstellungskraft
des winzigen Hirnes erblickt zu haben! Eine geistige Orgie! Als sich platonische
Schwärmerei mit orientalischem Mysticismus in den ersten Jahrhunderten der
christlichen Zeitrechnung vermählte, da glaubten Manche, in Momenten erhabener
Ekstase, Gott selbst zu erblicken und hierbei einer Wonne theilhaftig zu werden,
gegen die jede andere irdische wie ein Nichts verschwand. Nur mit dieser
Entzückung der Neuplatoniker dürfte man jene vergleichen können, welche Kepler
empfand, als der Grundgedanke seines Geheimnisses des Weltbaues, aus einer
seltsamen Verbindung platonischer Ideen mit der jugendlichen Naturwissenschaft
entsprungen, leuchtend vor ihm stand. Allerdings — Einbildung hie, Einbildung da! Und doch, trotzdem und alledem, in dem Momente, wo jener
Gedanke in Kepler aufflammte, da ward des Menschen Phantasie vom heiligen Geiste der Wahrheit beschattet, und der Heiland der modernen Natur-
erkenntniß erzeugt. Denn jenem Irrthum entkeimten Kepler's Gesetze, die
Grundlagen newtonischer Weisheit; tausendfältige Wahrheit quillte aus ihm.
So ehren wir das Mysterium noch heute; was mußte Kepler fühlen, der in
demselben höchste und letzte Wahrheit sah, die ihm Gott selbst unmittelbar
geoffenbaret hatte? Mußte da nicht, wie von selbst, jener begeisterte, psalmen-
artige Hymnus seiner Brust entfließen, der den Schluß des „Geheimnisses"
bildet?

   „Großer Künstler der Welt", betet er darin, „ich schaue wundernd die
„Werke deiner Hände, nach fünf künstlichen Formen erbaut und in der Mitte
„die Sonne, Ausspenderin Lichtes und Lebens, die nach heiligem Gesetz zügelt
„die Erden und lenkt in verschiedenem Lauf. Ich sehe die Mühen des Mondes
„und dort Sterne zerstreut auf unermessener Flur. Vater der Welt, was bewegte
„dich, ein armes, ein kleines, schwaches Erdengeschöpf so zu erheben, so hoch,
„daß es im Glanze dasteht, ein weithin herrschender König, fast ein Gott,
„denn er denkt deine Gedanken dir nach" *).

   Die warme Anerkennung, die Kepler mit seiner vermeintlichen Entdeckung bei seinem früheren Lehrer Mästlin fand, bestärkte ihn im höchsten
Maße im Glauben an deren Richtigkeit. Dem akademischen Senate zu Tübingen
übergab Mästlin ein höchst günstiges Urtheil über Keplers Schrift. Charak-
teristisch für jene Zeit ist, daß Mästlin als einen besonderen Vorzug derselben
rühmte, Kepler habe darin der erste unter allen Astronomen den gestirnten
Himmel a priori zu konstruiren unternommen. „Wer", ruft Mästlin aus,
„faßte je den Gedanken oder erkühnte sich es zu versuchen, die Zahl, die Ordnung und die Größe der himmlischen Sphären a priori zu beweisen und die
Ursache gleichsam aus dem geheimen Rathschlusse Gottes hervorzuziehen? Dieses
hat Kepler unternommen und glücklich vollbracht! Er ist der erste, der in
Betracht zog, daß die Entfernung der Planeten von einander durch die fünf
regelmäßigen Körper bestimmt ist. Hieburch erscheint Alles in solch' angemessener

---

*) Wir folgten der bekannten freien Uebersetzung Herders.

Ordnung und in so vollkommenem **Zusammenhang**, daß nicht das Mindeste verändert werden darf, ohne einen Zusammensturz des Ganzen zu verursachen. Kepler hat sich dadurch als höchst gelehrt und scharfsinnig angekündigt". Diesen so hohes Lob enthaltenden Worten fügte Mästlin als einzige Ein-schränkung einigen Tadel über die dunkle Darstellungsweise bei, welcher sich Kepler in seiner Schrift schuldig gemacht habe. Um die Leser zum mindesten in Kenntniß des damals noch wenig verbreiteten und doch der Schrift Keplers zu Grunde liegenden copernicanischen Systems zu setzen, gab Mästlin dem Werke, welches unter seiner Aegide in Tübingen gedruckt wurde, die schon oben er-wähnte, das copernicanische System erläuternde Erzählung des Rheticus als Anhang bei. Mit größter Aufopferung widmete sich Mästlin allen Geschäften, welche die Ueberwachung der in Abwesenheit Kepler's stattfindenden Druck-legung nöthig machte. Ja, bei der Correctur griff er sogar, wie er in einem Briefe erzählt, mit eigener Hand zu *).

Während eben die Drucklegung des Werkes im Gange war, führten Kepler Verhältnisse, auf welche wir im folgenden Kapitel zurückkommen, zu Besuch nach Württemberg. Demzufolge hielt er sich im Winter 1596 eine Zeit lang in Stuttgart auf. Aus jener Zeit stammt ein Schreiben, welches Kepler an den Herzog Friedrich von Württemberg richtete. Sein Anfang, wörtlich mitgetheilt, wird unsere Leser am Besten mit dem Vorhaben Kepler's bekannt machen. Er lautet: „Ewer fürstlicher Gnaden solle ich schuldiger Dankbarkeit halben „für den newlich Zeit mir, wegen überschicktes Calendarii, verordnet Gnaden-„gelt nit verhelen: Demnach der Allmächtige verschinen Sommer nach lang-„würiger wegsparter mühe vnd fleiß mir ein Hauptinventum in der Astro-„nomie geoffenbaret: Wie solches Ich in eim besondern Tractätl ausgeführt „und alberait zu publicieren in willens; Auch das ganze werk und die be-„monstration des fürnemisten intenti füglich und zirlich in einen Credenz-„becher, dessen Diameter einen Werkschuch hielte, möchte gebracht werden: „wölliches dann ein recht eigentlich Ebenbild und Muster der Erschaffung, „soweit menschliche Vernunft raiche, und dergleichen zuvor nie von keinem „Menschen gesehen noch gehört worden, seyn und heißen möchte: Alss hab ich „ein sollich Muster zuzurichten und einigem Menschen zu zeigen bis auf gegen-„wärtige Zeit meiner Herkunft auss Steiermarkh gespart, deren Meinung E. f. „Gn. als meinem natürlichen Landsfürsten zum Ersten under allen Menschen „auf Erden das rechte wahre Muster der Welt under Augen zu stellen." Dieses Werk sollte nach Keplers Vorschlag in Silber ausgeführt werden. Offenbar besitzen wir eine Zeichnung desselben, so wie es sich Kepler zunächst vorstellte, in einer Tafel seines Mysteriums, von welcher unsere Leser in dem beifol-genden Holzschnitte eine verkleinerte Copie erblicken.

---

*) Wie unsere Leser gleich Eingangs dieses Kapitels erfahren haben, wurde „das Geheimniß des Weltbaues" 1596 in Tübingen bei Georg Gruppenbach gedruckt.

Erläutern wir an dieſem Holzſchnitte noch näher den Grundgedanken des „Geheimniſſes". Die Sphären ſehen wir nur zur Hälfte, die Körper in bloßen Gerüſten ausgeführt, damit die Anordnung von außen wahrnehmbar ſei. Wir bemerken aus dem Durchſchnitte, daß jede dieſer Sphären eine gewiſſe Dicke beſitze. Dieſe Dicke, welche für jede der Sphären eine andere iſt, wählte Kepler ſo, daß der innerſte Kreis dem nächſten, der äußerſte dem fernſten Stande des Planeten vom Centrum entſpricht. In die mit dem Halbmeſſer des innerſten

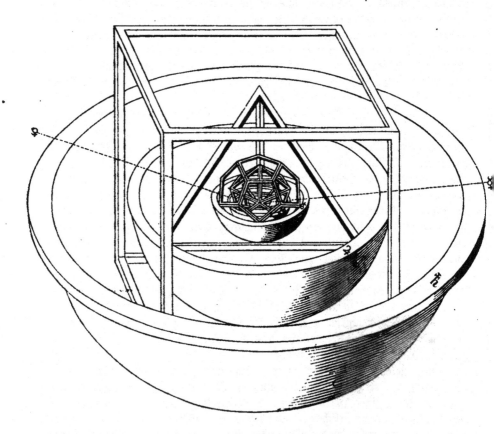

Kreiſes beſchriebene Kugelfläche iſt jeweilig einer der Körper ſo geſtellt, daß ſeine Ecken dieſelbe berühren. Die dem äußerſten Kreiſe der nächſten Planetenſphäre entſprechende Kugeloberfläche iſt ſodann dem Körper eingeſchrieben und berührt die Centra ſeiner Flächen. So iſt durch das Verhältniß der Halbmeſſer des um- und eingeſchriebenen Kreiſes, wenn beſtimmt iſt, welcher Körper zwiſchen je zwei Planeten zu ſtehen habe, das Verhältniß des ſonnennächſten Abſtandes des entfernteren Planeten zum ſonnenfernſten des näheren a priori gegeben*). Fünf

*) Das Verhältniß der Halbmeſſer des um- und eingeſchriebenen Kreiſes iſt erkannt-

solche Verhältniffe, wie fie die fünf regelmäßigen Körper an die Hand geben, genügen für fechs Planeten. Kepler glaubt, hierin liege die wahre Urfache der Sechszahl der Planeten. Daß diefe a priori gefundenen Verhältniffe nur dann einen Werth haben, wenn fie mit den aus wirklicher Beobachtung ent= nommenen Entfernungen übereinftimmen, ift felbftverftändlich; wir werden auf diefen Punkt fpäter zurückkommen. Soll aber die Ermittlung der Planetenent= fernungen auf folchem Wege ihren apriorifchen Charakter ftreng bewahren, fo darf auch die Reihenfolge der Körper, in welcher man fie zwifchen je zwei Planeten anzu= bringen hat, nicht der Erfahrung entnommen fein, fondern muß auch aus apriori= fchen Gründen feftgeftellt werden. In diefer Hinficht glaubt Kepler vor Allem zwei Ordnungen von regelmäßigen Körpern unterfcheiden zu dürfen: urfprüng= liche und abgeleitete. Zur Ordnung der urfprünglichen (primariæ) rechnet er drei: Cubus, Tetraeder und Dodekaeder; zu der der abgeleiteten (secundariæ) zwei: Oktaeder und Ikofaeder. In der erften Ordnung fchreibt er den höchften Rang dem Cubus zu. Der befte unter den hiefür ins Feld geführten Gründen ift noch der, daß der Cubus uns die drei Dimenfionen des Raumes in der ein= fachften fchematifchen Form zeige. Diefes Ranges wegen weift nun Kepler dem Cubus feinen Platz am nächften dem Firfternhimmel zwifchen Saturn und Jupiter an. Daß wir es hier durchwegs mit Scheingründen zu thun haben, fieht wohl Jeder; daher wir hier auf keine weiteren Einzelheiten, warum das Tetraeder zwifchen Jupiter und Mars ftehe u. f. f. mehr eingehen. Für die Dicke der einzelnen Sphären, welche von der Größe der Excentricitäten der Planetenbahnen abhängt, weiß Kepler in feinem Mysterium noch keinen apri= orifchen Grund anzugeben; fpäter glaubte er, wie wir bei Befprechung feiner „Harmonie der Welt" fehen werden, daß die Größe der Excentricitäten durch mufikalifche Intervalle, welche die Sphärenharmonie bewirken, beftimmt werde. In feinem „Epitome Astronomiæ Copernicanæ" meinte er auch für die abfolute Größe des Halbmeffers der Bahn der Erde um die Sonne einen apriorifchen Grund angeben zu können; er bemüht fich nachzuweifen, daß der Durchmeffer der Sonnenfcheibe, wie ihn der Menfch, den er noch durchwegs als Ziel und Zweck der Schöpfung betrachtet auf feinem irdifchen Standpunkt wahrnimmt, den fiebenhundert und zwanzigften Theil eines großen Kreifes am Himmel betragen müffe, während gleichzeitig Sonnen= und Erdkugel in einem gewiffen Verhältniffe ihrer Größe zu ftehen gezwungen feien — eine Reihe von Schlußfolgerungen, vermöge welcher er überdies auch noch zu einer apriorifchen Vermuthung über den fcheinbaren Durchmeffer des Mondes gelangt. Da aber durch die fünf regel= mäßigen Körper und die Sphärenharmonien nach dem Gefagten alle Verhältniffe der Planeten=Entfernungen zu einander a priori beftimmt find, fo genügt die apriorifche Ermittlung einer einzigen abfoluten Entfernung, wie der Erde von

---

lich daffelbe, wie das Verhältniß der vom Centrum nach einer Ecke gezogenen Geraden zu dem aus dem Centrum auf eine der Flächen des Körpers gefällten Lothe und läßt fich fowohl nach euclideifchen, als nach trigonometrifchen Prinzipien mit jeder beliebigen Ge= nauigkeit ermitteln.

der Sonne, um den Schöpfungsplan des Weltgebäudes lückenlos und in voller
Ausdehnung a priori (!) construirt zu haben. Der Leser vergebe uns, wenn
wir ihn durch die Darlegung dieses kühnen, in seiner Consequenz staunens=
werthen Wahngebildes ermüdet haben. Nur wenige Worte, und er wird mit
uns begreifen, wie gerade dieser Vorstellungskreis in seiner Gänze, in seiner
systematischen Verkettung Kepler zu seinen echten, zu seinen unsterblichen Ent=
deckungen geführt hat. Denn, wenn die Entfernungen der Planeten durch
apriorische Gründe bestimmt sind, so bedarf es ja nur noch eines Zusammen=
hanges zwischen diesen Entfernungen und den Bewegungen der Planeten, und
man hat das ganze Geheimniß des Weltsystems erkannt. Auf einen solchen
Zusammenhang deutet aber schon der in der Vorrede zum „Geheimniß", wie
unsere Leser oben sahen, erwähnte Umstand, daß je ferner ein Planet der Sonne
steht, er auch desto längere Zeit zu seinem Umlaufe um dieselbe bedarf. Und
so finden wir bereits im „Mysterium" mehrere Kapitel, die wir bald noch
näher beleuchten wollen, diesem Zusammenhange gewidmet; jedoch ohne das
Ziel zu erreichen. Mit eiserner Ausdauer strebte Kepler beinahe ein Viertel=
jahrhundert nach demselben. Und was ließ ihn nie verzagen: der eben ent=
wickelte Ideenkreis. Den Zusammenhang zwischen Entfernungen und Bewegungen
der Planeten entdeckt zu haben, ist aber die größte That Kepler's. Dieser
Zusammenhang ist ein Naturgesetz in des Wortes höchster Bedeutung. Schon
Kepler ahnte durch ihn und zwar schon in seiner ersten unvollkommensten
Fassung, wie wir sie im Mysterium selbst finden, die Kräfte, welche die Planeten=
bahnen bestimmen; in seiner vollendeten Form, als drittes Kepler'sches Gesetz,
führte er Newton zur Entdeckung des größten, des allgemeinsten Naturgesetzes.
So lehrt dieser Zusammenhang, ist einmal die Vertheilung und Masse der
Planeten gegeben, die Kräfte kennen, die sie bewegen, also die Ursachen erfassen,
die ihren Lauf regeln. Die Ursache jedoch der Zahl und Größe der Planeten=
sphären, also dasjenige, was Kepler eigentlich in seinem Geheimniß anstrebte,
dieses allerdings halten wir heutzutage für unerforschlich — und zu einem Mo=
mente, wo der sinnende Geist einer Gottheit über eine Weltschöpfung aus dem
Nichts nachdächte, läßt uns die Ewigkeit des Stoffes und der Kraft gar nicht
mehr zurückblicken; der göttliche Geist, der in der Welt sich offenbart, ist uns
gleich ewig mit ihr. Daß wir aber zu solcher Erkenntniß gelangten, verdanken
wir — in erster Linie jenem Zusammenhange zwischen Entfernung und Bewegung
der Planeten, wie wir an einem späteren Orte dieses Werkes noch strenge be=
weisen werden. Dieser Zusammenhang ist aber nur der Schlußstein jener apri=
orischen Construktion des Weltgebäudes, die sich Kepler entwarf und die wir
anzudeuten strebten. Dies das Geheimniß dieses „Geheimnisses", weshalb uns
der Leser auch die Ausführlichkeit, mit der wir dasselbe erläutern, die Begeisterung,
mit der wir oben von ihm sprachen, zu Gute halten möge.

Kehren wir nun zu jenem Kredenzbecher zurück, welchen Kepler dem
Herzoge von Württemberg als plastische Darstellung seines „Geheimnisses des
Weltbaues" anbot. Wir theilten bereits den Eingang der darauf bezüglichen

„vnberthänigen Supplicion M. Johann Keplers" mit. In einer dieser bei=
gegebenen Beschreibung schlägt Kepler die Kosten des proponirten Werkes
ziemlich gering an. Sollten Ihre Fürstl. Gnaden, meint er, das Werk größerer
Kosten würdigen, so könnten die Planeten aus Edelsteinen geschnitten werden:
Saturn aus einem Diamanten, Jupiter aus einem Hyacinthe, Mars aus
einem Rubin, die Erde aus einem Türquis oder Magneten, Venus aus einem
gelben Augstein oder dergleichen, Merkur aus einem Cryſtall, die Sonne aus
einem Karfunkel und endlich der Mond aus einer Perle. Eine besondere Er=
götzlichkeit verspräche sich aber Kepler, wenn der Becher so eingerichtet würde,
daß am äußersten Rande sieben Zapfen, verdeckt durch die Bildniſſe der sieben
Planeten, angebracht wären, daraus siebenerlei verschiedene Getränke gezogen
und dem Unwissenden zu seiner Ueberraschung gereicht werden könnten. „Ich
wüßte schon", fügt Kepler bei, „durch die hohle latera und centra corporum
„die innerste humores durch alle Becher heraus zu einem Planeten und Zapfen
„zu leiten. Allein die fünf innerste Gefäß und sonderlich die zwei, coelum
„Mercurii und Corpus Solis würden seer wenig halten, wie ungefehrlich in bey=
„gelegtem beyläuffigem Abriß zu sehen, welcher soll des voll eingeschenkten
„Bechers planum repräsentiren." Unter denselben Schriften Mäſtlins, denen
Rektor Frisch diese „Supplicion" entnahm, fand er auch eine Handzeichnung
Keplers, die zweifellos die oben erwähnte war. Nach dieser hätte die Halb=
kugel des Saturn mit altem schlechten Wein oder Bier, die des Jupiter mit
köstlichem weißen Wein, die des Mars mit einem rothen starken Wermuth, die
der Venus mit süßem Meth, die des Merkurs mit Branntwein gefüllt werden
sollen. Mitten aus dem Becher heraus, nämlich aus dem Sonnenkörper, so
in der Mitte schwebt, sollte sich ein köstlich »Aqua vitae« ergießen. In dem
Zwischenraum aber zwischen den Halbkugeln der Erde und der Venus sollte
Wasser sich befinden und ein Fisch darin schwimmen. Wer erkennt nicht in diesem
Projekte jene ächte schwäbische Gemüthlichkeit, welche man bei diesem Stamme,
wie die Geschichte der deutschen Wissenschaft und Dichtkunst beweist, so häufig
in Gesellschaft der höchsten Geistesgaben trifft? — Der Herzog schrieb an den
Rand der „Supplicion": „Die Prob soll zuvor aus Kupfer gemacht werden,
und wann wir darnach die Prob ersehen, und befinden, daß solches werd
(werth) in silber zu fassen, soll es hernachen kein not haben." Kepler
machte, nachdem ihm diese Antwort bekannt worden war, binnen acht Tagen
ein Muster aus Papier, „mit zuvor noch unversuchter Hand, doch Anwendung
möglichsten Fleisses", wie es in seiner neuerlichen Zuschrift an den Herzog
heißt. Nun bewilligte der Herzog die Mittel zur Ausführung. Dieselbe schritt
aber weder so schnell, noch so leicht vor, als Kepler gehofft hatte. Insbe=
sondere hatte sich Kepler nach Gelehrtenweise im Punkte der Kosten gewaltig
verrechnet. Das Unternehmen kam in's Stocken. Und nachdem Kepler's
erste Freude über die wunderbare Erfindung, die er gemacht zu haben glaubte,
sich etwas gelegt hatte, sah er ein, daß für den ungelehrten Beschauer ein
Werk, bestehend aus einigen unbeweglichen Halbkugeln und Gerüsten regel=

mäßiger Körper nicht allzuviel Intereſſe beſitzen könne. Auf eine Mahnung Mäſtlin's über die Fortſetzung des Werkes Verfügung zu treffen, damit er bei dem Herzoge nicht an ſeinem Anſehen Abbruch litte, richtete Kepler einen längeren deutſchen, zur Vorzeigung vor dem Herzog beſtimmten Brief an ſeinen Lehrer, worin er weitläufig den Gedanken entwickelte, ein Uhrwerk im Innern der Maſchine anzubringen und durch Zahnräder den Planeten die ihnen eigenthümlichen Bewegungen mitzutheilen. Statt durch Zeiger, ſollte man ſo unmittelbar den jedesmaligen Ort des Planeten in ſeiner Bahn wahrnehmen können. Dieſes „Planetarium", welches zugleich die Planetenbahnen im natürlichen Verhältniſſe ihrer Größe und Entfernung darſtellte, glaubte Kepler mit ſolcher Genauigkeit einrichten zu können, daß es ſich ein Jahrhundert mit den pruteniſchen Tafeln in Uebereinſtimmung befände. Nur in Wenigem, meinte Kepler, werde man von den wahren natürlichen Dimenſionen abzuweichen genöthigt ſein, ſo beiſpielsweiſe für den Thierkreis, mit welchem man der Orientirung wegen äußerlich ſämmtliche Planetenbahnen umſchließen müſſe. Dieſen unendlich großen Kreis vermöge man allerdings an dem Werke nicht in richtige Proportion zu den andern zu ſetzen, „ſo wenig als der groß „Chriſtoffel auf einer kleinen Tafel entworfen werden khan". Nichts deſtoweniger werde aber das Werk, ſo iſt Kepler's Anſicht, in allen weſentlichen Stücken die ähnlichen Verſuche früherer Mathematiker und Aſtronomen übertreffen. Kepler legt einen großen Werth darauf, daß er zur Darſtellung der Bewegung jedes einzelnen Planeten nur zwei Räder bedarf. Mäſtlin aber trägt gerade in dieſer Hinſicht Bedenken, weil Kepler ſich dadurch genöthigt ſähe, einzelne Räder mit mehr als zweihundert Zähnen zu verſehen. Und als der Herzog ſelbſt des ganzen Unternehmens keine Erwähnung mehr that, ſo ſchlug Mäſtlin Keplern vor, die ganze Sache auf ſich beruhen zu laſſen, womit Kepler einverſtanden war.

Wie zur Entſchuldigung jener ſelbſtzufriedenen Erregtheit, die ihn in Folge ſeiner Erfindung ergriffen und zum mißglückten Projekte des ſilbernen Krebenzbechers veranlaßt hatte, führt Kepler im Eingange des erwähnten deutſchen, zur Vorzeigung vor dem Herzoge beſtimmten Briefes an Mäſtlin ältere Beiſpiele von Mathematikern an, die durch ihre Erfindungen gleichfalls zu lebhaften Ausbrüchen der Freude veranlaßt wurden. Natürlich vergißt er hiebei auch des Pythagoras nicht, „des Großvaters aller Copernikaner", von welchem man bekanntlich erzählt, er habe nach Entdeckung des Verhältniſſes zwiſchen der Hypothenuſe und den Katheten des rechtwinkligen Dreiecks hundert Ochſen geopfert. Launig fügt Kepler bei, „ſonder Zweifel habe er ein größeres Vermögen gehabt, als irgend ein deutſcher Mathematiker."

Die Freude Keplers über ſeine Erfindung hinderte ihn aber nicht, die von ihr an die Hand gegebenen Entfernungen der Planeten auf das ängſtlichſte und ſorgfältigſte mit den von Copernikus aus Beobachtungen, unter Zuhilfenahme ſeines Syſtemes abgeleiteten zu vergleichen. Er ſelbſt erklärte alle metaphyſiſchen Raiſonnements, aus welchen man folgern könne, die Zahl und Größe der Planetenbahnen sei durch die fünf regelmäßigen Körper bestimmt, für eitel müßig Spiel, wenn man keine Uebereinstimmung des so a priori Ermittelten mit dem im gestirnten Himmel Wahrnehmbaren fände. Da mochten manche seiner Schlüsse noch so scholastisch sein und noch so sehr an Jene erinnern, durch welche man die Geographie des Paradieses oder die Beschaffenheit der Engel ausgeklügelt hatte; dadurch, daß der Gegenstand seiner Spekulation in der Welt der Sinne lag und er die Prüfung seiner Resultate durch die Erfahrung vornahm, war er bereits auf die richtige Bahn der inductiven Forschung gelenkt. Sollen wir auf die von ihm vorgenommene Vergleichung der Zahlen näher eingehen, nachdem die Existenz des Uranus, Neptun und der Planetoiden den Grundgedanken seines „Geheimnisses" schon längst widerlegt hat? Es genüge die kurze Erwähnung, daß nur für die Abstände des Jupiter vom Mars und der Erde von der Venus eine genaue Uebereinstimmung zwischen der Rechnung Kepler's und der Angabe Copernikus' stattfand; doch schien die Uebereinstimmung auch in anderen Fällen Kepler zu groß, um sie der Laune des Zufalles zuzuschreiben. Er gab sich der Hoffnung hin, je genauere Beobachtungen man besitzen werde, desto geringere Abweichungen von den berechneten Verhältnissen werde man erhalten. Nur in Einem Falle, in dem des Merkur, war die Zahlendifferenz zu bedeutend, um sie durch Beobachtungsfehler, so groß dieselben auch damals noch waren, erklären zu können. Hier sollte statt der dem Oktaeder eingeschriebenen Kugel der seinem Quadrat eingeschriebene Kreis benützt werden. Hieburch bekam man auch bei Merkur eine annehmbare Uebereinstimmung. Auf die Scheingründe, mit welchen Kepler die abweichende Construktionsweise für Merkur rechtfertigen will, ziehen wir vor, nicht einzugehen. Der wahre Grund war ja doch, daß er eine Uebereinstimmung mit Copernikus erzielen wollte. Kepler täuschte in diesem Falle sich selbst. Wäre dem nicht so gewesen, er hätte ebenso aufrichtig, wie bei dem Durchmesser der Mondbahn uns mitgetheilt, er habe sich in der Ueberlegung, ob er diesen bei der Dicke der Erdsphäre benützen solle oder nicht, von der Erwägung leiten lassen, wie es am besten mit den copernikanischen Zahlen stimme.

Was ist aber ein kurzes Menschendasein in der Entwicklung der Wissenschaft! Denn obwohl Kepler noch mehr als dreißig Jahre nach seinem ersten Werke lebte, so wurde er doch in dieser Zwischenzeit weder durch genauere Ermittlung der Entfernungen der ihm bekannten Planeten, noch durch Entdeckung neuer, in die Lage versetzt, in der sich heute jeder Anfänger befindet, den Irrthum der Grundvorstellungen seines kosmographischen Geheimnisses einzusehen. Als er fünf und zwanzig Jahre nach der ersten eine zweite Auflage des kosmographischen Geheimnisses veranstaltete, hielt er nach wie vor, für richtig: daß die Sechszahl und die ungleiche Weite der Planetensphären durch die fünf regulären Körper bestimmt sei. Während er aber in der ersten Auflage auch noch die von der Astrologie den Planeten beigelegten Wirkungen aus den Eigenschaften der ihren Sphären ein- und umgeschriebenen Körper abzuleiten bemüht war, erklärte er in der zweiten das betreffende Kapitel für ein leeres Spiel der Einbildungskraft. Wir werden an anderer Stelle sehen, wie er mit dem Fortschritte seiner astronomischen Erkenntniß immer mehr die Irrthümer der Astrologie von sich abschüttelte und gar bald in diesem Punkte, wie in so vielen anderen, seinen Zeitgenossen vorangeeilt war. Nachdem wir dies vorausgeschickt, wollen wir aber doch einige Proben des astrologischen Kapitels mittheilen. Denn gar ergötzlich offenbart sich auch in diesem „Spiele" der Scharfsinn und die Einbildungskraft des fünf und zwanzigjährigen Kepler.

„Der Körper des Saturn ist der Kubus. Derselbe mißt Alles mit seinen rechtwinklig gestellten geraden Linien. Daher bringt der Planet Geometer hervor und der Geistesbeschaffenheit nach Strenge, Wächter des Rechtes, die nicht eines Nagels Breite nachgeben, Unerbittliche, Unbeugsame. So bringt es die Rechtwinkligkeit mit sich". — „Die Ruhe und Gleichmäßigkeit der Sitten, vor Allem des Jupiter, dann des Saturn, und endlich auch noch des Merkur rührt von der geringen Anzahl der Flächen ihrer Körper her; von deren Vielheit aber das stürmische und leichtsinnige Wesen der Venus und des Mars. Stets sich selbst ungleich und wankelmüthig ist das Weib. Darum ist auch die Figur der Venus (das Ikosaeder) die mannigfaltigste und beweglichste. Denn hier sind Grade; Merkur steht in der Mitte, von mittlerer Treue". — „Mars besitzt bei vielen Seiten weniger Flächen, Venus bei ebensoviel Seiten zahlreichere Flächen: in der That sind viele Bestrebungen des Mars vergeblich; an Bestrebungen ist ihm Venus gleich, genießt aber dabei besseres Glück. Und dies ist nicht zu verwundern. Leichter werden nämlich Tänze als Kriege durchgeführt und gerecht war es, daß rascher die Liebe, als der Haß zum Ziele gelange, weil dieser Menschen töbtet, jene erzeugt". — Diese Proben aus dem citirten Kapitel mögen unsern Lesern genügen.

Als das wichtigste aber unter allen Kapiteln des „Geheimnisses" muß der Geschichtschreiber der Naturwissenschaft das zwanzigste bezeichnen. Es führt als Ueberschrift die Frage: „Welches ist das Verhältniß der Bewegungen zu den Sphären?" Von ihrer Beantwortung hofft Kepler eine neue Bestätigung der copernicanischen Hypothese. Um dieses richtig aufzufassen, dürfen wir nicht vergessen, daß jene Entfernungen, die wir heute den Planeten zuschreiben, erst auf Grundlage der copernicanischen Hypothese ermittelt wurden, ja daß man früher unentschieden schwankte, ob man Merkur oder Venus der angenommenen Sonnensphäre näher setzen sollte. Findet sich also eine bestimmte Beziehung zwischen den copernicanischen Planetenweiten und den beobachteten Umlaufsperioden, d. i. den Bewegungen derselben, so dient eine solche in der That zur Bestätigung des copernicanischen Systems. Inwieferne gerade der Umstand, daß diese Beziehung im copercanischen System sich auch für die Erde als giltig erweist, während sie im tychonischen sich auf die Sonne nicht ausdehnen läßt, zu einer Zeit, wo die Aberration des Lichtes noch unbekannt war, für die Entscheidung zwischen den genannten Systemen Bedeutung hatte, werden wir an einem späteren Orte dieses Werkes zu erläutern haben.

Schon in der Vorrede erwähnte Kepler, je weiter ein Planet vom Centrum entfernt sei, eine desto längere Umlaufszeit besitze er. Dieselbe ist aber in höherem Maße verlängert, als daß ihre Aenderung durch die infolge des größeren Durchmessers erweiterte Bahn, bliebe sich die Bewegung, die Geschwindigkeit des Planeten gleich, allein begreiflich wäre. Durch eine einfache Vergleichung der nach solcher Annahme aus den Planetenentfernungen berechneten Umlaufszeiten mit den beobachteten, weist dieß Kepler nach. Hieraus ergibt sich, daß nicht nur die Umlaufszeit verlängert, sondern die Bewegung des Planeten als solche verzögert wird, wenn er sich in größerer Ferne von der Sonne befindet. Wolle man hier aber näher zur Wahrheit bringen und eine für sämmtliche Planeten giltige Beziehung zwischen Entfernung und Bewegung ermitteln, so könne man, folgert Kepler, nur einen von zwei Fällen annehmen: „Entweder seien“, wir fahren mit Kepler's eigenen Worten fort, „die bewegenden Planetenseelen in eben dem Maße schwächer, als sie sich ferner von der Sonne befinden, oder es wohne eine bewegende Seele im Centrum aller Planetensphären, nämlich in der Sonne, welche jeden Körper, je näher er ihr steht, desto mehr befeuere und bei den entfernteren wegen Ausbreitung und Verdünnung einigermaßen ermatte“. Und wie das Licht von der Sonne ausgehe, so sei diese auch der Quell für das Leben, die Bewegung und die Seele der Welt. Setze hier, ruft Kepler in einer Note zur zweiten Auflage aus, statt Seele — Kraft, und du sprichst die Wahrheit aus! Völlig richtig. Hältst du für diese Kraft, fügen wir bei, auch noch die Analogie mit dem Lichte in Bezug auf die Abnahme ihrer Stärke fest (bekanntlich nimmt die Intensität im Verhältniß des Quadrates der Entfernung von der Lichtquelle ab), so besitzest du sogar die volle und ganze Wahrheit, wie sie Newton aus den Kepler'schen Gesetzen folgerte. Um nun der Schwächung der bewegenden Sonnenkraft Rechnung zu tragen, stellt Kepler im „Geheimniß“ ein irriges Verhältniß auf, welches sich durch ein Versehen in der Anwendung dem wahren mehr näherte, als es im ursprünglichen Ansatze lag. Das wahre Verhältniß zwischen Entfernung und Umlaufszeit der Planeten — wir dürften es wohl bei den meisten unserer Leser als bekannt voraussetzen — bildet den Inhalt des dritten Kepler'schen Gesetzes. Obwohl es aber Kepler erst mehr als zwanzig Jahre später gelang, das richtige Verhältniß zu ermitteln, so haben wir doch offenbar schon in jenem ersten Versuche und den Ideen, von welchen Kepler bei demselben geleitet war, den Keim zu dieser seiner wunderbarsten Entdeckung zu erblicken.

Aber auch zur Entdeckung der zwei anderen Kepler'schen Gesetze finden wir die ersten Schritte bereits in der von uns hier betrachteten „Vorhalle“ gethan. Daß auch der einzelne Planet in der Sonnenferne sich langsamer, in der Sonnennähe sich schneller bewegt, wodurch eben der Aequans der älteren Astronomen nöthig gemacht wurde, ist erwähnt und mit der in größerer Entfernung abnehmenden Bewegungskraft der Sonne in Zusammenhang gebracht. Jene Verschiedenheit der Bewegung näher erforscht und wir haben Kepler's zweites Gesetz; ja, die letzterwähnte Beziehung zur Sonnenkraft in alle Consequenzen

verfolgt, und Newtons Bahn ist betreten. Und auch zur Auffindung des ersten
Gesetzes, zur Ermittlung der wahren, der elliptischen Planetenbahn ist der An=
fang im „Geheimnisse" gemacht, indem Kepler, statt wie Copernikus die Planeten=
bahnen auf das Centrum der Erdbahn zu beziehen, denselben die Sonne als
ihr wahres Centrum anweist und ihre Elemente für dieses zu bestimmen trachtet.
Also finden wir in der That den Ausgangspunkt für Kepler's spätere astro=
nomische Entdeckungen im „Geheimnisse". Auch zu seiner Harmonienlehre trifft
man daselbst nach Kepler's eigener, in einer Note zur zweiten Auflage ent=
haltener Aussage die Grundlage an und zwar in einer Vergleichung, die Kepler
zwischen den fünf regelmäßigen Körpern und den consonirenden Intervallen in
der Musik anstellte. Durch all' dieses glaubt sich Kepler zum Ausspruche be=
rechtigt: seiner sämmtlichen Studien, Werke, Entdeckungen, Ursprung sei in jener
einen „Vorhalle" enthalten. Ja wohl, der Ursprung, der Keim, aber auch nur
dieser. Sollte er zu einem Lorbeerbaume ewigen Ruhmes empor wachsen, sollte
er nicht blüthe= und früchtelos verloren gehen, so mußte ihm die Sonne des
Glückes noch warme, zeitigende Strahlen zuwerfen, es mußte ihn das Schicksal,
„der Götter und des Menschen Herr", zu seinen Auserwählten zählen. Auch
hiezu war die günstige Gelegenheit bereits durch das Mysterium geboten. Er
sandte es an Tycho Brahe. — Doch halt, kein Wort mehr; wir wollen der
natürlichen Entwicklung, wir wollen unserer Erzählung nicht vorgreifen.

Daß keine einzige vor und während Kepler's Lebenszeit bekannt ge=
wordene Beobachtung ihn zwang, die Grundvorstellung des Mysteriums als falsch
zu erkennen, erwähnten wir bereits. Daß der Geist der Zeit ihm gleichfalls
eine solche Nöthigung nicht auferlegte, wird jeder Kenner der Reformations=
epoche zugeben. Und so dürfen wir uns nicht verwundern, daß Kepler sich
auch noch in der zweiten Auflage seines Mysteriums zu der Hypothese von den
fünf regulären Körpern bekannte, ja bis zu seinem Tode einer Annahme huldigte,
deren Irrthum uns auf den ersten Blick einleuchtet. Von Werken, welche sich
dem Grundgedanken des Mysteriums anschlossen und sich dessen weitere Ver=
breitung zur Aufgabe stellten, nennt Kästner in seiner „Geschichte der Mathematik"
zwei. Der Titel des älteren derselben lautet: „Geistliche Perspektiva, in welcher
der Name Jehova auf den corporibus regularibus lehnend und der Name Jesus
Christus mit den vier Buchstaben J N R J in Form eines Kreutzes geometrisch
und scenographischer Weise sammt dem eigentlichen und heimlichen Verstand zu
befinden ... Durch Theodosium Hæseln, Dresdensem, Philomaticum, dieser Zeit
Churf. Durchl. zu Sachsen 2c. zu dem leipzigschen Creiß bestellten Cantzley Sekre=
tarium und Technitothecarium, welches er hernach in vier Kupfer stechen und
in öffentlichen Druck beides auf seinen eigenen Kosten und Verlag bringen lassen
von Wolfgang Seyfferten in Dresden Anno 1652". Der Verfasser meldet, er
habe die perspektivischen Kunstwerke, die der Titel erwähnt, schon um 1630 ver=
fertigt. Die vierte dieser Platten stellt Kepler's Erfindung vor, die Planeten=
bahnen mit den fünf regulären Körpern, aber nicht so deutlich als Kepler's
eigene Figur (siehe S. 140). Das zweite dieser Werke erschien im Jahre 1736

zu Frankfurt. Es führt den Titel: „Joh. Ge. Hagelganß, fürstl. Naff. Saarbr. Archivars Architectura Cosmica eclectica et enucleata, oder: kurze doch gründliche aus der Uebereinstimmung des Lichts der Natur und Offenbarung geleitete Vorstellung des Weltgebäudes". Im ersten Theile: Einrichtung des Weltgebäudes .., stellt die fünfte Tafel Kepler's Mysterium cosmographicum vor, wie es im Prodromus abgebildet ist.

Wenn Kepler aber heute auferstünde, würde er es wohl beklagen, daß sein Mysterium sich als Wahngebilde erwies? — Wir wollen absehen von jener Befriedigung, die ihm das gewähren würde, was sich unter den Händen Newton's, Laplace's überhaupt all der großen Mathematiker der letzten zwei Jahrhunderte aus seinen drei Gesetzen entfaltet hat; aber auch die Vorstellung, die wir vom Weltgebäude selbst gewannen, sie würde ihn seines Geheimnisses gern entrathen lassen. An die Stelle eines engen Planetensystemes ist ein Weltsystem getreten, wo sich Sonnen an Sonnen reihen. Und doch herrscht auch unter diesen wieder Ordnung und Gesetz und um eine Centralsonne bewegen sich Sonnen, die Centra von vielen solchen Planetensystemen, wie Kepler sich nur ein einziges vorzustellen vermochte. Unter ihnen bemerken wir auch jene Sonne, deren Platz in unserem Systeme Copernikus erkannte, mit ihren Planetenstäubchen, deren Bahnen Kepler zuerst angab. Und indem sich uns die Milchstraße in zahllose Fixsterne auflöst, schließen wir auf die Linsenform der Fixsterninsel, in der wir uns befinden. Solcher Inseln mit tausenden Sonnen, deren jede von Planetensystemen begleitet ist, gibt es wohl mehrere im Aetheroceane. Und auf all' diesen Milliarden Himmelskörpern vermuthen wir bewußte denkende Wesen, deren Zahl sich auch nur annähernd vorzustellen der Mensch völlig unvermögend ist. Ihn schwindelt —

> „Aus dem Kelche dieses Geisterreiches
> „Schäumt ihm die Unendlichkeit".

Würde Kepler wohl diesem Schauspiel seinen engen Gesichtskreis vorziehen? Länger, als die Zeit, die sich Kepler seit Erschaffung der Welt verflossen dachte, bedarf ein Lichtstrahl, um von einem nur etwas entfernteren Fixsterne unser Auge zu erreichen. So entfaltet sich vor dem heutigen Astronomen eine doppelte Unendlichkeit des Weltgebäudes in Raum und in Zeit, es verflüchtigt sich ihm der Begriff des symmetrisch Schönen, um dem des unermeßlich Erhabenen die Stelle einzuräumen — würde Kepler mit dem Tausche nicht zufrieden sein? —

Siebentes Kapitel. Kepler's erste Heirath.

Gott thu ich bitten Tag und Nacht,
In meinem Herzen stets betracht,
Wie ich sie möcht bekommen,
Wie ich's anfing, daß mir's geling,
Daß ich nit würd verdrungen.
Liebeslied aus dem Ende des 16. Jahrhunderts).

Kaum hatte der zehnjährige Knabe Kepler die Bibel zu lesen gelernt, als er sich an Isak und Rebekka, an Jakob und Rahel ein Beispiel nahm und den Entschluß faßte, sobald er herangewachsen wäre, sich zu verheirathen, um der Vorschrift des Gesetzes zu genügen**). Auch fand er es wichtig genug, um es unter den Begebenheiten seines Lebens ausdrücklich anzumerken, daß sich ihm, wie wir bereits erwähnten, als Jüngling ein erstes Mal zu Kuppingen die Gelegenheit zur Verbindung mit einem schönen und tugendhaften Mädchen dargeboten habe. Das Heirathen gehöre zu den Sitten deutscher Gelehrten, lautete noch im reiferen Mannesalter sein Ausspruch, nachdem er längst dieser „löblichen Sitte" gehuldigt hatte. Doch sollte ihm dies erst nach Ueberwindung mannigfacher Schwierigkeiten gelingen, wie wir im vorliegenden Kapitel sehen werden.

In den kurzen chronologischen Aufzeichnungen aus seinem Leben, die Kepler an Fabricius sandte***), theilt er mit: Bei seiner Ankunft in Graz habe er Uriasbriefe mit sich gebracht, durch welche ihm eine Gattin bestimmt wurde†); er habe aber schon eine Liebe im Herzen getragen. Vom 17. Juli des nächstfolgenden Jahres 1595 berichtet er: „Verschiedene Wechselfälle in der Liebe"; vom 17. Dezember: „Vulkan machte mir die erste Erwähnung von der Venus, mit der ich mich verbinden sollte"; vom 22. Dezember: „die wiederholte Erwähnung setzte mein Herz in Flammen".

Hier spricht Kepler bereits von seiner künftigen Gattin und deutet deren Schönheit nach humanistischer Redeweise durch die Bezeichnung Venus an. Doch vergingen noch beinahe anderthalb Jahre, bevor er an das Ziel seiner Bewerbung gelangte. Um die Ursachen dieser Zögerung genau einzusehen, müssen wir auf die damaligen Eheverhältnisse einen Blick werfen.

---

*) Hofmann v. Fallersleben, Spenden, 2. Bd., S. 12.
**) Frisch, v. V., p. 483.
***) Ebendaselbst v. I., p. 311.
†) Auf diese Briefe dürfte sich wohl auch die scherzhafte Aeußerung beziehen, welche sich am Schlusse eines Schreibens Ortholph's an Kepler findet, worin er dessen „Astrolatrie" verspottet; siehe Hanschius, J. Keppleri epistolæ, p. 73.

Hatte man seine Wahl getroffen, so suchte man nach dem Brauche der Zeit zunächst eheliche Kundschaft zu erlangen, das will sagen, man suchte durch eine Unterredung, die man mit der „Auserkornen" vor Verwandten oder Freunden derselben hielt, sich von deren Geneigtheit zur Eingehung der Ehe zu überzeugen. Gestand sie in solchem Falle unter Erröthen, daß sie, wenn nach Gottes und ihrer Eltern Willen der Unterredung ein Ehegelübde folgen würde, nicht widerstreben, sondern „gehorsambliche Folge" thun werde, so konnte man getrost zur Werbung schreiten. Die Zeit liebte verhüllende Gewänder und verschleiernde Worte; Braut und Bräutigam erwarteten sodann mit gleichem „Hangen und Bangen in schwebender Pein" die Entscheidung der Angehörigen.

Zu diesen rechnete man aber nicht blos die Eltern; auch entferntere Verwandte nahmen an den Berathungen Theil. Denn man betrachtete die Ehe nicht nur als eine Vereinigung zweier Liebenden, sondern als eine Verbindung zweier Familien, zweier Geschlechter. Sämmtliche Verwandte der Frau wurden „Freunde" des Mannes. Sie übernahmen Pflichten und erwarben Rechte; und eben deßhalb machten sie auch ihren Einfluß geltend. Es wurde eine förmliche Verhandlung, bei welcher Rücksichten der Convenienz maßgebend waren, von Geschlecht zu Geschlecht gepflogen. Selbst bei den Eltern der Braut durfte der Bewerber seine Sache nicht in eigener Person führen; er mußte durch einen oder zwei Fürsprecher aus dem Kreise seiner vornehmen Freunde in der Stadt die „Beschickung" besorgen lassen. Meist eröffneten die „Beschickherren" den Inhalt ihrer Sendung in einem längeren und zierlichen Sermon, dessen poetische Floskeln nicht verhinderten, daß hierauf Geburts- und Vermögensverhältnisse der ernstesten und eingehendsten Erörterung unterworfen wurden.[*]

Obwohl nur zweiundzwanzig Jahre alt, war Barbara Müller[**]), auf welche Kepler's Wahl fiel, doch schon zum zweiten Male Wittwe. Zum ersten Male war sie mit einem reichen und angesehenen Mann, Namens Lorenz verheirathet gewesen. Als sie diese Ehe einging, war sie noch so jung, daß sie ihrem ersten Gemahl schon mit 17 Jahren ein Töchterchen, das den Namen Regina erhielt, gebar. Kurz darauf wurde ihr der erste Gatte durch den Tod entrissen. Zum zweiten Male war sie mit „Herrn Marxen Müller, Einer Ehrsamen Landschaft in Steier gewesenem Bau-Zahl-Meister", einem Verwandten, der kränklich und von beschränkten Geisteskräften war und bösartige Kinder hatte, höchst unglücklich vermählt[***]). Nachdem auch dieser zweite Gatte gestorben war, schloß Barbara ihre dritte Ehe: mit Kepler.

Sämmtliche Biographen Kepler's von Hanschius angefangen bis herab auf die der Neuzeit (Breitschwerdt u. s. w.) haben dessen erste Hausfrau Barbara als eine geborne „Müller von Mühleck" bezeichnet. Insofern man sich hierbei unter dem Zusatze „von Mühleck" ein förmliches Adelsprädikat dachte,

---

[*] Nach kulturgeschichtlichen Studien des Hauptmann Neumann.
[**] Beil. XVIII.
[***] Hanschius, J. Keppleri vita, p. XIII. nota 100.

beburfte die Angabe einer Berichtigung. Dies geht aus Forschungen hervor, die in neuester Zeit angestellt wurden, und über die Familie von Kepler's erster Frau interessante Aufschlüsse brachten*).

Ihr Vater war der „Ehrsame und fürnembe Maister Jobst Müller, Müllermaister zu Göffendorf seßhaft**)". Er hatte sich am St. Veitstag (15. Juni) 1572 mit Margaretha von Hemmettern***) vermählt. 1573 wurde ihm Barbara geboren. Sie war das älteste von fünf Kindern, mit welchen seine glückliche Ehe gesegnet wurde†). Jobst Müller erfreute sich nach Allem, was wir wissen, äußerst günstiger Vermögensverhältnisse und zugleich hohen Ansehens††). Unzweifelhaft befand sich das heutige Mühleck, das

---

*) Dem unermüblichen Eifer des Hrn. Direktors Dr. Göth, in Graz gelang es, neue Aufschlüsse in dieser Hinsicht zu ermöglichen. Er fand bisher unbekannte Thatsachen, die er aus den vorhandenen handschriftlichen Quellen mühsam schöpfte und unserem Mitarbeiter Hauptmann Neumann, welcher ihn hiezu angeregt hatte, bekannt gab. Die Mittheilungen Direktor Göth's und deren sorgfältige, vielfach vermehrte Bearbeitung durch Hauptmann Neumann liegen der Darstellung im Texte zu Grunde. Damit aber auch den Wünschen spezieller Historiker Rechnung getragen wird, fügt Hauptmann Neumann unserem Texte ergänzende Noten bei. R.

**) So wird er nämlich in einer Urkunde dd. Grätz, den 26. Febr. 1589 genannt. N.

***) Hanschius, J. Keppleri vita, p. XIII.

†) Jobst Müller's zweite Tochter Rosina kam 1575, seine dritte Tochter Veronika 1580, sein Sohn Michael 1583 und der jüngstgeborene der Familie, Simon, 1589 zur Welt. N.

††) Die alten „Besitzbücher" zu Graz wurden nur behufs der Besteuerung angelegt. Sie enthalten daher lediglich den „vereinten Kapital-, Grund- und Viehschätzungsbeitrag", welcher jährlich der Steuerpflichtigkeit als Grundlage diente, äußerst selten aber den Namen des Besitzthums oder eine sonstige Notiz von historischem Interesse. Jobst Müllers Name erscheint zuerst im Jahre 1589. „Jobst Müller zu Göffendorf," heißt es daselbst, „hat von Herrn Hanns von Weißenwolf erkauft 5 Pfund — nämlich 2 Pfund Pfennige Gült und den Mühlschlag zu Engelsdorf, davon man jährlich 3 Pfund bringen thut, frei eigenthümlich" —; „mehr von Herrn Mathes Ammann käuflich bekommen 5 Pfd. 1 Schilling, besitzt sonach zusammen 10 Pfund 1 Schill. und zahlt dafür an Steuer 22 fl. 6 Schill. 8 Pfenn." Diese zwei Ankäufe betrafen freie oder landschaftliche Besitzungen. Von diesen war außer der landesfürstlichen Steuer keine Abgabe an ein Dominium oder eine Herrschaft zu entrichten, und deren Eigenthümer zählten in die Reihe der Freisassen. Von da an begegnen wir dem Namen Jobst Müller's regelmäßig in den Besitzbüchern und erhalten unzweifelhafte Belege seiner Rührigkeit und Strebsamkeit. Er wußte durch weitere Ankäufe seinem Grundbesitze eine stattliche Ausdehnung zu geben. So lesen wir im Besitzbuche von 1593: „Jobst Müller zu Göffendorf besitzt 10 Pfund 1 Schill., mehr von Herrn Sigmund von Saurau gekauft 4 Pfd. 28 Pfng., besitzt zusammen 14 Pfd. 1 Schill. 28 Pfenn. und zahlt 32 fl. 11 Pfenn. Steuer". In der Urkunde über die Erwerbung dieser letztgenannten „Herrengült", in welcher er als Müllermeister, zu Göffendorf wohnhaft, bezeichnet wird, treffen wir die Prädikate: „der Ehrenveste und Achtbare ꝛc." ihm beigelegt. Und so erhellt es deutlich aus den „Besitzbüchern" und „Urkunden", daß Jobst Müller eben so wohlhabend als angesehen war. Er vermehrte 1602 seinen Grundbesitz abermals, allerdings nur um ein Geringes, so daß er schließlich nach den „Besitzbüchern" 14 Pfd. 3 Schill. 8 Pfenn. besaß. Einer ferneren gütigen Mittheilung des Hrn. Direktors Dr. Göth entnehmen wir, daß er im Jahre 1617 bereits nicht mehr in den „Besitzbüchern" von landschaftlichen und freien Gütern erwähnt wird. N.

1 ¼ Stunden von Graz liegt und zur Gemeinde Gössendorf gehört, in seinem Eigenthume und war sein Wohnsitz zu Gössendorf, von welchem in „Besitzbüchern" und „Urkunden" wiederholt die Rede ist*). Aber erst seinem Sohne Michael Müller wurde das ausdrückliche Privilegium zu Theil, sich „von und zu Mühleck" schreiben zu dürfen. Als derselbe am 27. Februar 1623 von Kaiser „Ferdinand dem Andern" zu Regensburg sein bisher geführtes Wappen und Kleinod verbessert erhielt und zugleich in den rittermäßigen Adelsstand erhoben ward, bekam er das erwähnte Privilegium nebst dem Rechte, „in rothem Wachs" siegeln zu dürfen**). Dies schließt jedoch die Annahme nicht aus, daß schon vor Erlangung des kaiserlichen Gnadenbriefes die Familie der Müller, Besitzer des Freigutes Mühleck, zum Adel gerechnet wurde, eine Annahme, die man nach Kepler's Mittheilungen über den Verlauf seiner Brautwerbung, womit wir unsere Leser in Bälde bekannt machen werden, kaum umgehen kann. Auch war Jobst Müller's Ehefrau unzweifelhaft aus adeligem Geschlechte, eine „von Hemmettern". Man konnte aber in älterer Zeit ohne das Wörtchen „von" seinem Namen vorzusetzen, dennoch von gutem Adel sein. Denn jener Partikel pflegte man sich nur dann zu bedienen, wenn man seinen Zunamen von dem Besitze eines Ortes ableitete***). „Wessen Geschlechtsnamen nicht auf einem

*) Können wir auch nicht angeben, wann Jobst Müller die Besitzung Mühleck eigentlich erwarb, so glauben wir doch annehmen zu dürfen, daß er dieselbe bereits vor 1589 besaß. Denn in diesem Jahre bezeichnen ihn, wie wir in der vorigen Note sahen, die Besitzbücher als Jobst Müller zu Gössendorf; und Engelsdorf, wo er damals den Mühlschlag kaufte, liegt etwa eine Stunde südlich von Gössendorf (resp. Mühleck) an derselben Straße, ja die große Mühle, die zum Dorfe gehört, auch an dem nämlichen Nebenarme der Mur, woran sich Mühleck befindet. Mühleck wird schon im 14. Jahrhundert urkundlich erwähnt. Im Jahre 1355 verkaufen nämlich die Gebrüder Ulrich und Otto, die Wolfsberger, an Friedrich von Graben einen „Hof zu Gössendorf", nebst mehreren Zehenben, welche vorhin Ottokar der Stadler besessen hatte. Der geschichtskundige Carl Schmutz, Verfasser des „historisch-topographischen Lexikons von Steyermark" bezeichnet diesen oben erwähnten „Hof" zu wiederholten Malen ausdrücklich als das heutige „Mühleck" (2. Bd. S. 577 und 4. Bd. S. 389 des genannten Werkes). Da Jobst Müller Jahr für Jahr in den Besitzbüchern als Eigenthümer der in der vorigen Note angegebenen Beträge, von 1602 bis inclus. 1615 der erwähnten 14 Pfd. 3 Schill. 8 Pfenn., erscheint, so ist nicht zu zweifeln, daß er auch bis zu dieser Zeit im Besitze von Mühleck blieb. Im Jahre 1616 heißt es aber bei Jobst Müller: Ueberläßt seine Gült seinem Sohne Simon und dieser seinem Bruder Michael Müller und seiner Hausfrau Salome frei eigenthümlich. Im Jahre 1617 kommt Jobst Müller nicht mehr vor, sondern es heißt: „Michael Müller zu Gössendorf und seine Hausfrau Salome besitzen 14 Pfd. 17 Schill. 12 Pfenn. und dazu seines Vaters Jobst völlige Gült frei eigenthümlich mit 14 Pfd. 3 Schill. 8 Pfenn., besitzt also 29 Pfd. 2 Schill. 20 Pfenn." Diesen Grundcomplex besitzt sodann Michael Müller bis zum Jahre 1660, in welchem Jahre ihn seine Erben verkauften, wodurch das Schlößchen Mühleck aus dem Besitze der mit Kepler verschwägerten Müller schied.   N.

**) Beil. XXIX.

***) Eben deßhalb konnte man auch schon, bevor sie ausdrücklich die Erlaubniß erhielten, sich „von und zu Mühleck" zu nennen, die Müller, in deren Besitz das Schlößchen Mühleck war, zur Unterscheidung zahlreicher anderer „Müller" als die „Müller von Mühleck" be-

Ortsnamen begründet war, dem konnte es nie einfallen das Wörtlein „„von““ vor seinen, wenn auch noch so altadeligen Namen zu setzen“, war ausnamslose Regel. Erst eine spätere Zeit that der Grammatik Gewalt an, und führte den verschwenderischen Gebrauch des Wortes „von“ ein, nachdem dessen wahre Bedeutung aus dem Sprachbewußtsein geschwunden war*).

Wie es scheint, war Kepler's Werbung anfangs vom Glücke begünstigt. Die junge schöne Wittwe fühlte sich wohl von seinen herrlichen Gemüths= und Geisteseigenschaften angezogen und wenn auch sein Einkommen gering war, seine „Profession“ nicht in allzuhoher Achtung stand, wie er oft zu klagen Gelegenheit nahm, so gewann er doch die Einwilligung der Eltern durch die Ehrbarkeit und Tadellosigkeit seines Charakters. Aber auch Gegner fand seine Bewerbung, so vor Allem den Landschaftssekretär Speidel, den Kepler eben deßhalb unter seinen Feinden anführt**). Wie Kepler erzählt, war es zunächst das eigene Interesse, was Speidel's Widerstand gegen seine Heirath entfachte; denn er wünschte die Wittwe nach eigenem Ermessen zur Vermehrung seines Einflusses zu vergeben und einem seiner Günstlinge gefällig zu sein. „Freilich wünschte er die Wittwe auch besser versorgt zu sehen“, fügte Kepler bei. Doch waren es nicht die Vermögensverhältnisse, welche von der Familie der Braut zunächst beanstandet wurden; ihre Hauptforderung an den Brautwerber war der Nachweis adeliger Herkunft. Hiernach dürfte wohl jeder Zweifel ausgeschlossen sein, daß die Familie Barbara Müller's adelig war***). Nun war es aber

---

zeichnen, wo dann der kaiserliche Gnadenbrief eine legale Sanktion einer schon länger existirenden Gewohnheit gewesen wäre. Da nämlich Hanschius die Benennung „Barbara Müller von Mühleck“ offenbar Kepler selbst entlehnt, so hat man nur die Wahl, vorauszusetzen, Kepler hätte den späteren Namen der Familie auf eine frühere Zeit übertragen oder unserer mehr begründeten Annahme zuzustimmen.   R.

*) Erst dann, nämlich im 17. Jahrhundert, geschah es auch, daß uralte Adelsfamilien, z. B. die Ligsalz, Sauerzapf, u. s. w., in Folge totaler Begriffsverwirrung sich vom Kaiser um schweres Geld einen „Gnadenbrief“ zu verschaffen wußten, der es ihnen ermöglichte, ihren ehrlichen Namen durch das Wörtchen „von“ in's Schlepptau nehmen zu lassen und ihm so einen seltsamen Beiklang zu geben. Sie ruhten und rasteten nicht eher, bis sie sich endlich: „von Ligsalz, von Sauerzapf“ ꝛc. nennen durften, — was nun freilich im Ohre eines eingeschüchterten Bürgers oder Bauers nicht wenig vornehm klingen und imponiren mußte! Gott verzeihe ihnen diese grobe Versündigung gegen ihr altes, mannhaftes Geschlecht und ihre vom echten Gotteshauche durchwehte Muttersprache! — — Vrgl. hierüber: K. Freiherrn v. Leoprechting's „General=Acta ꝛc.“   N.

**) Frisch, v. V., p. 482.

***) Daß die Forderung des Adelsnachweises etwa von Verwandten der Gattin Jobst Müller's, die unzweifelhaft adelig waren, hergerührt hätte, während Jobst Müller nicht dem Adel angehörte, ist höchst unwahrscheinlich. Gaben diese Verwandten die Vermählung einer „von Hemmettern“ mit einem Bürgerlichen zu, so hatten sie sich doch dadurch jeder Einsprache für den Fall begeben, daß dessen bürgerliche Tochter einen Bürgerlichen heirathen würde. Wohl aber würde folgende Annahme einige, namentlich psychologische Wahrscheinlichkeit für sich in Anspruch nehmen: Vielleicht schrieben sich Jobst Müller und dessen Kinder „Müller von Mühleck“, ohne den urkundlichen Beweis für dieses Adelsprädikat beibringen zu können. Wenn nun auch Niemand ihren Adel bezweifelte, oder ihnen das Adelsprädikat

gar gut, daß Kepler schon längst die Vorbilder seiner Werbung sich unter den Patriarchen gesucht hatte. Nicht nur, daß jeder Ehewerber damals ebenso wie Isak durch einen vermittelnden Boten, den sogenannten „Beschickherren", um seine Rebekka anhalten mußte, Kepler, wie jeder Andere; nun wurde an ihn auch noch die Forderung gestellt, wie Jakob um seine Rahel zu dienen. Denn den Nachweis adeliger Abkunft konnte er nicht anders herstellen, als indem er eine Reise in seine Heimath, nach Württemberg, unternahm. Eine solche Reise war aber damals mit großen Beschwerden, ja selbst Gefahren verknüpft. Dem Reisenden jener Tage stand noch nicht einmal die „Postschnecke" des vorigen Jahrhunderts zu Gebote; wenn er sich in so mäßigen Vermögensverhältnissen, wie Kepler, befand, mußte er sich auf dem Rücken eines Paßgängers durch die Lande tragen lassen. Und wozu man jetzt Tage bedarf, waren damals Monate benöthigt.

Trotz Zeitverlust und Mühsal unternahm Kepler die Reise. Sie war eine Hochzeitsreise ganz anderer Art, als sie heutzutage Neuvermählte zu ihrem Vergnügen zu veranstalten pflegen. Sie ging der Vermählung voraus und ihre erste Folge war eine Trennung von Braut und Bräutigam. Diese konnten zu jener Zeit auch nicht einmal durch steten brieflichen Verkehr sich die Entfernung verkürzen, denn noch gingen keine regelmäßigen Posten. Umsomehr suchte aber die Phantasie die Schranken des Raumes zu durchbrechen. Wie sehr sich Kepler's Gedanken während des halben Jahres, welches diese Reise in Anspruch nahm, mit seiner künftigen Ehe beschäftigten, ersehen wir aus späteren Mittheilungen, die er mit liebenswürdiger Offenheit machte. Obschon gerade damals sein Geheimniß in Tübingen gedruckt wurde und er während seines Aufenthaltes in Stuttgart dem Herzoge jenes Kunstwerk anbot, durch welches er die von ihm gefundene Weltordnung darstellen wollte, so verlor er doch seine Ehewerbung als das eigentliche Ziel seiner Reise nicht aus den Augen. Er verschaffte sich die nöthigen Beweisstücke seines Adels. Die dadurch erregten Hoffnungen steigerte ein Brief, den er aus Graz erhielt. Darin theilte ihm Dr. Papius, einer seiner Freunde, mit: Dr. Oberndorffer *) und

---

streitig zu machen suchte, so mochten sie doch eben dieses Umstandes halber um so mehr Werth darauf legen, daß Jemand, der mit ihnen in Verbindung trete, seinen Adelsstand auch urkundlich beweisen könne. Aus einem solchen Verhältnisse würde sich auch einfach erklären, warum Jobst Müller's Sohn Michael sich 1623 eine förmliche Urkunde über Adelsstand, Wappen, Prädikat von und zu Mühleck ꝛc. von Kaiser Ferdinand zu verschaffen suchte, wenn auch die Familie längst „Müller von Mühleck" benannt wurde und als adelig galt.　　　　　　　　　　　　　　　　　　　　　　　R.

*) Johann Oberndorffer von Oberndorf scheint zu Kepler's vertrautesten Freunden in Graz gehört zu haben. Schon im fünften Kapitel begegnete er uns als Inspektor an der Stiftsschule und zweifellos trug er durch seine Einwirkung auf seine Collegen viel dazu bei, daß diese sich in ihren Berichten an die Landstände über Kepler besonders günstig äußerten und dessen Interessen förderten. Er war ein bedeutender Arzt und sein Beispiel und Gespräch mochte die Veranlassung gewesen sein, daß Kepler sich, als er aus Steiermark vertrieben wurde, mit dem Plane beschäftigte, Medizin zu studiren und der Heilkunde sich zu widmen, wovon an einer späteren Stelle des Textes die Rede sein wird. Er wurde

Osius*) hätten seine Sache mit derartigem Erfolge geführt, daß ihm nun die Braut gewiß, der Ehestand sicher sei; er möge daher seine Rückreise beschleunigen**). Mit den freudigsten Erwartungen trat er dieselbe an. Wie lange mochte sie seiner Ungeduld erschienen sein, bis er endlich innerhalb der Grazer Ringmauern eintraf?

Hier harrte seiner jedoch eine schmerzliche Ueberraschung. Während er in der Ferne bemüht war, jedes Hinderniß seiner Heirath zu beseitigen, war es deren Gegnern gelungen, die Braut selbst und ihre Eltern von ihm abwendig zu machen. Wieder ging es ihm, wie Jakob, der nach vollbrachtem Dienste Rahel noch nicht heimführen durfte, sondern eine fernere Zögerung ertragen mußte. Erst nach einer neuerlichen Frist, so lange beinahe, wie diejenige, welche seine Reise in Anspruch genommen hatte, gelangte er an sein Ziel. „Wie ich glaube", schreibt er an Mästlin im Anfange des Jahres 1597, „lebt kein Sterblicher, dessen Geschick so sehr all' seiner Vorhersicht spottet, wie es bei mir der Fall ist; denn, wenn ich Gutes hoffe und schon zu genießen glaube, dann entschlüpft es meinen Händen; dagegen, wenn ich Böses fürchte und schon vor mir erblicke, dann ereignet sich Gutes. Und so ist mein Geschick so, daß ich, je mehr es mir im Augenblicke glänzt, desto mehr von demselben

---

1549 zu Köthen als einer der jüngeren Söhne des dortigen Diakonus Johann Oberndorffer geboren. Die Schule besuchte er zu Regensburg, wohin sein Vater 1557 als Pastor an der Neupfarrkirche übersiedelt war. Er soll später an mehreren Universitäten studirt, große Reisen gemacht und sich auch längere Zeit in Italien aufgehalten haben. Gewiß ist, daß er 1572 die Universität Jena frequentirte und 1574, wo er sich in Wien befand, bereits Magister war. Von 1584 an, in welchem Jahre er sich mit Katharina Portnerin, Tochter des Regensburger Patriziers Christoph Portner, vermählte, praktizirte er in der letztgenannten Stadt, bis er 1587 Vater und Frau daselbst verlor. Nun verkaufte er im Vereine mit seinen Brüdern das älterliche Haus (C. 112) in Regensburg und verließ diese Stadt, die ihm nur schmerzliche Erinnerungen erweckte. Vermuthlich zog er schon zu jener Zeit nach Graz. Dort schloß er 1592 seine zweite Ehe mit Fides Pühelmaier, Tochter des Stadtadvokaten Dr. Michael Pühelmaier. Aus dem Jahre 1597 existirt eine Schaumünze mit seinem Portrait, beiläufig von der Größe eines Kronenthalers. Als 1599 die Protestanten aus Steiermark vertrieben wurden, scheint diese harte Maßregel auch Doktor Oberndorffer betroffen zu haben. Am Anfange des 17. Jahrhunderts finden wir Oberndorffer nach Regensburg zurückgekehrt, wo er bis zu seinem 1625 erfolgten Tode verblieb. In dieser Zeit bewerkstelligte er mit großen Opfern die Gründung des ersten botanischen Gartens in Regensburg. Mit den hervorragendsten Gelehrten correspondirte er und war auch als Schriftsteller thätig. Mit dem kaiserlichen Leibarzt Ruland wechselte er medizinische Streitschriften, die sich auf einige von Jenem verfertigte „chymische Arzeneien" bezogen. Vom botanischen Garten in Regensburg gab er eine wissenschaftliche Beschreibung im Druck heraus. So wirkte also Dr. Oberndorffer gleichzeitig mit Kepler — wenn auch in anderer Richtung — für das Aufblühen der Naturwissenschaften als wackerer Vorkämpfer bis an sein Ende und verdient daher, in deren Annalen fortzuleben. 　　　　　　　　N.

*) Heinrich Osius, aus Sachsen, war von 1578 bis 1581 Professor an der Stiftsschule zu Graz. Im letzteren Jahre trat er zum Predigtamte über und ward „Diakon an der Stiftskirche und Helfer am Worte Gottes". In solcher Stellung blieb er bis zur Vertreibung der Protestanten aus Steiermark thätig. 　　　　　　　　N.

**) Hanschius, J. Keppleri epistolæ, p. 73.

fürchte; wie es aber auch, wenn es mir feindlich ist (da es eben nicht beständig zu sein pflegt) den gleichen Wankelmuth besitzt. Wenn nun Gutes dem Blinden und Schlafenden begegnet, so versetzt ihn dieses in keine Bedrängniß; Schlimmes ist aber auch für diejenigen, die es vorher sahen und erwarteten, schwer zu ertragen, obschon sie nicht so rasch, wie diejenigen, welche Günstiges hofften, dadurch niedergedrückt werden. Doch vernimm die Comödie. Im Jahre 1596 wählte ich mir eine Gattin und während eines vollen Halbjahres dachte ich nicht anders (als daß ich sie heimführen würde), worin mich die Briefe der verläßlichsten Männer bestärkten. Freudig kehrte ich nach Steiermark zurück; als ich ankam, wünschte mir Niemand Glück und heimlich wurde mir angezeigt, ich sei der Gattin verlustig geworden. Feste Wurzeln hatte die Hoffnung des Ehestandes während eines halben Jahres geschlagen, es bedurfte des Verlaufes eines andern halben Jahres um sie zu entwurzeln und mich auch nur beinahe zu überreden, es sei vergeblich und es müsse ein anderer Lebensplan gefaßt werden. Als so die Sache fast verzweifelt stand, indem sie dem Pfarramte bereits übergeben war, siehe — da tritt eine neue Wendung ein. Auf die Betheiligten machte Eindruck: die Autorität des Pfarramtes und die Betrachtung ihres eigenen Spieles. Daher bestürmten Alle, die Einfluß auf die Wittwe und ihren Vater erlangt hatten, dieselben um die Wette und verhalfen mir neuerdings zur Heirath. Dadurch brachen wieder alle meine Rathschlüsse über einen anderen einzuschlagenden Lebensweg zusammen. So ist nicht der morgige Tag in des Menschen Gewalt *)".

Nun ging es rasch. Nur kurze Zeit nach diesem Briefe, am 9. Februar 1597, fand das feierliche Eheverlöbniß statt **). Für das hochzeitliche Ehrenfest selbst wurde der 27. April gewählt ***). Man pflegte das Letztere in jener Zeit mit besonderer Pracht zu begehen und meist überstiegen dessen Kosten das richtige Verhältniß zu den Mitteln des jungen Ehepaares. Gastmäler und Tänze dauerten drei Tage und zahlreiche Hochzeitsordnungen wurden daher in den deutschen Städten erlassen, um dem übertriebenen Aufwande Einhalt zu thun. Man bat zum Beilager selbst Kaiser und Könige, die sich vertreten ließen. So richtete auch Kepler ein Hochzeitsladschreiben „an einer Er. La.†) des Herzogthums Steier Herren Verordnete", also an diejenigen in deren Diensten er stand. Darin heißt es: „. . . . gib Eur gnaden hiemit gehorsamlich zu vernehmen, daß Ich mich aus sonderer schickhung des Allmechtigen auch mit Rath meiner befreundten zu der Erntugenthafften Frauen Barbara, weiland des Ernuesten Herrn Marxens Müllers, einer Er. La. in Steir gewesten Pauzalmaisters seeligen hinterlaßnen wittib mit ehelicher Pflicht, biß aufs Priesters Band versprochen. Ich dann meinen hochzeitlichen Erntag auf 27. laufenden Monats Aprilis in des wollgebornen Herrn Herrn Geörg Hartmann herrn

---

*) Frisch, v. I., p. 29.
**) Ebendaselbst v. I., p. 311.
***) Ebendaselbst v. I., p. 311.
†) Ehrsamen Landschaft.

v. Stubmberg ꝛc. behaußung alhie in der Stempfergaſſen (liebts Gott) zu halten entſchloſſen", u. ſ. w. (Grätz 12. April 1597). Er erhielt einen ſilbernen, Trinkbecher im Werth von 27 fl. als Hochzeitverehrung*). Aber ſowie nach damaliger Sitte die geladenen vornehmen Gäſte Hochzeitsgeſchenke ſpenden mußten, ſo war auch der Bräutigam zu allerlei Angebinden, insbeſondere gegenüber den Verwandten der Braut, verpflichtet und für die großen Unkoſten des Ehrenfeſtes konnten jene Geſchenke nur in ſehr geringem Maße Erſatz bieten. Von den Sorgen, welche dieſer Umſtand in dem leicht erregbaren Gemüthe Kepler's auftauchen ließ, erhalten wir durch einen Brief Kunde, den er wenige Tage vor obigem Hochzeitslabſchreiben an ſeinen väterlichen Freund und Lehrer Mäſtlin richtete. Endlich war der Druck des „Geheimniſſes" vollendet und es flog in die Welt hinaus. Dies hatte ihm Mäſtlin in einem Schreiben angezeigt, das er nun beantwortet. Er dankt Gott, daß „der Elefant endlich geboren hat", und gibt neuerdings ſeiner Begeiſterung über das von ihm erkannte „Geheimniß" Ausdruck. Er ſtellt mancherlei Betrachtungen über daſſelbe an; ferner hat er Verfügungen über Exemplare und Druckkoſten zu treffen und ſo wird der Brief ſehr lange, beinahe zu lange, wie er einlenkend bemerkt, für ſeine hochzeitlichen Beſchäftigungen. „Ich hätte aber gewünſcht", fährt er fort, „wie ich ja auch in Briefen darum anſuchte, es würden Einige aus Eurem Collegium, insbeſondere Du und Magiſter Müller anweſend ſein. Aber da ich doch hierauf nicht hoffen kann, ſo bitte ich Dich blos, mir am Hochzeitstage mit Deinen Gebeten beizuſtehen. Der Stand meiner Verhältniſſe iſt ein ſolcher, daß wenn ich binnen Jahresfriſt ſterbe, kaum irgend einem Todten größeres Unglück nachfolgen kann. Große Unkoſten ſind aus dem Meinigen zu beſtreiten: es pflegen nämlich hier die Hochzeiten auf das glänzendſte gefeiert zu werden. Wenn aber Gott mir das Leben verlängert, ſo iſt es gewiß, daß ich gebunden und gefeſſelt an dieſen Ort bin, was auch aus unſerer Schule werden möge. Meine Braut hat nämlich hierzulande Güter, Freunde, einen wohlhabenden Vater, ſo daß es faſt ſcheint, ich würde nach einigen Jahren meiner Beſoldung nicht mehr ſehr bedürfen, wenn ich dies paſſend fände. Auch werde ich dieſes Land wohl kaum je verlaſſen, außer es tritt ein öffentliches oder ein perſönliches Unglück dazwiſchen. Ein öffentliches, wenn nämlich für den Lutheraner das Land nicht mehr ſicher wäre, oder wenn der Türke weiter vordringen würde, wie ja ſchon erzählt wird, er ſei mit 600,000 Mann im Anzuge. Perſönliches Unglück aber, wenn mir meine Gattin ſtürbe. So ſiehſt Du auch einigen Schatten in meinen Verhältniſſen. Von Gott wage ich mehr nicht zu verlangen, als er mir in dieſer Zeit gewährt hat"**).

Den Reſt des Briefes bilden aſtrologiſche Betrachtungen. Aus dem Stande vorhergehender Conſtellationen konnte man eine längere Verzögerung der Ver=

---

*) Dr. Peinlich, Jahresbericht ꝛc. S. 30.
**) Friſch, v. I., p. 34.

mählung Kepler's ableiten. Hieran knüpft er die interessante Bemerkung: „In meinem großen Unglücke gereichte es mir zum Troste, daß Alles so mit dem Himmel übereinstimmte". Zwar wollte Kepler hier zunächst darauf hindeuten, daß es ihm Beruhigung gewährt habe, sein Mißgeschick als Gottes Fügung zu erkennen. Doch scheint andererseits auch sein Forschungstrieb dabei ins Spiel gekommen zu sein. Unentschieden schwankte er noch, sollte er die Astrologie für wahr halten und da war ihm sein eigenes Unglück ein „Probeobjekt" wie jener Römer den Augenblick der Hinrichtung nicht erwarten konnte, „damit er beobachte, wie sich die Seele vom Leibe trenne".

Aus dem oben mitgetheilten Auszuge des „Hochzeitsladschreibens" ersahen unsere Leser bereits, daß die Hochzeit im Stubenberg'schen Hause in der Stempfergasse abgehalten wurde. Mit einem daselbst befindlichen, seiner Hausfrau, „zuständigen Zimmer" vertauschte Kepler nach der Hochzeit die bisher im Stifte innegehabte Wohnung. Das von ihm bezogene Zimmer war bis dahin um jährliche zwei und fünfzig Gulden vermiethet gewesen. Nun entfiel der Miethzins und Kepler mußte Reparaturen und obrigkeitliche Gebühren bestreiten. Ferner lag ihm die Unterhaltung seines Stieftöchterleins ob und hatte er durch die Heirath „mehrere Nothdurft". Auf diese Umstände wies Kepler in einer Eingabe an die Schulinspektoren hin, worin er dieselben bat, sie möchten ihm bei den Landschaftsverordneten eine Zulage als Ersatz seiner früheren freien Wohnung erwirken, damit er sich eines besseren Auskommens erfreue. Die Schulinspektoren erfüllten seinen Wunsch unter Worten wärmster Anerkennung. Sie wiesen darauf hin, daß sein Amtsvorgänger Stadius, dem Kepler seiner trefflichen Qualitäten wegen sicher nicht nachstünde, gleich anfangs 200 fl. jährlicher Besoldung und später noch 100 fl. Zubuße gehabt habe. Kepler aber habe bisher nur 150 fl. bezogen. Da er nun „mit seinem Heirathen an seinem habenden officio nichts verabsäumt, sondern dadurch stets und immer nützlicher allhier zu continuiren gleichsam verbunden sei", so schlagen sie vor, Kepler mit einer Zubuße von 50 fl. für Wohnung und Holz zu bedenken. Bereitwillig gaben die Verordneten ihre Zustimmung — Kepler war eben damals im „Treffen", Alles, klein und groß, ging ihm nach Wunsch *).

Die Stempfergasse liegt mitten in der Stadt, dem Landhause gegenüber, und von den stattlichen Gebäuden, welche sie schmücken, stand ein Theil schon zu den Zeiten Kepler's. Eines der Häuser besitzt einen erhöhten Zubau (eine Art Thurm), welcher sich trefflich zu einem astronomischen Observatorium eignet. Er enthält etagenweise nur je ein Zimmer mit vier gegen die Welt-

---

**) Sämmtliche 3 Aktenstücke: das Bittschreiben Kepler's, die Intercession der Schulinspektoren, die Entscheidung der Landschaftsverordneten bringen wir im Anhange (siehe Beilagen XXX.—XXXII.) zum Abbrucke. Nach den Rechnungen bekam Kepler am 29. August 1597 für 2 Quartale 25 fl. an bewilligtem Zimmer- und Holzgeld; auch 1598 sind die bezüglichen Beträge verzeichnet. So theilte uns Direktor Dr. Göth mit, durch dessen Freundlichkeit wir auch die angeführten 3 Aktenstücke erhielten. N.

gegenden gerichteten Fenstern und zeigt in seinem obersten unheizbaren Zimmer (das zunächst darunter gelegene ist heizbar) bei dem südlichen Fenster eine Steinplatte, auf welcher ein astronomisches Instrument stehen konnte *). Vermuthlich ist es das Haus mit diesem Thurme, in welchem sich Kepler's Wohnung nach seiner Vermählung 1597 befand. Denn von der Tradition wird dasselbe als einstiges Eigenthum der Familie Stubenberg bezeichnet und überdies ist dessen Thurm bei den älteren Leuten in Graz allgemein unter dem Namen „Keplerthurm" bekannt.

Auch das Schlößchen Mühleck hatte einen zu astronomischen Beobachtungen verwendbaren Thurm. Er ist gegenwärtig bis zur Dachflucht des Wohngebäudes abgetragen. Wir erblicken denselben im Vordergrunde unseres Bildes.

Das Schlößchen Mühleck.

Noch heutzutage kann man die Erzählung hören: es hätten die Bauern den Thurm für einen Wetterthurm (der zur Herbeizauberung von Hagelwettern

---

*) Derselbe Thurm wird gegenwärtig von Herrn Professor Falb, einem Priester und Privatgelehrten in der Astronomie, zu astronomischen Beobachtungen benützt. Diese Mittheilung sowohl, wie die sämmtlichen im Texte gegebenen Nachrichten über das „Kepler=Haus in der Stempfergasse" verdanken wir der Güte des Herrn Direktors Dr. Göth. N.

u. s. w. biente) gehalten und es sei derselbe, als Kepler „der Wettermacher" vertrieben war, von den abergläubigen Landleuten der Umgebung abgetragen worden.*) Das Schlößchen liegt versteckt hinter hohen Bäumen und Buschwerk, von einem etwas verwilderten Garten umgeben, — ein romantisches Stilleben — am linken Murufer. Knapp vor dem Schlosse befindet sich der Mühlgang mit zwei Mühlen, eine mit drei und eine mit acht Läufen. Offenbar erhielt das ganze Anwesen seinen Namen von dem alten Mühlwerk. Hinter den schmucklosen festen Mauern birgt sich eine Anzahl freundlicher Zimmer. In dem großen Hofraume gesellen sich zu dem traulichen Wohnsitze mancherlei Oekonomiegebäude — jetzt und wohl auch zu den Zeiten Kepler's. Seinen vorzüglichsten Reiz verleiht dem Schlößchen aber seine Lage in dem herrlichen, weitberühmten Murthale. Wie Smaragde und Diamanten in einem kostbaren Halsbande, so wechseln Rebenhügel und Alpenfelsen in dem Kranze der das Thal umschließenden Höhen; es feiern hier Wein= und Hochland ein Fest der Verbrüderung, dessen sich stets erneuerndem Schauspiel man gerne aus der anmuthigen Abgeschiedenheit des Schlößchens zusieht.

In jener glücklichen Zeit konnte Kepler bald in der geräuschvollen Stadt und bald auf dem stillen Landsitze verweilen, hier wie dort an der Seite der geliebten Gattin, hier wie dort in der Lage zu forschen und Himmelsbeobachtungen anzustellen. Das Erscheinen seines schwungvollen Jugendwerkes und die langersehnte Vermählung mit Barbara waren durch Schicksalsfügung bis auf wenige Wochen zusammengetroffen. Das „Geheimniß des Weltbaues", die erste bedeutende Schöpfung seines Geistes trug seinen Namen durch alle Lande, und an seinem Herde waltete die geliebte Hausfrau, schön, fromm und treu. Selbst seinen Günstlingen pflegt das Glück den Ruhm erst im Greisenalter zu gewähren und in der Jugend blos die Liebe, beide getrennt durch ein ganzes Mannesalter. Auf die Jünglingsstirne Kepler's jedoch drückte das Schicksal einen Kranz, halb aus Lorbeer und halb aus Rosen; es schenkte ihm in jenem kurzen Momente seiner Huld zugleich Ruhm und Liebe, die beiden höchsten Erdengüter. Daher fühlte er sich damals in so seltenem Maße zufrieden, daß er, wie wir schon oben sahen, an Mästlin schrieb: Von Gott wage ich mehr nicht zu verlangen, als er mir in dieser Zeit gewährt hat.

> „Erhabner Geist, du gabst mir, gabst mir alles,
> Warum ich bat. Du hast mir nicht umsonst
> Dein Angesicht im Feuer zugewendet.
> Gabst mir die herrliche Natur zum Königreich,
> Kraft sie zu fühlen, zu genießen. Nicht
> Kalt staunenden Besuch erlaubst du nur
> Vergönnest mir in ihre tiefe Brust
> Wie in den Busen eines Freund's zu schauen".

*) So wurde uns selbst an Ort und Stelle mitgetheilt, als wir die Daten zu obiger Schilderung sammelten. N.

Kann man in passenderen, in bezeichnenderen Worten die Empfindungen aussprechen, die Kepler wohl jedesmal bewegten, wenn er in jener Zeit zum gestirnten Himmel aufblickte oder die herrliche Natur, die ihn umgab, betrachtete? Nie entfernte sich jedoch Göthe weiter von der Volkssage, als indem er diese Worte seinem Faust in den Mund legte. Unseren Lesern ist es bereits bekannt, daß die Volkssage die Natur als Domäne des Teufels ansah, deren Erkenntniß Faust eben deßhalb bei höllischen Geistern suchte. Hier dankt aber Göthe's Faust dem „erhabenen Geist" — Gott — für die ihm zu Theil gewordene tiefere Einsicht in das Wesen der Natur; er steht also Kepler, dem die Gesetze der Natur Gedanken Gottes waren, bei weitem näher, als dem Faust der Sage, der durch Teufelshilfe die Natur zu erforschen strebte. Doch darf uns dies nicht allzusehr Wunder nehmen. Denn an unzähligen Stellen der Tragödie ist Faust nur der Namensträger für Gedanken und Gefühle des Menschen und Naturforschers — Göthe. So ist es auch mit den oben angeführten Worten der Fall. Aus ihnen spricht Göthe in der Maske Faust's zu uns, und sie legen uns daher Zeugniß ab für die geistige Verwandtschaft Göthe's und Kepler's, des größten deutschen Dichters und des größten deutschen Forschers.

Achtes Kapitel. Während der Protestantenverfolgung.

„Nicht mitzuhassen, mitzulieben leb ich nur."
Sophokles.

Kepler hatte früh die Unbeständigkeit des Geschickes kennen gelernt. Schon zur Zeit der freudigen Hochzeitsvorbereitungen gab er daher, wie wir im vorigen Kapitel sahen, mancherlei Besorgnissen für die Zukunft Raum. Eine der seinen friedlichen Aufenthalt in Steiermark bedrohenden Gefahren, von denen er an Mästlin schrieb, war: wenn die Provinz für die Protestanten nicht mehr sicher wäre. Sein ahnungsvoller Scharfblick, der ihm seine, so oft zutreffenden politischen Prognostika diktirte, hatte ihn auch in diesem Falle nicht irre geleitet. Das Wölkchen, das er beim Schreiben des Briefes an Mästlin am Horizonte seines Glückes schweben sah, verdichtete sich bald darauf zu einer mächtigen Gewitterwolke, welche sich über ganz Steiermark entlud. Es trat jene Gegenreformation ein, welche den Protestantismus binnen wenigen Jahren in ganz Innerösterreich ausrottete und dem Katholizismus die Alleinherrschaft daselbst zurückeroberte.

Hatte sich auch die Mehrzahl der Bevölkerung dem neuen Glauben zugewandt, das Herrscherhaus hielt unwandelbar fest an dem alten. Nur mit Widerstreben und nach langer Zögerung hatte sich Erzherzog Karl am Landtage zu Bruck 1578 das Zugeständniß abbringen lassen, daß die Herren und Landstände sammt ihren Angehörigen auf ihren Schlössern und Herrschaften und in den vier Städten: Graz, Judenburg, Laibach und Klagenfurt ihre Religion frei und unbehelligt ausüben können. Durch landesfürstliche Dekrete suchte er jedoch den allzuheftigen Angriffen, welche die katholische Kirche durch den Uebereifer evangelischer Prediger erfuhr, Schranken zu setzen. Insbesondere erließ der Erzherzog 1580 scharfe Verordnungen gegen den immer mehr überhand nehmenden Protestantismus, wozu zweifellos Dr. Joh. Bapt. Fickler, der damals im Auftrage des Erzbischofs von Salzburg bei dem Erzherzoge für die Gegenreformation wirkte, wesentlich beitrug. Aber in Folge der Schwäche des Erzherzogs und der Macht der Landstände blieben sämmtliche Befehle ohne Vollzug. Wiederholt ward die Drohung ausgesprochen, die Religionsübung und die Schule im Stifte aufzuheben. Bei der berüchtigten Religionsverfolgung in den Jahren 1582—84 wurde der Bürgerschaft von Graz der Besuch der Stiftskirche und Schule bei Strafe der Ausweisung untersagt. So lange Erzherzog Karl lebte, genügte der passive Widerstand der Protestanten, um die

Ausführung all' dieser Verfügungen zu vereiteln. Nur Eines vermochten die Protestanten nicht zu verhindern, daß die Jesuiten, ihre gefährlichsten Gegner, bereits seit 1573 festen Fuß in Steiermark faßten. Am Ende des Jahres 1584 erhob der Erzherzog das Jesuitencollegium zu Graz „zu einer allgemeinen öffentlichen Studienanstalt, die Gymnasium, Akademie und Universität in sich vereinte; ganz entsprechend den von Päbsten und Kaisern dem Orden der Gesellschaft Jesu, wie auch anderen Universitäten schon ertheilten Privilegien und Freiheiten*)." Nun fanden zwischen der neu gegründeten Universität und der protestantischen Stiftsschule unaufhörliche Reibungen statt. Einzelne Zöglinge traten aus der Stiftsschule in das Jesuitencollegium über. Dennoch behauptete die Stiftsschule ihren Ruhm und ihr Ansehen ungeschmälert, bis Erzherzog Karl's Sohn und Erbe, Erzherzog Ferdinand, der nachherige Kaiser Ferdinand II., eine entscheidende Wendung herbeiführte.

Im Sommer 1596 erreichte Erzherzog Ferdinand seine Volljährigkeit. Durch die Erziehung, welche er und Maximilian von Baiern, der spätere Kurfürst, zu Ingolstadt von den Jesuiten und deren Affiliirten erhalten hatten, waren beide Prinzen zu eifrigen Gegnern der Protestanten geworden. Daß hierauf Dr. Joh. Bapt. Fickler mächtigen Einfluß geübt hatte, wodurch er seinen Zweck, Innerösterreich zum Katholizismus zurückzuführen, mehr förderte, als durch seine frühere Anwesenheit in Steiermark, erfuhren unsere Leser bereits im ersten Kapitel. Hier werden wir nun sehen, wie diese Wirksamkeit des gelehrten katholischen Verwandten störend in das Leben des protestantischen Kepler eingriff.

Alle Uebel, welche Religionszwiste in alten und neuen Zeiten mit sich geführt hatten, wurden in den Vorträgen, denen die Prinzen in Ingolstadt beiwohnten, mit großer Beredtsamkeit hervorgehoben und aus der Natur der Sache und den Beispielen derjenigen Gesetzgeber und Herrscher, welche in der Geschichte als große Männer erscheinen, der Beweis geführt, daß es die erste Pflicht eines Fürsten sei, den die Vorsehung unter den Zerrüttungen eines Glaubenszwistes zur Regierung berufe, den Gegnern der wahren Kirche durchaus keine Nachsicht zu gewähren und kein Mittel für zu streng, kein Opfer für zu groß zu halten, um die durch die Religionstrennung gestörte Einheit des katholischen Glaubens wieder herzustellen. Ferdinand war ein gelehriger Schüler. Schon bei dem Empfange der Huldigung weigerte er sich die von seinem Vater zu Bruck geleistete Religionsversicherung zu bestätigen. Er erklärte, daß dies mit der Huldigung in keinem Zusammenhange stehe. Er brachte den Vorsatz mit auf den Thron, sich des nach dem Augsburger Religionsfrieden jedem Landesherren zustehenden Reformationsrechtes im vollen Umfange zu bedienen, um die ihm zugefallenen Länder zur Glaubenseinheit zurückzuführen. Der Grundsatz cujus regio ejus religio, (wer das Land beherrscht, bestimmt auch dessen Glauben,) der im Religionsfrieden zur Geltung gekommen war, gewährte ihm hiezu

---

*) Steiermärkische Zeitschrift. Neue Folge. Erster Jahrgang. 2. Heft. Gräy. 1834.

genügenden Spielraum und der darin ausbedungene freie Abzug derjenigen Unterthanen, welche der Religion des Herrschers nicht folgen wollten, konnte bei den ihm anerzogenen Anschauungen ihm nur willkommen sein, mochten die Auswanderer noch so sehr durch Intelligenz und Wohlhabenheit hervorragen. Dennoch vergingen zwei Jahre, ehe er zur Ausführung seines Vorhabens schritt. Er unternahm vorher eine Wallfahrt nach dem Gnadenorte der Muttergottes zu Loretto, gelobte dort der heiligen Jungfrau, er werde — auch mit Einsetzung seines Lebens — aus Steiermark, Kärnten und Krain die Sekten und ihre Lehrer abschaffen, besuchte Rom und empfing zu Ferrara den Segen Pabst Clemens des achten. Während er noch in Italien abwesend war, verbreiteten sich bereits beunruhigende Gerüchte unter den Protestanten in Ferdinand's Erblanden. „Man erwartet" schrieb Kepler an Mästlin den 11. Juni 1598, „die Zurückkunft unseres Fürsten aus Italien mit Zittern."

Ferdinands vorzüglichster Rathgeber zu jener Zeit war der Bischof von Lavant, Georg Stobäus von Palmburg, aus einem preußischen Geschlechte stammend, den der Erzherzog im Jahre 1597 bald nach seiner Ankunft in Graz zum Statthalter alldort ernannt hatte. Auf die Frage des Erzherzogs: ob und wie die Gegenreformation in Angriff genommen und glücklich zu Ende geführt werden könnte, antwortete der Bischof in ausführlicher Weise *). Er unterschied drei Punkte: 1. Ob die Zeit zur Gegenreformation geeignet; 2. auf welche Weise sie vorzunehmen; 3. wo der Anfang zu machen sei. — Trotz der von den Türken drohenden Gefahr bejahte er den ersten Punkt. Ueber die Art und Weise der Gegenreformation gab es verschiedene Ansichten, die Einen wollten sie mit Waffengewalt, andere mit Schmeicheleien, wieder andere mittelst öffentlicher Disputationen durchführen. Alle diese Ansichten verwirft der Bischof Das Waffenglück versuchen, scheint ihm gefahrvoll, das Schönthun und Disputiren eine kindische Spielerei in so ernsthafter Sache. Als beste Reformationsweise bezeichnet er, daß der Erzherzog, ohne Waffengeklirr und künstliche Anschläge sein von Gott ihm verliehenes fürstliches Ansehen einsetze und befehle, daß alle seine Unterthanen katholisch sein, und die das nicht wollen über die Grenze ziehen müssen. Endlich bezüglich der Frage: Wo soll man mit der Reformation beginnen? meint er, da unter allen Ständen die Häresie herrsche, so sei es nicht möglich, Alle auf einmal zurückzuführen. Der Anfang sei nicht mit den Adeligen oder mit den Bürgern, oder mit dem Landvolke, sondern mit den Prädikanten zu machen. Auch nicht mit allen Prädikanten auf einmal, denn ihre Zahl sei zu groß, sondern mit denen zu Graz, welche die Führer der übrigen seien. Ihnen müsse fest und bestimmt befohlen werden, daß sie in kurzer anberaumter Frist das Land räumen; die Ungehorsamen seien mit strenger, selbst mit der Todesstrafe zu bedrohen. Wenn aber der Bischof dem Erzherzoge rieth, statt sich der Waffengewalt zu bedienen, sein fürstlich Ansehen einzusetzen, so hatte er sich hiebei etwas „schönfärbend" ausgedrückt. Ihm schwebte

---

*) Prof. Dr. M. Robitsch, Geschichte des Protestantismus in Steiermark, S. 185.

keineswegs eine ähnliche Handlungsweise vor, wie die des Kaisers Nikolaus bei seiner Thronbesteigung, der rebellischen Regimentern allein entgegenging, und sie mit dem Zuruf: „Auf die Knie", zur Unterwerfung brachte. Denn schließlich fügt Bischof Stobäus selbst bei, man könne immerhin zur Sicherung der Ordnung und Ruhe ein Paar hundert katholische Soldaten in die Stadt legen. Also nicht gegen die Waffengewalt, sondern nur gegen das Wagniß eines Kampfes war sein kluger Rath gerichtet. Indem der Erzherzog ihn befolgte, erreichte er mit einer Feind und Freund in Erstaunen setzenden Sicherheit und Schnelligkeit seine Absichten.

Kaum war der Fürst aus Italien zurückgekehrt, berichtet Kepler am 9. December 1598 an Mästlin *), so geschah es, daß ein den Papst herabsetzender Kupferstich in Graz verbreitet wurde. Der Fürst berief den Vorstand der Landesverordneten zu sich und warf den Protestanten Friedensbruch vor. Der Buchhändler, obschon in Diensten der Verordneten, wurde gefangen gesetzt. Dies begab sich im Monate Juli. Das energische Auftreten des Fürsten ermuthigte den katholischen Klerus und schon im nächsten Monate (August) kam es zu einem ernsteren Konflikte zwischen diesem und den in Graz befindlichen Protestanten. Der neue Stadtpfarrer Lorenz Sonabender beschuldigte in einer Zuschrift die Stiftspastoren, sie seien Eindringlinge in einen fremden Schafstall, und untersagte ihnen alle und jede Religionsübung, Verabreichung von Sakramenten, Einsegnung von Ehen u. dgl. Von Altersher, führte er an, habe der Pfarrer auf diese geistlichen Akte Anspruch und wenn man seine heiligen Geschäfte ihm entzöge, so würden seine Stolgebühren beeinträchtigt. Die Verordneten antworteten statt des Kirchenamtes. Sie verwiesen den Pfarrer mit seinem Verlangen an den künftigen Landtag. Diesen wollte der Erzherzog nicht abwarten und war sogleich, als der Pfarrer den weltlichen Arm anrief, zur Unterstützung bereit. „Er sei nicht etwa blos den Evangelischen, sondern auch seinen eigenen Glaubensverwandten Schutz schuldig," äußerte er; „daher befehle er den Verordneten, binnen 14 Tagen alle Diener ihrer Kirche und Schule zu Graz und Judenburg zu entlassen und denselben anzukündigen, sie hätten seine Erbstaaten bei Todesstrafe zu meiden." So der Erzherzog am 20. September. Die Verordneten erwiderten, „ihnen käme zu, jene Personen gegen Gewalt zu schützen; sie zu entlassen sei nicht ihre, sondern des ganzen Landtags Sache." Darauf erging am 24. September an die Stiftsprediger, sowie an den Rektor und die übrigen an der Stiftsschule Bediensteten ein fürstliches Dekret, worin der Erzherzog ihnen selbst befahl, von Stund an alles Predigen und Schulhalten gänzlich einzustellen und innerhalb acht Tagen seine Erbländer zu räumen; würden sie später daselbst betroffen, sollten sie Leib und Leben verlieren. Zwischen dem Fürsten und den Verordneten wurden Schriften gewechselt und resultatlos hin und und her gestritten. Die Verordneten beriefen die benachbarten Landstände, aber durch große und ungewohnte Ueberschwemmungen,

---

*) Frisch, v. I., p. 39.

welche auch schon im Monate August stattgefunden hatten, war Vielen der Zugang unwegsam geworden und sie kamen in keiner größeren Anzahl als dreißig zusammen. Im Stifte leistete man zwar dem ersten Theile des fürstlichen Dekretes Folge und es wurde weder, mehr Gottesdienst daselbst gehalten noch Unterricht ertheilt; aber zum Wegzuge traf Niemand Vorbereitung. Da erließ der Fürst am 27. September*) ein zweites Dekret in viel schärferem Tone, welches nach Rosolenz **) am 28. Vormittags angeschlagen wurde. Hiernach sollten die Prädikanten sich noch am 28. bei scheinender Sonne aus der Stadt Graz und deren Burgfrieden gewißlich fortbegeben und innerhalb acht Tagen Ihrer fürstl. Durchlaucht Lande räumen, auch sich weiter darin, bei Verlust ihres Leibs und Lebens nicht betreten lassen, „damit Ihre fürstliche Durchlaucht nicht verursacht werde, die vorbedachte Strafe wirklich exequieren zu lassen."

Es befanden sich damals zu Graz spanische Soldaten, welche die Braut ihres Königs, die Schwester des Erzherzogs, begleiten sollten. Die Besatzung des Schloßberges war verstärkt worden, und der Stadthauptmann Christoph Paradeiser vertheilte an die Stadtthore ein eigens zu diesem Zwecke herbeigerufenes Fähnlein. Daß unter solchen Umständen jeder Widerstand vergeblich war, lehrt ein Blick auf das „Graz zu Kepler's Zeit", das wir unsern Lesern in einem getreuen Holzschnitte auf der nächsten Seite vor Augen führen. Einige Hundert Landsknechte, in deren Besitz der Schloßberg und die Stadtthore waren, genügten offenbar, jede Gewaltmaßregel durchzuführen, namentlich, wenn dasselbe hohe Wasser, das den Zuzug der Adeligen vom Lande hinderte, die Wallgräben füllte. Die an der Stiftskirche und Schule Angestellten mußten, wenn sie noch länger in der Stadt blieben, das Schlimmste befürchten. Auch die Verordneten riethen ihnen, dem Sturm zu weichen. So schieden denn sämmtliche Prediger und Lehrer am 28. September vom Stifte, der ihnen liebgewordenen Stätte ihres Wirkens und zogen aus Graz fort***). Ihre Frauen

---

*) So erzählt Kepler in dem oben citirten Briefe an Mästlin. Welchen besseren Gewährsmann kann aber dieses Werk anführen, als Kepler selbst, insbesondere bei Begebenheiten, die ihm so nahe gingen und deren Zeuge er war? Andere Geschichtsquellen theilen mit, daß Ferdinand das am 28. September angeschlagene Dekret auch erst an diesem Tage erließ. Da aber Kepler den 27. angibt, so folgten wir im Texte ihm; und so wie in diesem Falle, so auch noch in anderen. Doch beziehen sich stets die Differenzen zwischen ihm und unseren sonstigen Geschichtsquellen auf unwesentliche Nebenpunkte. Ein solcher ist nach unserer Ansicht auch das in dieser Note besprochene Datum.

**) Rosolenz, gründlicher Gegenbericht auf den falschen Bericht Davidis Rungii von der Tyrannischen Bäbstlichen Verfolgung des H. Evangelii in Steyermarckt ꝛc. Grätz 1607. S. 24.

***) Die abziehenden evangelischen „Kirchen- und Schuldiener" waren: die Stiftsprediger: Magister Joh. Cöllinus, Mag. Joh. Seiz und Mag. Daniel Jöchtmann; die Professoren: Rektor Dr. Joh. Regius, Conrektor Euseb. Schenk, Mag. Joh. Kepler; die Präceptoren: Leonhard Rhün, der Succentor Philipp Thalheimer, Friedr. Krapp, Georg Craner, Balthasar Heuchelhaimb, Jakob Körner, Paul Homberger (Sohn des früheren Pastors Dr. Jer. Homberger) und der Kapellmeister Joh. Pistor. — Der Professor Matthäus Heinrich und der Präceptor Matthäus Zuber, welche ebenfalls im Lehrkörper d. J. 1598 gewesen waren, hatten schon früher ihre Entlassung genommen. — Macher, Gracium typogr.

(Fortsetzung S. 169.)

Graz zu Keplers Zeit.*)

*) Nach einem großen Kupferstich der Universität zu Graz.

A. (links vom Beschauer gegen die Brücke.) Das St. Clara-Kloster, ehemals Stiftsschule, „Paradeis" genannt; Kepler's Wohnung vor seiner Vermählung.

B. (rechts.) Die kaiserliche Hofburg.

C. (nach unten, fast in der Mitte.) Das Landhaus. Diesem gegenüber liegt die Stempfergasse, in welcher sich Kepler's zweites Wohnhaus befand.

und Kinder ließen sie zunächst in der Stadt zurück, wo nicht blos ihre Angehörigen, sondern alle ihre Glaubensgenossen mit Bestürzung über das Ge-
schehene, mit Erbitterung gegen die Verfolger und mit heißen Wünschen für
die Rückkehr derjenigen, auf die sie seit Jahren mit Ehrfurcht und Vertrauen
geblickt hatten, erfüllt waren. Die Vertriebenen suchten und fanden Zuflucht
in den an Steiermark angrenzenden Theilen von Ungarn und Croatien, über
welche der Kaiser herrschte. Sie erhielten ihre Gehalte von den Ständen, wie
bisher und überdies auch noch Reisegelder*). Nach deren Befehl sollten sie
in der ihnen zu Theil gewordenen Lage ausharren, bis der Landtag zusammen-
käme. Von diesem hoffte man noch Hilfe — obschon vergeblich**)

Unter denen, die am 28. September 1598 zu Graz, ihres protestantischen
Glaubens wegen, aus dem Frieden ihres Hauses, aus den Armen ihrer Gattin
gerissen und zur Flucht nach Ungarn gezwungen wurden, befand sich auch
Kepler. Wir waren im vorigen Kapitel Zeugen seines Glückes. Daraus
können wir den Schmerz ermessen, der ihm durch die gewaltsame Trennung
von seiner Gattin und die plötzliche Unterbrechung seiner Studien und Forsch-

---

(Fortsetzung der Note von Seite 167.)

(Grätz 1700) gibt S. 78 an, es seien 19 evangelische Kirchen- und Schulpersonen abgezogen.
Thatsache ist, daß es zu dieser Zeit 19, und wenn man den Stiftsorganisten Georg Strabner
zählt, 20 derlei Personen zu Graz gab. Allein in dem Kassajournal des landsch. Ein-
nehmeramtes finden sich am 28. September 1598 nur die oben genannten 17 Personen in
Betreff eines Reisegeldes verzeichnet. Es fehlen der „Diakon der Stiftskirche und Helfer
am Worte Gottes" Heinrich Osius und der Lazarethprediger Joh. Durchbenbach, die jeden-
falls zu den Verbannten gehörten, wenn sie auch nicht an demselben Tage abzogen. Osius
hielt sich später mit den Exilirten zu Radkersburg auf, und Durchbenbach hatte eine geheime
Sendung ins Ausland erhalten, wurde jedoch bei der Rückkehr von Nördlingen zu Linz
(Dezember 1599) sammt 2 neuen Predigern, die er mit sich hatte, angehalten und an der
Reise nach Steiermark gehindert. — Die Stelle des Hauptpastors war nach dem Tode des
Dr. Wilh. Zimmermann durch Christoph Schleipner besetzt und derselbe im Sept. 1598 zu
diesem Zwecke zu Wittenberg auf Unkosten der Landschaft zum Doktor der Theologie gra-
duirt worden. Demselben wurde am 28. Sept. geschrieben, daß er bis auf bessere Zeiten
draußen zu bleiben habe und 200 fl. Wartegeld in Wechseln ausbezahlt. (Dr. Peinlich.
Jahresbericht ꝛc. S. 29.)

*) Wie Dr. Peinlich (Jahresbericht ꝛc. S. 29) erzählt, wurden die Verbannten von
den Verordneten mit einer vollen Quatemberbesoldung als Reisegeld versehen; nur Schenk
und Ritner traten mit einer Abfertigung (per 50 fl.) alsogleich aus dem landschaftlichen
Dienste; die übrigen begaben sich mit Empfehlungsbriefen an die Herren und Landstände
Augsburger Confession, welche an der ungarischen und kroatischen Grenze Besitzungen hatten,
und an den Proviantmeister zu Radkersburg, sowie an die ungarischen Gutsherrn Ladislaus
und Thomas Nabasby versehen nach Radkersburg und an die ungarische und kroatische
Grenze, wo sie zu Pinkafeld, Petanicza und anderen Orten, von der Landschaft „provi-
sionirt" auf bessere Zeiten und die Wiedererlangung ihrer Dienststellen warteten.

**) Erst im Herbste 1599, berichtet Dr. Peinlich ferner am angeführten Orte, trat
bei den Ständen, sowie bei den Vertriebenen die Ueberzeugung ein, daß weder eine kirchliche Restitution, noch die Wiederaufrichtung der Schule anzuhoffen wäre. Somit nahmen
Krapp, Gastel, Heuchelhaimb, Craner, Rhün und Körner im September, Dr. Regius im
Oktober 1599 ihre Abfertigung und gingen in's Ausland. — Kepler's besonderes Schicksal erfährt der Leser aus dem Texte.

ungen erwuchs. Nur einen Monat hatte sein Exil, das er in Ungarn zubrachte,*) gewährt, als ihm allein unter all' seinen Leidensgefährten von den Mini-
stern des Fürsten der Befehl ward, nach Graz zurückzukehren, indem sie erklärten, er
sei von der Verbannung ausgenommen. Weil jedoch das Dekret ein allgemeines
gewesen, so bat er, daß der Fürst sein neutrales Amt ausdrücklich als ausgenommen bezeichne, damit er nicht durch jenes Dekret in Gefahr käme, wenn er in
der Provinz verweilte. Die Erwiederung lautete: „Ihr Durchlaucht wollen aus
sondern gnaden verwilligt haben, daß Supplicant Ungeacht der general ausschaf-
fung 2c. noch lenger allhie verbleiben möge. Doch soll er sich allenthalben gebürlicher
Beschaidenheit gebrauchen und sich also Bnverweislich verhalten, damit Jr. D. sol-
liche gnad wieder aufzuheben nit verursacht werde **)" Selbst diese verklausulirte
und auf Widerruf gestellte Erlaubniß zum Aufenthalt in Graz war bei der Schon-
ungslosigkeit, mit der die Gegenreformation in's Werk gesetzt wurde, eine besondere Begünstigung. Kepler verdankte sie den Jesuiten und deren Affiliirten,
welche den größten Einfluß auf die Regierung des von ihnen erzogenen Ferdinand
ausübten. Dem Verbande der Jesuiten gehörten, theils im engeren, theils im
weiteren Sinne, zu Kepler's Zeit gelehrte Männer an, die selbst ausgezeich-
nete Astronomen waren, sich für diese Wissenschaft in hohem Maße interessirten
und Kepler's Verdienste für dieselbe zu schätzen wußten. Kepler stand,
als die Grazer Katastrophe eintrat, bereits mit Mehreren derselben in persön-
lichem und schriftlichem Verkehr. Diese hofften sogar, da sie bei Kepler nie
und nirgends lutherischem Zelotismus begegnet hatten, ihn dem Katholicismus
gewinnen zu können. Insbesondere suchten sie ihn durch Vortheile, welche sie
seinen wissenschaftlichen Bestrebungen boten, ihren Absichten zugänglich zu machen.
Sie täuschten sich aber; sie hatten irrthümlich seine Milde für Schwäche, seine
Duldsamkeit für Mangel an Ueberzeugungstreue gehalten.

„Gott werde selbst jene, die Christum läugnen, nicht einfach verdammen.
Dies schließe er aus Gottes Barmherzigkeit. Daher fordere er Lutheraner und
Calvinisten zum Frieden auf und sei gegen Katholiken billig; diese Billigkeit
rathe er auch Jedermann an. Dazu dränge ihn seine Gottes- und Nächsten-
liebe." Sind das nicht Gesinnungen, welche in einem Zeitalter, wo Lutheraner
Calvinisten und Katholiken sich mit Feuer und Schwert bekämpften und sich die
Qualen, welche nach der Meinung eines Jeden den Andern in der Hölle erwarteten, schon auf Erden bereiteten, ebensosehr von der Größe des Geistes, als
der Güte des Herzens desjenigen Zeugniß ablegen, der sie äußert? Kepler
sprach sie in jener oft von uns citirten Nativität seiner selbst aus, die er 1597,
also ungefähr ein Jahr vor der Protestantenverfolgung, verfaßte. Daß er aber
gegen Andersgläubige „billig" dachte, konnte der Festigkeit seiner eigenen Ueberzeugung nicht Abbruch thun. Auch hiefür findet man in der eben angeführten
Nativität mehrfache Belege und mit besonderer Wärme drückt Kepler an

---

*) Frisch, v. I. p. 311.
**) Ebendaselbst v. I., p. 40.

einigen Stellen derselben seine Bewunderung für Luther aus. „Die Autorität", bemerkt er an einer Stelle*), „ist eine stillschweigende Herrschaft ohne königliche Ehrenbezeugung. So herrschte Luther." Als den hervorragendsten Vertreter der Wahrheit führt er Luther an, wo er von den Hemmnissen redet, die ihr entgegenstehen. „Was soll ich von Luther sagen?" frägt er und antwortet: „Etwas ganz Besonderes ist in ihm. Daß er die Wahrheit verließe, erfuhr er jene Versuchungen nicht, durch welche auch die Weisesten verführt wurden. Er war darin der Weiseste von Allen. Was aber von seinen Schimpfworten und Schmähreden? Passen die für einen Weisen? Er bediente sich ihrer, aber er billigte sie nicht. Er fehlte demnach aus Begier und nicht aus Urtheil. Also auch der allernützlichste Mensch besitzt nicht blos Urtheil, sondern auch Eifer und Begier **)." Mißbilligte aber Kepler selbst bei dem „Weisesten" und „Allernützlichsten" Schmähungen, wie mochten ihm die leidenschaftlichen, jedes Maß überschreitenden Invektiven erscheinen, womit sich seiner Zeit die meisten geistig unbedeutenden Führer der verschiedenen Religionsparteien, wohl um durch ihr Geschimpfe die Schwäche ihrer Gründe zu verhüllen, wechselseitig überhäuften? Selbst mit einem Luther glaubte Kepler nur, aber eiferte er nicht; er liebte mit ihm, aber er haßte nicht mit ihm.

Solche Gesinnungen hegte Kepler vor und nach der Protestantenverfolgung. Einige Jahre später (1607) richtete er ein Schreiben an den Markgrafen von Baden, worin er sein Bedauern ausdrückt, daß die Protestanten in Steiermark sich nicht größerer Mäßigung beflissen und nicht mehr von der durch Christus selbst gelehrten Schlangenklugheit in Anwendung gebracht hätten, damit die ihrer Religion abholde Regierung weniger erbittert worden wäre. Als Deutschlands größtes Uebel bezeichnet er, daß einige der zum Lehramte berufenen Geistlichen lieber herrschen, als lehren wollen. Andererseits würden allerdings auch von den Fürsten Uebergriffe begangen. Es werde der Geist der Einigkeit und wahren Liebe vermißt; man achte nicht auf benachbarte oder schwächere Kirchen.***) Noch ferner jedoch als religiöser Parteihaß lag ihm der Uebertritt zur katholischen Kirche; so beweist ein Brief Kepler's aus demselben Jahre (1607) an Johann Pistorius. Dieser Prälat war von der evangelischen zur katholischen Kirche übergetreten. Aus Freiburg hatte er Kepler gemeldet, er sei lebensgefährlich erkrankt. †) In Kepler's Antwortschreiben lesen wir: „Du wirst alsdann in jene Versammlung der Auserwählten kommen und wenn ich an jenem großen Tage vor Christus erscheinen werde, Zeuge sein, daß ich aus keinem Parteihasse gegen Pabst, Bischöfe und Priester, sondern aus reinem Eifer für Gott, aus Liebe zu den Geboten und Unterweisungen Christi, aus Hochachtung gegen seine und der Apostel Ermah-

---

*) Frisch, v. V., p. 481.
**) Ebendaselbst v. V., p. 480.
***) Hanschius Epistolæ CCXLII
†) Ebendaselbst CCXXX.

nungen (welche von mittelmäßigen Auslegern geradezu auf die römische Mo=
narchie oder die kirchliche Tyrannei bezogen werden), daß ich, sage ich, aus die=
sen Ursachen in der Freiheit beharrte, in welcher ich unter Gottes Zulassung
geboren ward und mich niemals unter das römische Joch beugte — unter ein
Joch von Leuten, welche den Christen nicht nur gleichgültige Ceremonien auf=
bürden, denjenigen sehr ähnlich, deren der heilige Paulus die Galater enthebt,
sondern auch die Worte und Gebote Christi und der Apostel auf das gefähr=
lichste auslegen, zugleich sich allein dieses Recht der Auslegung anmaßen und
die menschlichen Sinne, an welche Gott durch seine Diener sich wendet, ganz ge=
fangen nehmen, so daß sie anders nicht urtheilen können, als: es widerspreche
die Auslegung geradezu den Worten. Ist dieses Recht der Auslegung einmal
verloren, so fehlt es auch dem Antichrist (von dem die Schrift sagt, daß er
im Tempel Gottes sitze) an Nichts mehr, um sein Reich in der Kirche aufzu=
richten und das Reich Christi zu zerstören. Ich habe Dir dieß, in meinem
Innersten bewegt und als müßte ich mit Dir gemeinsam die Wanderschaft
in das Jenseits antreten (weil ungewiß, wer vor dem Andern dahin gelange),
zur Antwort auf die Nachricht von Deiner Krankheit und Deinem nahen Tode
schreiben gewollt *)."

So hoch hielt K e p l e r die evangelische Freiheit. Am allerwenigsten
konnte einen Charakter, wie den seinen, ein gewaltsamer Staatsstreich, wie der
Ferdinand's vom 28. September 1598 zur Untreue gegen dieselbe bewegen.
Was heute die politische Ueberzeugung ist, war damals die religiöse; man
kümmerte sich statt um das irdische um das himmlische Vaterland, die Frei=
heit des Gewissens war die einzige, die man kannte. Wie um sich diese Frei=
heit zu wahren und wie um zu zeigen, daß das Damoklesschwert, welches die
Klausel seiner Zurückberufung über ihm schweben ließ, ihn von deren Gebrauch
nicht abzuhalten vermochte, verfaßte er eine Abhandlung „über das heilige
Abendmahl". Die lutherischen Prediger waren vertrieben und er nur gebul=
det, als er diese Abhandlung schrieb. Er sandte eine Abschrift davon an
Z e h e n t m a i e r, den Sekretär des Landschaftsvorstandes, wie wir aus einem
Briefe desselben vom 23. September 1599 ersehen **). In einem früheren
Schreiben hatte Zehentmaier seinen Dank für die Ermahnung ausgedrückt,
durch welche K e p l e r ihm über den betrübenden Zustand der Kirche und ihr
gemeinsames Unglück Trost zugesprochen hatte; wunderbar sei er dadurch er=
griffen und aufgerichtet worden ***). Treu stand demnach K e p l e r während
der Verfolgung zu seinen Glaubensgenossen. Nicht minder als aus seinem
Briefwechsel mit diesen entnimmt man Solches aus seiner Correspondenz mit
H e r w a r t von H o h e n b u r g,†) dem hochgestellten Affiliirten der Jesuiten, auf

---

*) Hanschius Epistolæ CCXXXI.
**) Ebendaselbst LXXXI.
***) Ebendaselbst LXXX.
†) H a n s G e o r g H e r w a r t (Herwarth, Hörwarth) von H o h e n b u r g, J. U. Dr.
bayr. Hofrath ꝛc. (1619), Herr zu Planeck, Seeholzen, Berg, Aufkirchen, Allmanshausen u. s. w.,

welche wir bald nochmals zurückkommen. Kurz nachdem er aus dem Exile in
Ungarn nach Graz zurückgekehrt war, 16. Dezember 1598, schrieb er an Her=
wart: „Was nun? Soll ich in Steiermark bleiben, oder soll ich gehen? Nichts
hält mich zurück, Ihnen, da ich Ihnen schon die genauesten Nachrichten über
meine Studien gab (was Sie, wie ich glaube, nicht unfreundlich aufnahmen),
auch meine Gemüthsstimmung zu eröffnen. Worüber Sie sich vielleicht freuen
(so geht es im menschlichen Leben), das bereitet mir den herbsten Schmerz. Ich
bin Christ, ich habe das augsburgische Glaubensbekenntniß aus dem väterlichen
Unterrichte, aus oftmals überprüften Gründen, aus täglichen Uebungen in Ver=
suchungen geschöpft; ihm hange ich an, heucheln habe ich nicht gelernt. Glau=
benssachen behandle ich mit Ernst, nicht wie ein Spiel; darum bekümmere ich
mich auch ernstlich um die Ausübung der Religion, um den Gebrauch der
Sakramente. Wie aber? Vertrieben sind aus diesem Lande diejenigen, deren
ich mich bis jetzt als Mittler zwischen mir und Gott bediente. Durch wen sonst
kann ich mit Gott verkehren, wenn sie nicht zugelassen sind?*)“ So äußerte
sich Kepler gegen seinen hohen Gönner, obschon ihm dessen Verhältniß zum
Jesuitenorden bekannt war. Daß er den jesuitischen Rathgebern Ferdinand's
gegenüber nicht zurückhaltender war, dürfen wir demzufolge wohl voraussetzen.
Als daher die Gegenreformation in Steiermark immer mehr vorschritt, entzo=
gen die Jesuiten Kepler ihren Schutz und, wie wir im nächsten Buche sehen
werden, wurde ihm sobann auch bald der fernere Aufenthalt in Steiermark
untersagt. Nichtsbestoweniger waren die damals so mächtigen Jesuiten niemals
Kepler's ausgesprochene Gegner. Sie unterstützten jederzeit seine wissen=
schaftlichen Bestrebungen, woran sich allerdings wiederholte Bekehrungsversuche
knüpften, wie der des berühmten Pater Gulden, dessen wir an einer späteren
Stelle des Werkes gedenken werden.

Schon ein Jahr vor der Protestantenverfolgung hatte Kepler's Cor=
respondenz mit Herwart von Hohenburg begonnen. Herwart war oberster
Kanzler im Herzogthume Baiern. Er hatte sich durch Christoph Grünberger
aus der Gesellschaft Jesu, der damals im Jesuitencollegium zu Graz Mathe=
matik vortrug, an Kepler gewandt. Bei seinen chronologischen Studien war
Herwart auf eine Aussage von Lucanus gestoßen, worin von einer Constellation
berichtet wird, die der Mathematiker Nigibius Figulus entweder vor Cäsar's
oder Augustus Bürgerkrieg beobachtet hat. Er hoffte sie mit Kepler's Hilfe
auf eine bestimmte Jahreszahl zu beziehen. Kepler beschäftigte sich auf das

---

Landschaftskanzler, Pfleger in Schwaben, auch Ass. Com. imp. hat viele Schriften edirt.
Er war mit Dr. Joh. Bapt. Fickler verschwägert und kann somit auch mit Kep=
ler in Verwandtschaft. Geboren 1553, starb er 1622 und liegt zu Aufkirchen be=
graben. Von dieser altberühmten Augsburger Patrizierfamilie existirt gegenwärtig nur
noch eine Linie, nämlich die der Herwarth von Bittenfeld in Preußen, aus welcher
manch' tapferer Soldat und unter Anderen auch der im Feldzuge 1866 mit Ruhm gekrönte
preußische Heerführer dieses Namens hervorging. N.

*) Frisch, v. I., p. 69.

eingehendste, obschon resultatlos, mit der Frage. Er theilte Herwart seine Forschungen und Gedanken mit und begleitete sie mit dem Wunsche, wenn Herwart ihn dafür seiner Gunst würdig fände, so möge er ihn sowohl dem berühmten Fickler, der sein Verwandter sei, empfehlen, als auch durch seinen Einfluß Gelehrte zu einem Urtheile über sein kürzlich erschienenes Werk: das Geheimniß des Weltbaues veranlassen *). Herwart von Hohenburg befand sich seiner Stellung gemäß zu München, wohin zu jener Zeit auch bereits Dr. Joh. Bapt. Fickler auf den Ruf des Herzogs Maximilian, seines Schülers, übersiedelt war. Kepler benützte also, wie obiger Gruß zeigt, die erste Gelegenheit, die sich ihm darbot, sich seinem gelehrten Verwandten, obwohl derselbe Affiliirter des Ordens Jesu war, ins Gedächtniß zurückzurufen. Herwart bestellte die Empfehlung; ohne langes Zögern erwiederte sie Fickler am 4. November 1597 mit einem Schreiben an Kepler.**) Er freue sich, heißt es darin, daß es Kepler so weit gebracht habe; stamme er doch aus einer Familie, die ihm sowohl wegen ihrer Verschwägerung mit seiner eigenen, als wegen des Bruders Sebald besonders theuer sei. Er bietet ihm seine Dienste an und frägt ihn um Nachrichten über Bruder Sebald. Der hier erwähnte „Bruder Sebald" ist Kepler's Oheim, der Jesuit war und dessen wir bereits im ersten Kapitel gedachten. Schon war die verhängnißvolle Saat aufgegangen, die Fickler 1580 in Steiermark ausgestreut und der er sodann durch den Unterricht Ferdinand's des zweiten, einen fruchtbaren Boden gewonnen hatte, als Kepler am 16. Dezember 1598 nach seiner Rückkunft aus Ungarn an Herwart jene mannhaften Worte richtete, durch welche er sein stetes Festhalten an dem protestantischen Glauben verkündete; dennoch versäumte er nicht, diesem Briefe an Herwart einen freundlichen Gruß an seinen Verwandten Fickler beizufügen. ***) Auf der Warte der Wissenschaft stehend, erhob er sich über die religiösen Parteien und correspondirte 1599 zu gleicher Zeit, während die Protestantenverfolgung immer mehr anwuchs, mit dem Affiliirten der Jesuiten Herwart und dem begeisterten Protestanten Zehentmaier über die Theorie des Magnetes; ja er verschmähte es nicht dem Verfolger Ferdinand, dem zweiten, selbst eine Schrift über die im Jahre 1600 bevorstehende Sonnenfinsterniß zu widmen, in der Hoffnung, ihn dadurch sich und seinen Glaubensgenossen milder zu stimmen. Hierin, wie in so vielem Andern, hatte Kepler gar wohl die Mission begriffen, die ihm als Vertreter der Wissenschaft zufiel. In seinem Beispiele zeigte sich bereits, was folgenden Jahrhunderten ihr Gepräge aufdrückte. Statt der Liebe, ihres natürlichen Gebietes, wählte sich die Religion zu ihrem Territorium dogmatischen Streit. Das Erbe aber, das der Glaube in Verkennung seiner wahren Aufgabe verließ, trat nun die Wissenschaft an. Vergaß sich die Religion soweit, Menschen wegen ihrer Ueberzeugung zu verbrennen, so verkündigte die Wissenschaft die

---

*) Frisch, v. I., p. 60.
**) Beil. XXXIII.
***) Frisch, v. I., p. 70.

Verwerflichkeit jeder Todesstrafe. Tilgte der Religionsfanatismus selbst zwischen Sekten des Christenthums die wechselseitige Bruderliebe aus, die Wissenschaft lehrte in jedem Menschen, welcher Zone, welchem Glauben er auch angehören mag, den göttlichen Keim erkennen und selbst gegen Thiere flößte sie Mitleid ein, indem sie bei ihnen noch Spuren der Vernunft nachwies. Der heilige Strahl der Wissenschaft war es auch, welcher Kepler über den Fanatismus seiner Zeit erhob. In Fragen der Sternkunde, der Naturforschung, im Priesterthume der Wahrheit geschah es, daß er den Verfolgern und den Verfolgten, den Jesuiten und seinen eigenen Glaubensgenossen die Bruderhand reichte und reichen durfte.

Kein Geschichtsschreiber jener Tage erzählte die Vorgänge bei der Gegenreformation in Steiermark mit solcher Unpartheilichkeit, wie der Naturforscher Kepler in seinen Briefen. Ebenso einseitig, als David Rungius vom protestantischen, ging Probst Rosolenz vom katholischen Standpunkte aus, nur Kepler schilderte so vorurtheilslos, als wäre er selbst der Bewohner eines jener anderen Planeten, deren Beobachtung er zu seiner Lebensaufgabe gemacht hatte. Dies schloß jedoch sein tiefes Mitgefühl mit seinen Glaubensgenossen nicht aus, und auch seine eigene Lage empfand er peinlich genug. Wenn ihm auch das Leben noch übrig sei, schrieb er am 29. August 1599 an seinen väterlichen Freund Mästlin, so könne er doch nicht länger in Graz verweilen. Er müsse darin dem einige Monate vorher ertheilten Rathe Mästlin's und seiner anderen Freunde an der philosophischen Fakultät zu Tübingen zuwiderhandeln. Deren Gründe seien gewesen: Pflicht, Nutzen, Gefahr. Da er allein von allen protestantischen Theologen in Graz sich aufhalten durfte, so hoffte man von ihm Dienste für die evangelische Kirche und Schule. Auch schien das Seelenheil seiner Stieftochter bedroht, wenn sie von ihrer Mutter getrennt in Graz zurückbliebe, katholischem Einflusse ausgesetzt. Würde er durch seinen Wegzug der Güter seiner Frau verlustig, so wäre dieß ein Schaden, der kaum wieder gut zu machen. Der Erfolg seiner Auswanderung sei ungewiß; leicht könne es geschehen, daß er aus der Scylla in die Charybdis gerathe. Alle diese Gründe erklärte er nun für nicht mehr stichhaltig. Aus der beinahe Ein Jahr dauernden Krisis habe er gelernt, über den Ausgang dieser Unruhen und die kommenden Zeiten ein Urtheil zu fällen. Was ihn auch anderwärts für ein Geschick erwarten möge, so sei er sicher, härter werde es nicht sein, als es ihm in Steiermark bevorstehe. Schon sei es zur Verbannung von Bürgern gekommen und wenn die Stimmen vom Hofe Orakel seien, so werde der Fürst niemals zugeben, daß eine Stätte dem Lutheraner in der Stadt gewährt oder die Erlaubniß dem Auswanderer ertheilt werde, seine Güter wegzuführen, umzutauschen oder zu verkaufen. Zunächst drohen dem Lutheraner Kerkerstrafen, sodann Geldbußen, womit jene losgekauft werden, und nachdem dadurch die Güter verschleudert sind, die Verbannung. „Schon beginnt", fährt er fort, „die Verhängung von Geldstrafen. Wer einem Diener des Wortes Gottes auf irgend einem benachbarten Schlosse ein Kind zur Taufe bringt, wer das

heilige Abendmahl nach der Einsetzung Christi empfängt, wer evangelische Ver=
sammlungen besucht, begeht Majestätsbeleidigung, wer einen Psalm in der Stadt
anstimmt, wer Postillen, wer die lutherische Bibel liest, wird aus dem Weich=
bilde der Stadt ausgewiesen. Wer auf dem Friedhofe das Gefolge zum Ge=
bete auffordert, wer einem Sterbenden Trost spendet, fehlt auf das schwerste
und ist dem Gesetze verfallen. So steht es in den landesfürstlichen Verord=
nungen." Auch über ihn selbst sei, erzählt Kepler ferner, bereits eine Geld=
buße von zehn Thalern wegen Nichtachtung des Pfarramtes verhängt worden.
Die Hälfte davon sei ihm auf sein Ansuchen erlassen worden, die andere Hälfte
habe er erlegen müssen, bevor er sein Töchterchen Susanna beerdigen durfte.
Dieses Kind kam Juni 1599 zur Welt und hat nur 35 Tage gelebt. Auch
sein Erstgebornes, ein Söhnchen, das er Heinrich nannte, war nur 2 Monate
alt geworden. Am 2. Februar 1598 geboren, starb es am 3. April desselben
Jahres. So hatte also Kepler, als er das uns hier vorliegende Schreiben
an Mästlin abfaßte, kein eigenes Kind am Leben und doppelt theuer mußte
ihm daher seine Stieftochter sein. Wie wir aber aus dem Briefe ersehen,
hielt sich Kepler zur Annahme berechtigt, es würden deren Vormünder selbst
bei seiner Auswanderung aus Steiermark keine Trennung verlangen, weßhalb
er die obenberegte Sorge für das Seelenheil seiner Stieftochter als behoben
ansah. Daß ihm anderwärts keine größere Gefahr drohen könne, daß es kei=
nesfalls sein Nutzen sei, noch länger in Steiermark zu verweilen, glaubte er
gleichfalls aus obiger Schilderung schließen zu müssen. Denn, folgert er mit
unbefangenem Blick, so viel habe der Fürst bereits gesagt, unternommen, voll=
bracht, daß er, ohne in Mißachtung zu gerathen, auch kein Jahr mehr irgend
einem Diener des Wortes Gottes in seinen drei Erbländern, selbst in einem
Schlosse, unter was immer für einem Rechtsvorwand, sei es als Privatmann
oder in öffentlicher Funktion, eine Freistätte gewähren könne. Den Verlust der
Güter könne man nicht in Betracht ziehen, wenn es sich um den gesammten
Plan des Lebens, um dessen Zweck handle. Nach der Aufhebung der Stifts=
schule gebe es kein geeignetes Lehramt für ihn, und seine Thätigkeit als Ma=
thematiker scheine den meisten der Landstände als überflüssig. Hatte er also
schon vorher in dem am 9. Dezember 1598 an Mästlin gerichteten Briefe ge=
meint, er würde einem Rufe, der ihn nach Württemberg zurückführte, nicht
widerstreben, so war ihm jetzt nach dem Triumfe der Gegenreformation in
Steiermark eine Zurückberufung in seine Heimath zum wünschenswerthesten
Ziele geworden. Unsere Leser erinnern sich, daß Kepler, als er Württem=
berg verließ, das Lehramt im Vergleiche zum Pfarramte als ein verachtetes
bezeichnete. So sehr hatte sich seitdem sein Gesichtspunkt geändert, daß er,
indem er an Mästlin das Ansuchen stellt, ihm die Rückkehr nach Württemberg
zu ermöglichen, zugleich ihn ermahnt, in keinem Falle könne er ein geistliches
Amt bekleiden. Er könne, sagt er, auf die Streitigkeiten der Theologen an=
spielend, von keiner größeren Bekümmerniß und Qual jemals gemartert wer=
den, als wenn er sich mit seinen Anschauungen auf einen solchen Ringplatz

sollte gebannt sehen. Nach einer Universität gehe jetzt all sein Verlangen. Zum philosophischen Lehramt fühle er sich befähigt. Damit wolle er medizinische Studien verbinden. Ob er nicht hoffen könne, frägt er daher Mästlin, in Tübingen eine Philosophie=Professur zu erlangen. Oder ob er sich vielleicht nach einer anderen Universität zu wenden habe. Mästlin möge sich, bittet er, in seine bedrängte Lage versetzen. *)

In schweren Prüfungen bewährt sich nicht blos die Größe des Charakters, sondern auch die des Genies. Bedenkt man die tausendfältigen Gefahren, die uns bedrohen, die unzähligen Wege, auf welchen uns Unglück naht, ferner wie kurz das Leben, wie lang die Kunst, so wird man einsehen, daß man, wenn man bedeutende Leistungen hinterlassen will, auch in trüben Stunden schaffen muß. Es ist ja die Thräne des Schmerzes nicht undurchsichtig und so kann sie auch dem wahrhaft großen Manne sein Ziel nicht verhüllen. Jene auserlesensten Geister, welche sich unsterblichen Nachruhm erwerben, erfüllen daher ihre Aufgaben in Freud und in Leid, in guten und in bösen Tagen und gleichen so den Mangrovewäldern, deren Baumwurzelarme im Brackwasser stehen, wo sie zur Ebbezeit von süßen Quellen, zur Fluthzeit von salzigen Meereswogen benetzt werden. Doppelt saugen so die Wurzeln Kraft in sich ein, führen diese den mächtigen Stämmen zu und tragen die reichen Wipfel himmelwärts empor. Unter jenen außerordentlichen, zu dauerndem Ruhm bestimmten Männern, die keine Sorge oder Qual des Augenblickes von ihren höheren Zwecken abzulenken vermochte, nimmt unstreitig K e p l e r einen der hervorragendsten Plätze ein. Rastlos beschäftigte sich derselbe in jener Zeit, in welcher er sich, ohne daß die Stiftsschule wieder eröffnet wurde, neuerdings mit Erlaubniß des Fürsten in Graz befand, mit den erhabensten Fragen der Religion und der Wissenschaft. Nebst dem schon erwähnten theologischen Traktate über das A b e n d m a h l des Herrn sandte er an Zehentmaier Abhandlungen über den Magnet, sodann über die W e i s h e i t G o t t e s i n d e r E r s c h a f f u n g d e r W e l t, über die U r s a c h e d e r S c h i e f e d e r E k l i p t i k — Zeugnisse seines Fleißes während des Jahres 1599 **). Trotz all' des Leidens, das die Härte des regierenden Herrn zu Steiermark über ihn und seine Glaubensgenossen verhängte, wurde er doch an der Güte des Weltenlenkers nicht irre. „In der Schöpfung", sagte er, „greife ich Gott gleichsam mit den Händen. Wenn es etwas gibt, was den Menschen in diesem niederbeugenden Exil aufrichten kann, so ist es die Sternkunde, weil sie die Verherrlichung des weisesten Schöpfers zum Gegenstande hat." Unverbrüchlich hielt er also an jenen, dem Ptolomäus zugeschriebenen Worten fest, die er seinem „Geheimnisse des Weltbaues" vorausgeschickt hatte:

> „Jeglicher Tag ein Tod — das weiß ich. Doch sterb' ich, indessen
> Hoch am Himmel das Aug' ewige Bahnen durchstreift.
> Nimmer die Erde berührt mein Fuß. Vor des Ewigen Antlitz
> Speist mich Ambrosia, schlürf' himmlischen Nektar ich ein." ***)

---

*) Frisch, v. I., p. 51—53. — **) Hanschius Epistolæ LXXVIII. — ***) Uebersetzt von Herrn Präceptor Fischer in Ulm.

Die Quelle, aus welcher wir eine nähere Einsicht in die wissenschaftliche Thätigkeit Kepler's während der Protestantenverfolgung schöpfen können, ist seine Correspondenz. Ueberhaupt spielte der Briefwechsel zwischen Gelehrten, als es noch weder Akademien, noch wissenschaftliche Zeitschriften gab, eine ganz andere Rolle, wie heutzutage. In der ihnen Allen gemeinschaftlichen Sprache Latein theilten sich die bedeutendsten Zeitgenossen ihre Pläne und Ideen mit, und reichten sich über die Häupter der unwissenden Menge hinweg Gruß und Handschlag. Selbst neue Gedanken und Erfindungen fanden damals ihren ersten Ausdruck in Briefen, und wurden wie eine Neuigkeit von Berg zu Berg durch Feuerzeichen, so handschriftlich vom großen Mann zum großen Mann getragen. Je schwieriger der briefliche Verkehr damals war, desto mehr Werth legte man auf denselben. Einen eigenthümlichen Reiz bietet es in diesen Correspondenzen aus dem Wettstreite der Geister wichtige Wahrheiten wie elektrische Funken aufleuchten zu sehen. Mathematische, mechanische und naturwissenschaftliche Gesetze verlieren so ihre starre Abgeschlossenheit und gewinnen in dieser Weise eine Art dramatischer Lebendigkeit. Nur weil wir meist so wenig von dem Wege erfahren, auf welchem die großen Erfinder und Entdecker zu ihren Wahrheiten gelangen, pflegen uns die Eroberungen des Geistes viel weniger zu erwärmen, als die der bewaffneten Hand. Wenn wir in unserer Schulweisheit mit Weltsystemen und Naturgesetzen bekannt werden, so ist Alles bereits in folgerichtige Paragraphen eingeordnet, wie im französischen Garten die Blumen in zierliche Beete, die Bäume in beschnittene Alleen. Wer aber die Bäume niemals anders, als in diesen Gärten in Reih und Glied erblickt hätte, wie wollte der begreifen, daß unsere Altvordern unter den Wipfeln mächtiger Eichen ihre Altäre errichteten und zu ihren Göttern beteten, daß ihnen Bäume heilig waren? Wie ganz anders nimmt sich das copernikanische System aus, wenn wir es auf der Schulbank sitzend, vom Katheder verkündigen hören, als wenn wir lesen, wie Kepler an Herwart schreibt, ihm genüge der Ruhm, dem am großen Altare opfernden Copernikus die Pforten des Tempels durch seine Erfindungen bewachen zu dürfen. Astronomen seien Priester des höchsten Gottes für das Buch der Natur, daher gezieme ihnen nicht das Lob ihres eigenen Geistes, sondern das Lob ihres Schöpfers im Auge zu halten*).

Vorzüglich ist es die eben erwähnte Correspondenz mit Herwart von Hohenburg, welche uns in die Lage versetzt, von den wissenschaftlichen Bestrebungen und Erfolgen Kepler's in jenen Tagen uns ein Bild zu entwerfen. Schon früher haben wir über den Ursprung dieser Correspondenz berichtet. Wir erfahren aus ihr, daß Kepler durch seine Rechnungen wichtige Beiträge zu Herwart's später erschienenem chronologischen Werke lieferte**). Daß aber Kepler gerade Herwart, obwohl er Affiliirter der Jesuiten und nicht ausschließlich Gelehrter, sondern auch Staatsmann war, zum Vertrauten seiner Pläne machte, scheint dadurch veranlaßt worden zu sein, daß sich auch Herwart seinerseits durch das, was er schrieb,

---

*) Frisch, v. I., p. 64.
**) Novæ ad calculum astronomicum revocatæ chronologiæ lautet der Titel des Werkes.

als vorurtheilsfreien und bedeutenden Denker ankündigte. Er hatte Kepler's Wunsch erfüllt und von einem Mathematiker Namens Johannes Prätorius sich ein Gutachten über Kepler's Geheimniß des Weltbaues verschafft*). Hierüber meldet nun Herwart an Kepler: „Ich habe dieser Tage eine Antwort von einem Mathematikus über deinen Prodromus erhalten, aber diese Antwort ist keine, ihm will die Bewegung der Erde nicht eingehen. Mich nimmt Wunder, daß nicht Einer ex professo diesen Gegenstand erwägt und erläutert, da die schönsten Argumente, besonders physische, durch welche nachgewiesen würde, daß der Erde mit mehr Recht als den Fixsternen die Bewegungen zuzuschreiben seien, vorzüglich aus Wind- und Meeresströmungen, sowie aus Ebbe und Fluth nicht fehlen werden**)". Allerdings konnte Kepler noch nicht, so wie wir, die wir Dove's Winddrehungsgesetz kennen, durch Herwart's vorahnende Aeußerung in Staunen gesetzt werden; aber schon Kepler entnahm den Worten, daß er es mit einem verwandten Geiste zu thun habe. Deßhalb enthüllt er ihm im nächsten Briefe seine wissenschaftlichen Pläne in ausführlichster Weise, wobei er ausdrücklich bemerkt, auch er habe Ideen über den Zusammenhang der Bewegung der Erde mit Luft- und Meeresströmungen gehegt. In demselben Briefe sucht Kepler die Frage über die Abweichungen der Magnetnadel, die ihm Herwart gestellt hatte, zu beantworten. Es scheint also Herwart's Briefwechsel die erste Veranlassung geboten zu haben, daß sich Kepler mit den Phänomenen des Magnetismus beschäftigte. Schon oben erwähnten wir seine Abhandlung über den Magnet, die er im folgenden Jahre (1599) an Zehentmaier sandte. Auf Kepler's magnetische Studien werden wir an einer späteren Stelle des Werkes zurückkommen, umsomehr, da er sich gleichsam magnetische Kräfte als wirksam zwischen Sonne und Planeten dachte.

Dem Berichte, den Kepler an Herwart über seine wissenschaftlichen Pläne lieferte, entnehmen wir, er hätte schon mit dem Titel „Prodromus" darauf hinweisen wollen, daß dieses sein Erstlingswerk eine Vorhalle künftiger kosmographischer Abhandlungen sei. Er wolle in einer neuen Weltbeschreibung alle physikalischen Gründe für die Bewegung der Erde zusammenstellen, um so durch die Gesammtwirkung Jene zu überzeugen, welche Einzelnem Zweifel entgegensetzen. Die Weltbeschreibung, wie sie ihm vor Augen schwebe, werde vier Abtheilungen umfassen. In der ersten werde er vom Weltall im Allgemeinen, von der in dessen Mitte feststehenden Sonne und den ruhenden Fixsternen sprechen. In der zweiten Abtheilung werde er sich mit den Planetenbewegungen beschäftigen, wobei er die fünf Körper wieder erwähnen müsse; hier werde er den Umlauf der Erde um die Sonne, die Sphärenmusik ꝛc. behandeln. In der dritten Abtheilung wolle er die einzelnen Himmelskörper betrachten, insbesondere die Erdkugel und die Ursachen von Bergen, Flüssen ꝛc. anzugeben sich bestreben. Endlich in der vierten Abtheilung würde er die Beziehungen zwischen Himmel und Erde ins Auge fassen und die

---

*) Frisch veröffentlicht (v. I, p. 66) das Gutachten des Prätorius.
**) Frisch, v. I, p. 62.

physikalischen Grundlagen für Astrologie und Meteorologie aufzustellen suchen. *) Wer erkennt nicht in diesem Plane einen ersten Entwurf jener umfassenden physischen Weltbeschreibung, welche Humboldt in seinem Kosmos geliefert hat? Noch stand aber die Wissenschaft nicht auf jener Stufe, daß der tiefsinnige Gedanke des deutschen Forschers mit Erfolg hätte verwirklicht werden können. Waren doch selbst die Planetenbahnen und ihre Gesetze damals noch Räthsel, die erst Kepler lösen sollte. Ein ganzes Menschenleben war erforderlich, jene drei Gesetze zu ermitteln, welchen die Planeten gehorchen und mehr als Eine Generation mußte noch forschen und streben, um zu erfahren, daß diese Gesetze auch für die unendlich weit entfernten Regionen der Doppelsterne gelten, also zu einem jener Ausblicke zu gelangen, durch welche Humboldt's Werk den Charakter überwältigender Großartigkeit erhält. Mochten hierbei Franzosen und Engländer thätig gewesen sein, mochten sie noch so sehr Kepler's Astronomie erweitert und in verwandten Gebieten ähnlichen Einsichten noch so sehr Bahn gebrochen haben, eine Himmel und Erde in sich begreifende Weltbeschreibung, geleitet vom ästhetischen und wissenschaftlichen Standpunkte zugleich, diktirt vom Gedanken einer allgemeinen Harmonie der Welt, war doch nur wieder ein Deutscher, ein Sohn derselben Nation zu schaffen im Stande, welcher derjenige angehört hatte, der zuerst Jahrhunderte früher die Idee dazu gefaßt und ausgesprochen hat.

Weder die politische, noch die religiöse Lage, sondern wie Kepler an Herwart berichtet, ein wissenschaftliches Bedenken trug die Schuld, daß er seine Weltbeschreibung nicht in Angriff nahm. Wie im Alterthume Aristarch, so lehrte Copernikus, es verhalte sich die gesammte Bahn der Erde um die Sonne nur wie ein Punkt zur Firsternweite. Kepler hält es nun für höchst wichtig, vor jeder künftigen Weltbeschreibnng zu ermitteln, wie es damit in Wahrheit bestellt sei. Daher wandte Kepler Gedanken und Beobachtung auf das Problem, wie sich der Halbmesser der Erdbahn zur Firsternweite verhalte. Wie unsern Lesern bekannt, sind die Firsterne so unendlich weit entfernt, daß selbst für unsere seit der Erfindung der Fernröhre so wunderbar vervollkommneten Instrumente blos von sehr wenigen Firsternen die Entfernungen meßbar sind. Auch Herwart meinte bereits, es wären dazu Instrumente von ungewöhnlicher Größe und Genauigkeit erforderlich. Es nähme ihn Wunder, wo oder wie Kepler sich solche erobert habe.**) Kepler, dessen Streben, Gesetze der Symmetrie in der Anordnung des Universums aufzufinden, wir schon im „Geheimnisse des Weltbaues" kennen gelernt haben, erwiederte an Herwart: er sei zu seinen Beobachtungen durch die Vermuthung geleitet worden, daß dasselbe Verhältniß, welches zwischen der Erd= und Saturnusbahn stattfindet, zwischen der Saturnusbahn und dem Firsternhimmel gelte. In diesem Falle würde ein Instrument, welches halbe Grade angegeben hätte, bereits hingereicht haben. Deßhalb sei er zu der ihrer Würde nach feinsten Speculation mit einem

---

*) Frisch, v. I, p. 62.
**) Ebendaselbst v. I, p. 47.

rohen Instrumente geschritten. „Denn wenn Sie mich,“ fährt Kepler in seinem Schreiben an Herwart fort, „um mein Observatorium befragen, so antworte ich, es sei aus derselben Werkstätte hervorgegangen, aus der die Hütten der ersten Aeltern ihren Ursprung nahmen. Es genügte mir nämlich das erste beste Instrument, um einen halben Grad zu bestätigen oder zu verneinen, und würde es mir nicht genügt haben, so hätte ich doch eines ausgesuchteren entbehren müssen, weil ich weder die Schätze des Attalus besitze noch einen Alexander Schüler nenne, noch ein Künstler wie Praxiteles bin, noch die Hände des Regiomontanus mir zu eigen sind. Und doch, welchen noch so kleinen Bogen mir das Instrument anzeigt, dessen fühle ich mich sicher. Daß Sie mir dieß um so williger glauben, werde ich das Instrument beschreiben. Freunde, lachet nicht bei seinem Anblick! Da ich kein anderes Material in genügender Menge besaß als Holz, aber wußte, daß alle Holzarten unter dem Einflusse der Witterung schwellen und sich werfen, so habe ich ein solches Instrument verfertigt, dessen Seiten, so weit sie sicher und beständig sein müssen, von der Länge und den Fasern oder Adern des Holzes stetig erhalten werden. Ich habe daher ein Dreieck von 6, 8 und 10 Fuß zusammengesetzt, denn diese Zahlen liefern am allersichersten ein rechtwinkliges Dreieck. Dieses Dreieck hing ich am rechten Winkel auf, ließ von demselben den Faden mit dem Perpendickel herabfallen, theilte die Hypothenuse oder 10 Fuß lange Seite in die kleinsten Theile und befestigte in die eine Seite des rechten Winkels Absehen. Das Dreieck selbst stellte ich durch keine Winde fest, sondern ließ es frei an einer Schnur herabhängen, indem ich nur ein wenig die angehängten Gewichte erleichterte, wenn ein Stern in die Oeffnung des Absehens eintrat. Dieß mein ganzer Apparat.“ Doch nahm Kepler mit diesem Instrumente keine mit der Erdbahn irgendwie vergleichbare Entfernung der Firsterne wahr. Trotzdem glaubte er die Ueberzeugung, daß hier ein meßbares Verhältniß stattfinde, nicht aufgeben zu sollen. Denn wäre die Firsternhöhe im Vergleiche zur Sonnenhöhe ganz und gar unmeßbar, so würde er, meinte Kepler, durch diesen einen Grund mehr irre in der Vertheidigung des Copernikus als durch die Uebereinstimmung von tausend Jahrhunderten. Die Verwerfung des copernikanischen Systems durch Tycho stützte sich vorzüglich hierauf. Aber schon durch die Parallaxe eines einzigen Firsternes mußte dieser Einwand schwinden und sich in einen neuen Beweis des copernikanischen Systemes verwandeln. Erst in unserem Jahrhunderte wurden die von Kepler gesuchten meßbaren Entfernungen der Firsterne bei einigen derselben beobachtet und so auch diese Bestätigung des copernikanischen Systemes geliefert. Für deren Mehrzahl, für deren ungezählte Myriaden gilt aber noch heute, daß sich die gesammte Erdbahn wie ein Punkt zu deren Entfernung verhalte. Hier muß man also noch immer nach dem Vorbilde des Copernikus ausrufen: So groß ist Gottes Schöpfung! Damit beruhigte sich denn auch Kepler: daß nicht die Welt für Gott groß, sondern wir nur klein im Vergleiche zur Welt seien.

Kepler wußte große und genaue Instrumente ihrem vollen Werthe nach zu würdigen. Er könne sie daher wohl wünschen, schrieb er an Herwart, wo und mit welchen Mitteln er sie aber beschaffen solle, wisse er nicht. Tycho Brahe habe dem Mästlin ein Instrument aus Metall geschenkt, das sich, wenn die Unkosten seiner Zufuhr aus dem baltischen Meere erschwinglich wären und es einen so weiten Weg unverletzt geführt werden könnte, als höchst vortheilhaft erweisen würde. Er glaube mit Hilfe eines Mäcenas oder Praxiteles nicht allein zierliche, sondern auch nützliche Instrumente anfertigen zu können. Zur Beobachtung der Sonne könne man sich nichts Tauglicheres wünschen, als eine Oeffnung auf einem hohen Thurme und eine schattige Stelle darunter. Denn wenn der runde Sonnenstrahl durch die Oeffnung schief auf eine Fläche fällt, so erleuchtet er aus optischen Gründen eine Ellipse, aus deren großer und kleiner Axe Kepler mehr folgern zu können meinte, als mit Hilfe aller möglichen Quadranten, Astrolabien, Armillarsphären ꝛc. Herwart hatte ihm Unterstützung für seine Beobachtungen im vorhergehenden Briefe zugesagt. Dankbar möchte sie Kepler annehmen, aber durch die Protestantenverfolgung sei alle Aussicht für die Zukunft getrübt. Hier folgt nun die von uns schon oben citirte Stelle, worin Kepler seine Treue gegen den Glauben seiner Väter mit Offenheit ausdrückt. Wenn daher, fährt er fort, seine Studien ermatten, seine Bestrebungen erlahmen, wenn er von Herwart's Bereitwilligkeit, seine Beobachtungen zu fördern und ihn mit Instrumenten zu versehen, gegenwärtig keinen Gebrauch machen könne, da er über seinen künftigen Aufenthalt im Ungewissen sei, so möge Herwart alle Schuld daran der Sorge für Religion und Familie zuschreiben. Dennoch wolle er eine Bitte stellen, die ihm, wenn er leben bleibe, stets nützlich sein werde. Herwart möge ihm Werner's Beobachtungen, die ihm fehlen, zugänglich machen; selbst eine Abschrift würde er zu schätzen wissen, wenn er der Treue des Copisten vertrauen könnte. So strebte Kepler seinen höheren Zielen trotz der religiösen Wirren und ihres störenden Einflusses unwandelbar und unabläßig nach. Deutlich ersehen wir dies aus dem Schlusse des Briefes, woselbst Kepler äußert: Niemand, selbst kein König, könne ihm nächst dem Aufwande, womit er ihm Instrumente baue, einen größeren Dienst erweisen, als wenn er ihm Beobachtungen verschaffe.*)

Am herrlichsten zeigt sich Kepler's Seelengröße, wenn Kepler in jenem selben Jahre der Protestantenverfolgung (1599) Herwart anzukündigen vermag, er habe die ersten Grundlinien seiner „Harmonie der Welt" entworfen. In der Einleitung sahen wir, daß, als ihm ein geliebtes Kind starb, er Trost in der Ausarbeitung dieses Werkes fand und daß Kepler dieses Werk, das die Zusammenstimmung und Ordnung der himmlischen Sphären zu seinem Gegenstande hat, durch ein seltsames Verhängniß in jenem Jahre vollendete, in welchem der blutige Religionskrieg, den man den dreißigjährigen nennt, seinen Anfang nahm. Aus Kepler's und Herwart's Korrespondenz erfahren wir, daß er auch den ersten Gedanken zu seiner „Harmonie der Welt" während der Religionskämpfe in Steiermark gefaßt hat.**)

---

*) Frisch, v. I. p. 69.
**) Ebendaselbst v. III. p. 28.

Immer unerträglicher wurde für Kepler ein längeres Verweilen in Steier=
mark. Er hatte sich darum, wie wir oben sahen, an Mästlin wegen einer Rück=
berufung nach Tübingen gewandt. Als er nach drei Monaten noch keine Antwort
von Mästlin erhalten hatte, richtete er einen neuen Brief an ihn, worin er seinem
Schmerze Ausdruck gab, dessen in dieser bewegten Zeit auf das sehnsüchtigste
erwartete Antwort noch nicht erhalten zu haben. Vor einem halben Jahre sei
der landständische Agent, welcher zu Prag war (Kandelberger), gefesselt nach
Graz geführt und vor einem Monate daselbst gefoltert worden. Der steirische
Landschaftssekretär (Gabelkofer) werde gefangen gehalten. Beide seien beschuldigt,
über einen andern Fürsten berathen zu haben; daher werde jener Agent mit
Todesstrafe bedroht. Die vor wenigen Jahren erbauten Tempel würden um=
gestürzt. Jene Bürger, welche gegen des Fürsten Befehl Gottesdienern Zu=
flucht gewähren, werden mit den Waffen zum Gehorsam gebracht. Zwanzig an
der Zahl habe man in Ketten gelegt, welche gestern (also 21. November 1599)
eingeliefert wurden. Durch den heiligsten Eid habe der Fürst die Verordnung
bestätigt, daß er fürderhin in keinem seiner Lande einen Gottesdiener dulde,
weder in den Städten noch auf den Schlössern. Niemand unternehme etwas
gegen diese so weit gediehenen Verhältnisse, noch könne er es. Ohne Deus ex
machina sei Alles verloren.*)

Die lange Zögerung von Mästlin's Antwort rührte daher, daß Mästlin
keinen günstigen Boden für Kepler's Berufung zu Tübingen gefunden hatte.
Schon frühe hatte Kepler's religiöse Selbstständigkeit ihn bei der württember=
gischen Orthodoxie in Verruf gebracht. Um aber die Schwierigkeiten völlig zu
begreifen, welche einer Anstellung Kepler's an der Tübinger Universität ent=
gegenstanden, muß noch ein fernerer Umstand ins Auge gefaßt werden. Aller
bedeutenderen Kirchen= und Lehrämter in Württemberg hatte sich ein Kreis
von unter sich verwandten und verschwägerten Familien bemächtigt. Ueber
wen nicht dieser Verwandtschaftshimmel sein schützendes Dach breitete, für den
war bereits Wind und Wetter ungünstig vertheilt.**)

---

*) Frisch, v. I., p. 54.
**) Der schwäbische Verwandtschafts=Himmel zu Kepler's Zeit ist keine leere Sage,
und prangte und wucherte vorzugsweise bei den Kirchen= und Lehrämtern in einer uner=
hörten Ueppigkeit. Man kann fast alle Kirchen= nnd Schuldiener eine Familie nennen;
Vorzugsweise war aber das Professoren=Collegium in Tübingen zu Kepler's
Zeiten ein förmliches Verwandten=Collegium oder Familienrath. Die Lehrer der
Hochschule in Tübingen waren aber sowohl unter sich als mit den maßgebenden Kreisen am Sitz
der Regierung mehrfach verwandt. Folgende Beispiele mögen ein Bild dieses Verwandt=
schaftshimmels geben. Es waren vermählt: Die Tochter von Andreä: Susanna mit dem
Kirchenrathsdirektor Balthasar Eysengrün; zwei Enkel des Andreä: Valentin und Johann
mit den Brudertöchtern des Repetenten, späteren Landesprobstes Erasmus Grüninger:
Agnes Elisabetha und Barbara; eine Enkeltochter von Andreä: Anna Maria Schüz mit dem
Sohne des Cellius: Johann Erhardt; Mästlin in erster Ehe mit einer Schwester
des vorgenannten Erasmus Grüninger: Margaretha, und in zweiter Ehe mit Burk=
hardts Schwester; Hafenreffer mit der Schwester von Brenz: Agatha, und Brenz
mit der Stieftochter Hailands: Barbara Rösch; ein älterer Sohn von Heerbrand:
Christoph mit der Schwestertochter des Brenz: Margaretha Gräter; der jüngere Sohn von

Trotzdem also Kepler, seit er aus Württemberg geschieden war, sich hervorgethan hatte, war man in Württemberg ebensowenig bemüht, ihn der Heimath zurückzugewinnen, als früher ihn derselben zu erhalten. Während aber Mästlin sich scheute, dies seinem geliebten Schüler mitzutheilen, trat in dessen Geschick ein Wendepunkt ein, der sowohl für Kepler's Leben als für die gesammte Entwicklung der Wissenschaft von höchster Bedeutung war. Wie fast alle seine Entdeckungen im „Geheimnisse des Weltbaues" dem Keime nach liegen, so bot auch dieses Werk den ersten Anlaß zu jener entscheidenden Neugestaltung seiner Zukunft. Er hatte nämlich Exemplare dieses Werkes nicht nur an Mästlin und an andere ihm näher befreundete Gelehrte übermittelt, er hatte es überhaupt den berühmtesten Astronomen seiner Zeit übersandt. In einem der Briefe, welche die Exemplare begleiteten, finden wir den Ausspruch: „Welche als Unbekannte an Unbekannte in fernen Gegenden Briefe senden, sind merkwürdige Menschen*)." In solcher Weise entstand Kepler's brieflicher Verkehr mit Galilei, Tycho Brahe ꝛc. Galilei sowohl als Tycho zollten den geistreichen Combinationen des „Geheimnisses" ungetheilten Beifall. Während aber Galilei der zugrundeliegenden copernikanischen Hypothese zustimmte, meinte Tycho, Kepler sollte vielmehr seinem eigenen, im folgenden Buche näher zu besprechenden Systeme durch seine scharfsinnigen Gedanken Hilfe leisten. Hier setzt Kepler in einer Randglosse hinzu: „So ist auch der

Heerbrand mit der Schwieger des Magirus: Maria; Hettler's Sohn: Joseph mit Heerbrands Tochter: Margaretha; ein Enkel Heerbrands: Wilhelm, Consistorialrath, in erster Ehe mit einer Schwester von Magirus Frau: Cordula Essich, und in dritter Ehe mit einer Gerlach; Uranius mit einer Bruderstochter von Heerbrand; eine Tochter von Hailand: Barbara mit dem Sohne des Kanzlers Osiander; Planer mit der Tochter von Liebler: Agatha; der Sohn von Weigenmaier: Joh. Baptist mit einer Schwesterstochter Zieglers: Esther Stephanie; verwandt waren Ziegler und Müller; die Frauen von Gerlach und Joh. Brenz, dem Jüngeren waren Schwestern. Wir könnten diesen vielen Beispielen noch manche beifügen; es mag aber unsern Lesern genügen. So bildeten also Schwiegerväter und Tochtermänner, Schwäger, Onkel und Neffen den ganzen akademischen Lehrkörper. Dieser „Verwandtschaftshimmel" ist auf Kepler's Leben und Wirken, auf die hochfahrende und herabsehende Behandlung durch seine geistlichen Landsleute, auf seinen Ausschluß vom engeren Vaterlande von entscheidendem Einfluß, und wir ließen uns darum die große Mühe nicht verdrießen, aus einer Menge biographischer Quellen und gesammelter Notizen die Verwandtschaft des akademischen Lehrkörpers zusammen zu stellen. Wie beengend diese auf die Selbstständigkeit, die Unbefangenheit, Parteilosigkeit und den freien Meinungsausdruck der Einzelnen des akademischen Lehrkörpers wirken mußte, möchte selbstverständlich sein. Die Kirchen- und Lehrämter wurden so zu sagen als privilegirte Sitze der unter sich verwandten Mitglieder der geistlichen Familien betrachtet, deren Hauptträger durch die Namen: Brenz, Andreä, Heerbrand, Grüninger, Osiander, Gerlach u. s. w. zu bezeichnen sind. In diese Phalanx die noch durch ihre streng orthodoxe, den freien und milderen Ansichten Kepler's entgegenstehende Richtung gepanzert war, einzubringen, konnte dem aus einer herabgekommenen ungeistlichen Familie abstammenden Kepler natürlich nicht gelingen, und so dürfen wir mit Recht sagen: Der schwäbische Verwandtschaftshimmel verschloß Kepler die Möglichkeit, in seinem Vaterlande die Geheimnisse und Wunder des viel schöneren Sternenhimmels zu offenbaren.					G.

*) Frisch, v. I, p. 218.

größte Mann von Eitelkeit nicht frei." Ferner meinte Tycho, Kepler hätte
von Himmelsphären gar nicht mehr sprechen sollen, da er durch seine Beobach=
tungen der Kometenbahnen gefunden hatte, daß diese mehrere solche Sphären
durchschneiden, daher von den festen Krystallschalen oder Sphären der älteren
Astronomen nicht mehr die Rede sein könne. Hiezu bemerkt nun Kepler, daß
auch seine Hypothesen durchaus keine solchen festen Krystallsphären erfordern.
Die Krystallsphären für immer verbannt zu haben, ist eine der größten Thaten
der damaligen Astronomie. Hatte sie Copernikus vermindert, Tycho, Kepler
und Galilei zertrümmerten sie für immer. Als man noch alle Himmelser=
scheinungen durch Krystallsphären erklären wollte, belief sich deren Gesammt=
zahl auf etliche fünfzig. Wahrlich, wo uns jetzt bei der Unendlichkeit der Aus=
sicht schwindelt, konnte man bei einer solchen Vorstellung den Athem beengt
fühlen, und wenn man dennoch von der Großartigkeit des Sternenhimmels
ergriffen war, so geschah es, weil solche thörichte Theorien vor dem übermäch=
tigen Eindrucke der Wirklichkeit nicht Stich hielten. Dagegen gewinnt auch noch
die schönste Sternennacht an überwältigender Erhabenheit für unser Gemüth
durch den Gedanken, daß wir unzählbare Sonnen, getrennt durch unermeßliche
Entfernungen in einem unendlichen Raume frei schweben sehen, einem Raume,
dem wir selbst, Bewohner dieser Erde, mit unserem ganzen Sonnensysteme
als verschwindend kleiner Punkt angehören. Die indische Sage spricht von
einem Weltenei, das sie Brahmânda nennt, und aus dessen zersprengter Schale
sich die Schöpfung entfaltete. Ist nicht im Vergleich zum Kosmos des wahren
Weltsystems, der des älteren selbst nur ein solches Weltenei? Die krystallenen
Sphären waren die Schalen, die das Ei umschlossen und die der Genius der
Menschheit zerbrach, als er freier die Flügel regte, indem er die Erde um die
Sonne führte.

In demselben Schreiben spricht Tycho mit gerechtem Selbstgefühle aus, er
hoffe die Restauration der Astronomie von jenem Schatze fünfunddreißigjähriger
Beobachtungen, den er seit seinem Jünglingsalter gesammelt und welchem er ins=
besondere seit fünfundzwanzig Jahren die genaueste und strengste Sorgfalt zu=
gewendet habe *). Wirklich führte dieser Schatz die Wiedergeburt der Astronomie
herbei, wenn auch nicht in Tycho's so doch in Kepler's Händen. Wir haben
oben gesehen, wie Kepler's Instrumente beschaffen waren: Drei hölzerne
Latten in ein Dreieck vereinigt, und daß er selbst von einem Könige
nichts anderes hätte erbitten wollen, als bessere Werkzeuge und Verzeichnisse
älterer Beobachtungen. Das Ausgezeichnetste aber, was es damals sowohl an
Instrumenten als an Beobachtungen gab, Tycho hatte es aufgespeichert. Er
konnte also Kepler bieten, was kein Monarch. Aber auch er wußte Kepler's
Geistesgaben zu schätzen. Er erkannte aus dem übersandten Jugendwerke,
welchen Hilfsarbeiter er an Kepler, wenn er ihn an seine Seite ziehen könnte,
gewinnen würde. Schon hatte Tycho, als er obige Worte an Kepler richtete,
infolge seltsamer Umstände, die wir im nächsten Buche näher kennen lernen

---

*) Hanschius Epistolae LXV.

werden, Uranienburg, seinen der Sternkunde geweihten Tempel, auf der Insel Hveen verlassen müssen und befand sich zu Wandsburg, unweit von Hamburg. Er hoffte den in seinen Beobachtungen und Instrumenten niedergelegten reichen astronomischen Schatz, den er in seinem Vaterlande Dänemark nicht länger zu vermehren und zu hüten vermochte, nutzbringend auf den deutschen Boden retten zu können. An diese Uebersiedlung knüpfte er den Wunsch, Kepler möge ihm durch einen Besuch die Gelegenheit zu einem längeren astronomischen Gedankenaustausch geben. Kaiser Rudolf II. nahm den Flüchtling Tycho auf, räumte ihm das Schloß Benatek für seine Beobachtungen und Instrumente ein und wies ihm einen jährlichen Gehalt von 3000 Gulden an. Eine solche Anstellung würde er ihm wünschen, schrieb damals Herwart an Kepler*). Tycho forderte nun Kepler nochmals und in direkter Weise auf, sich zu ihm zu begeben. Möge aber dazu ihn nicht Mißgeschick treiben, sondern eigener Wille und die gemeinsame Liebe und Neigung zu den Studien. Jedenfalls werde er ihn als einen Freund finden, der ihm mit Rath und That beizu=springen bereit sei. Und wenn er rasch genug herbei eile, hoffe er, Kepler auf eine Weise an sich fesseln zu können, bei welcher für ihn und die Seinen noch besser als früher Sorge getragen wäre**). So schrieb Tycho am 9. Dezem=ber 1599. Aber schon vorher im Oktober 1599 hatte Kepler, als er aus Tübingen keine Antwort erhielt, den festen Entschluß gefaßt, Steiermark zu verlassen, sich zu Tycho zu begeben und eine Anstellung beim Kaiser zu suchen.***) Beide große Männer beseelte also die gleiche Sehnsucht, sich zu nähern. Kepler hatte Tycho's Brief vom 9. Dezember 1599 noch nicht erhalten, so trat er bereits am 6. Januar 1600 seine Reise an. Kepler selbst und die erneuerte Einladung Tycho's kreuzten sich. Datirt der Muhamedaner seine Zeitrechnung von der sogenannten Hedschra, von der Flucht des Propheten von Mekka nach Medinah, die moderne Aera der Naturforschung kann auf ein Datum, das für sie die gleiche Bedeutung besitzt, hinweisen, auf die Reise Kepler's von Graz nach Prag. Denn diese setzte Kepler in die Lage die Tychonischen Beobach=tungen benützen zu können, und so zu seinen unsterblichen Entdeckungen zu gelangen. Auf dem Schlosse Benatek†) bei Prag schloß Kepler mit Tycho die heiligste Allianz, welche die Geschichte kennt, die — zweier großer Männer zur gemeinschaftlichen Erforschung der Wahrheit!

---

*) Frisch, v. I., p. 71.
**) Hanschius Epistolæ LVII.
***) Frisch, v. I., p. 311.
†) Eine nähere Beschreibung nebst Ansicht dieses durch Tycho's und Kepler's Aufenthalt denkwürdigen Schlosses enthält der nächste Theil.

Ende des ersten Buches.

Beilagen.

I.

Wir Sigmund von Gottes gnaden Romischer Kayser zu allen zeitten
merer des Reichs vnd zu Hungern zu Peham Dalmacien Croacien etc.
Kunig bekenn vnnd thu kunth offennlich mit disem brieff den in sehenn
oder horenn lesen wiewol wir von vngewoner Keyserlichen miltikeit alzeit
geneigt allen vnd ydlichenn vnsern vnd des Reichs vnnderthon vnnd getreu
zu fordern vnnd gunst vnd gnad zu beweysen yedoch so sey wir mer
willig vnd geneigt die mit sonnderlichenn eren vnd wirdikeit vor ander zu
erhohenn vnnd zu zirenn deren forfordern sich dem Heyligen Reich allzeit
dinstlich erzaygt habn vnd die sich teglich vns vnd dem Reich willigklich
beweysen vnd wann wir Nun angesehenn vnd gutlich betracht habenn
solchs erpietten vnd dienst die ich Strenger Ritter auss dem westerreich
vnser vnnd des Reichs liebenn getrewenn an haben vnnd auch diss vns
die selbige *Cunradt* vnnd *Friederich* die *Keppler* als wir ytzundt alhie
zu Rom vnser Kayserlichenn Cron wirdigklichen empfanngen haben per-
sonlich zu vnns kumen vnnd ersucht Sonnderlichem dienst beweyst haben
vnd gepette gethon in kunfftiger zeitenn beweist haben vnd thun sollen
vnd mugen darumb haben wir sie auff der Tiber Prucken alhie zu Rom
mit vnser aygen henttan zu Ritter geschlagenn erhohet vnd gewirdiget
vnd setzen vnd wollen von Kayserlicher macht vnd das sie aller eren vnd
freyheit Recht vnd wirdikeit ann allen endtenn vnd stettenn geprauchen
vnd geniesen sollen, das sich dann ain erbriger gepraucht von Recht vnnd
gewonheit ist vnnd das die selbigen Cunradt vnd Friederich die Keppler
aller Irer geschlecht vnnd leibs erbenn vnd nachkumen durch Irer willigen
dienst befunden worden gnadt thun vnd in erlaubt vnnd gegunnet vnd
verliehenn Erlauben gunnen vnnd verleyhenn In auch von Romischer
Kayserlichen macht vnnd volkumenhait das sie furpas zu Ewigenn Zeittenn
zu Zierung vnd besserung irem wappenn vnnd Cleinetten ein gelben der
goldfarben kronn auf dem Helm irem wappenn die Ir denn iren forfordern
bisher gefurt haben gepraucht haben vnd die wir auch mit disem brieff
genedigklichen bestettigt vnd von news geben vnd furan in allen ritter-

lichen weren geschefften zu schimpfft vnnd zu ernst geprauchen vnd geniessen von allermeniglich angehindert als dann die selbigenn wappenn
vnd cleinetten in der mitt ditz brieffs verzeichnent vnd mit Farben ausgestrichen vnd gemalet sindt vnd wir pitten darumb allen vnnd ydlichen
Fürst. geistlich vnnd werntlichen freyhern Ritter vnnd knecht herolten vnnd
persevanten vnd den vnd der annder vnser vnnd des Reichs vntherthon
vnd getrewen Ernstlichen vnd vestigklichl. mit disem brieff das sie die
egenant: Cunradt vnnd Friedrich vnd Irer geschlecht leibs erbenn vnd
nachkumen in solchem irem wappen vnnd cleinett. vnd pesserenn nicht
hinternn noch einsprechen noch Irren in keiner weis Sunder sich der
genntzlich geprauchenn lassenn als lieb ainem ydlichenn sey vnnser vnnd
des Reichs vngnad zuuermeiden mit vrkunth dis brieffs versigelt mit vnser
Kayserlichl. Mayestat insigel Geben zu Rom in sannt petters Munster nach
Christi geburt vierzehnhundert Jar vnd darnach in dem dreyund-
dreyssigisten Jar an dem heylig. pfingstag do wir zu Romischer Kayser
gewelt wurden.

––––––––

(Bemerkung am Rande von anderer Hand.)

Item mein Sun Lienhart Keppler ist geporn Im 1506. Jar a. d. 8. Apprill in der
ersten stundt vor mittag auff der grossern vr.

         (k. k. Adels-Archiv in Wien. „IV. D. 1. Keppler-Wappen.")

            G.

II.

Der Keppler gebrueder Wappens Confirmation.

1463.*)

Wir Friderich von gottes gnaden Romischer Kayser zu allen zeitten
merer des Reichs zu Vnngern Dalmacien Croacien Konig Ertzhertzog zu
Osterreich zu Steyr zu Kerntenn vnnd zu Crayn Herr auff der Windischen
marck vnnd zu Portenaw Graff zu Habspurg zu Thiroll zu Phirt vnnd zu
Kiburg vnnd Marggraff zu Burgaw vnnd Lanndtgraff inn Elsses Bekennen
vnnd thunn kunth allermeniklich mit disem brieff Allen den die in sehenn,
horen, lesenn, Als *Hainrich* vnnd *Connradt* die *Kepler* sunnder Vnnse
vnnd des Reichs liebenn getrewen vnnd sein fodern diesem nachgeschribenn
wappen vnnd kleinet mit namen Ein gedailtenn schilt gelb vnnd Plob vnnd
in dem gelbenn ein Rottenn Engel mit ausgebraitten Flügelnn die eppe-
lein in die eckenn des Schildes vnnd die fledung vnthen in die ecken.
des Schilds in dem gelben feld auff dem Helm einen spitzigenn hut mit

––––––––––

*) Ist von späterer Hand beigefügt.

einem gelbenn vnd ploben Helmdeck vnd auff der spitzenn des Huts elnen schwartzenn raigers pusch ein gewundes widlein mit dreien farbenn Gelb, Plob vnnd Rot vnnd mit farben aigentlichen aussgestrichenn bissher gefürt vnnd gepraucht habenn also habenn wir gedacht vnnd angesehenn solchen erberkeit redlichn vernunfft vnnd tugennd so wir an dem egenanten *Cuntz Keppler* erkennen vnnd auch die trew vnnd angenemen dienst so er vns vnnd ann dem Heyligenn Reich Nu lannge Zeit in vnnser Kayserlichem hof vnnd sonnder als wir nechst von den von Wien vnnd edtlicher Helffer mit irem abfallen vnnd widerwertigkeit worden sey in dem selbigenn vnserm schlossen mit trewer wer vnnd rettung gethann vnnd peweist hat vnnd habenn darumb mit wollbedachtem mut vnnd guten radt vnnd rechtem wissenn dem obgenannten *Cunradt Keppler* vnnd seinen erbenn denn Helm dem vorgemelten irem wappen vnnd clainat mit Irer gelbenn oder gold-farbenn Crone Ziren besseren Inen auch also vonn Romischer Kayserlicher macht wissentlich in crafft dits brieffs vnd meinen vnd setzen vnnd wollen des der yetzgenanndt *Connradt Keppler* vnnd sein erben die vorgeschribenn wappenn vnd cleinetten mit dem gekrontenn helm Nun hinfür habenn'sollenn vnnd den In allen vnd ydlichen sachen, vnnd geschefftenn zu schimpfft vnnd zu ernst auch Innsigel potschafft vnnd cleinetten vnnd sunst in allen anderm prauchen vnd geniessen sollen vnnd megen nach Irem wolgefallen vnd in allen vnd yedlichem menigklich irrung vnd eintrag vnd pitten darumb allen vnd ydlichen Fürsten geistlichen vnd werntlichen grafen vnd freyen herren ritter vnnd knechten haubtleutten amptleutten Régennten pflegernn vnd verwesern Richter vnd Burgermaister Rethe Konig der wappen persevanten Burger vnd gmain vnd sunst allen vnd des Reichs vnterthan vnd getrewen von Romischer Kayserlichen macht ernstlich vnd vestiglich mit disem Brief das sich der genant *Cunradt Keppler* vnd sein eelich leibs erben an der vorgemelten kronung vnd zierung der gemelten ire wappen vnd cleinetten von diser vnser gnaden damit wir sie also genadet halten nicht Irren noch hintern in kainer weis Sunder das also gruntlich geprauchen vnd geniesen lassen als lieb in allen vnd itlichen sey vn des Reichs vnterthan vngeuert zuuermeiden anschedlich doch an dem villeicht dem vorgeschribnen wappen vnd cleinetten gleich furten an Irem wappen vnd Rechten Mit vrkunt diesem brieff versigelten mit vnserm Kayserlichen Mayestat anhangendem Insigel Geben zu der Newenstat am freitag vor dem Suntag Oculi nach Christi vnnsers Hern geburt vierzehen-hundert vnnd In der dreyund sechtzigsten Jar vnnsers Reichs des Romischen vnd in dem drew vnd zwainzigisten des Kayserthumbs im alfften vnnd des vnngrischen Im Funfften.

(Folgt nun das Wappen in Farben.)

(k. k. Adels-Archiv in Wien. „IV. D. 1. Keppler-Wappen.")

G.

III.

Die *Keppler geprueder Burger vnnd des Raths der Statt Weill* pitten vnderthenigist Inen Ir Allt vor hundert Jaren hergebracht Wappen zw confirmieren Das vmb Ir Kay. Mtt. begern Sy vnderthenigsts Fleiss zu uerdienen.

(Randbemerkung aus der kais. Canzley.)

›Soll Inen von newem gegeben werden, es sey dann das sie das als glaubwierdig beweisen.

-27. Feb. A. 63. (1563)

(Weitere Bemerkung von anderer Hand).

Nota: zu Weyl der Stat findt mans auff Iren Grabstainen vnd habens vil vnuerdenckhliche Jar her gefuert. Es sein auch Ire Voreltern Irer Eerlichen geuebten Kriegsdienst halber von Kais. Sigmund Hochlöblichster gedechtniss zu Rittern geschlagen worden im Jar 1433.

(Auf besonderem angeklebtem Zettel.)

Sebolt, *Adam*, *Daniell* vnd *Melchior* die *Keppler* gebruder, zue Weyll der Stat ihres Wapens zu gedencken.

(k. k. Adels-Archiv in Wien. „IV. D. 1. Keppler-Wappen.")

G.

IV.
Der Keppler Gebrueder Wappens Confirmation.

Mit Namen, ein Schildt in der Mitte, vber Zwerch in Zwen gleichtaill abgetailt, der vnder Plaw oder Lasurfarb, vnd ober tail gelb, darin aufrecht vnd fuerwerts Erscheinendt ain Engel mit gelbem Har mit aussgebraitten Flügeln in Rot beclaid, mit seinen baiden Henden den vndern Tail auf die Linie der Abtaillung dess Schildes haltendt, auf dem Schilde ain Stechhelm mit Rotter vnd gelber oder goldtfarber Helmdeckhen, vnd darob ainer gulden Cron geziert, auss derselben ain gelber Spiziger hoher Huet vnd oben am Spiz dessen Huets einen schwarzen Raigers Pusch mit gelben fliederlein, vnd vnder den Raigers Pusch ein gewundes widlein mit dreyen farben Gelb Plaw vnd Rott   Alssdann etc. etc.

Wien.   Maximilian.

Auch die angenemen getreuen vleissigen vnd willigen Dienste die Sy weillendt Vnsern Vorfarn am Reich Römischen Kaisern vnd khunigen in manigfeltig weeg zu Fried vnd vnfridens-Zeitten gehorsamblich erzaigt vnd bewisen haben, vnd sich solches hinfuro vns, dem hey. Reich vnd vnserem löblichen hauss Österreich zu thuen vnd zu erzaigen gehorsamblich erbietten, auch wollen, thuen, muegen vnd sollen.

(k. k. Adels-Archiv in Wien. „IV. D. 1. Keppler-Wappen.")

G.

Vᵃ·

(Von Kepler selbst geschriebenes.)

Edle Veste Hochgeachte auch Ehrnveste Fürsichtige vnd Hochweise, Grosgünstige Herren, E. v. W. vnd Gunstigen seind mein Hochbeflissene arme Dienste beuor.

Es seind verschinen 4. January alberaitt acht vnd Neuntzig Jahr verflossen das mein Vrahn *Sebald Kepner* seinen Geburtsbrieff von einem Er. Rath zu Nürnberg empfangen, in wöllichem Ime seines Vatters Bruder *Hainrich Kepner* auch Burger zu Nürnberg, neben andern Zeügen, diesse Kundschaft gibt, dz er von *Sebald Kepnern*, Buchbinder eine lange Zeitt in Nürnberg in guettem leimuth heüslich vnd häbig gesessen vnd ehlich geporn. Mit wölchem Geburtsbrieff ermelter mein Vrahn nacher W e i l d e r S t a t t gezogen, a l d a mein Ehn Sebald, mein Vatter Hainrich, vnd I c h g e p o r e n, hernacher im fürstenthnm Würtemberg erzogen, vnd nach volführung meiner Studien zu einer löb. Landt. des Hörtzog Thumbs Steur Diensten, entlich aber Anno 1600. von Kay. Rudolff auff anhalten des Weitberümtten Tychonis Brahe nacher dem Kay hoff beruffen worden: in massen Ich alda auch von etlichen auss E. v. W. vnd G. mittel vnder andern dero bedienten mit sondern Gunsten bin erkant auch durch deroselben vnderhandlung mir einer auss E. v. W. v. G. Stipendiaten, Namens *Odontius**) auff ein Jahrlang zu einem gehülffen überlassen worden. Wan ich dan alda in meiner Astronomischen Profession, wölche von E. Statt Nürnberg In vnd alweg hochgehalten vnd befürdert worden, sonderlich aber in des Nicolaj Copernicj mainung, dessen opus Revolutionum vor 77. Jahren zu Nürnberg erstmahlen gedruckht worden, vermittelst baider Kay. Rudolphy vnd Mathiae auch letzlich diser einer Löbl. Landtschaft in Österreich ob der Ens vndterhaltung die sachen .

— Fortsetzung fehlt.

(k. k. Hofbibliothek in Wien, Manuscr. Tom. II. 156.)

N.

~~~~~~~~~~~~~~~~~~~~~~~~~

Vᵇ·

(Schreiben an den Magistrat Nürnberg v. 30. April 1620.)

Edle, Hochgeahtete Ehrnueste fürsichtige vnd Hochweise Grosgünstige Herren: E. v. w. vnd Günstigen seind meine arme Dienst jederzeit bevor. Demnach ich von diser Zeit hero als E. v. w. vnd Gunstigen Mitels etliche nach Prag an den kay. hoff abgeordnete oder sonst bey denen Bedienende

---

*) Johann Caspar Odontius, geb. 1580 gest. 1626, war von 1605—1606 bei *Kepler* in Prag als „Gehülfe".   N.

mich alda wie auch hernach anno 1614 auff dem Reichstag Kennen ge-
lehrnet, vnd mier zu mehrmahlen Grossgünstig zugesprochen in meiner
Astronomischen profession, darzu ih von beiden Jüngst abgeleibten kaysern
bestelt ward, die sahen vmb ein guetes weiter gebracht, dan vnseren vorfahren bekant gewest in massen aus meinem Neulichst in Truckh verfertigten werkh Harmonice Mundi gnugsammer augenschein für handen:
**Dahero zuhoffen, dz solhes ein werkh sein werde dz auff
die Nachkommen gebracht vnd perpetuirt werde solle:** In
mitels ab vnd an ietzo aus Gotes verhengnus schwere kriegsleuffte einge-
fallen vnd noh mehrere führ der hür, durch welhe niht allein alle gewerbe gehintert vnd dz bücher kauffen bei manchem privato eingestelt
würt, sondern auch die authores, scribenten, vnd dero ganze werkhe vnan-
gesehen sie in Trukh gebraht, in gefahr stehen, sonderlich wan es dergleichen Materien seindt die sonsten nit Jedermans Verstand oder erlusti-
gung bequemlich: als habe ich vmb der ehre Gotes willen, die durch ent-
dekung seiner werkhe in meinem buh gefürtert würdt, für Gut geahtet
von demselbigen werckh ein Exemplar auf schreibpapier bei E. E. w. vnd
Günst: als in einer ansehlichen vhralten des h. Römischen Reiches stat
Bibliotec vnter zu bringen vnd gleichsam zu deponieren diss vmb so vil
desto mehr weil es am Tag dz E. v. w. vnd Gunstigen sih umb gute künste
hohrümlich annemmen, mit hohgelehrten leüten sih versehen, vnd son-
derlih diser Zeit solhe haben die da zu ablesung vnd vertheilung dises
werks neben andern sehr wenigen nit vbel qualificiert seindt.*) Gelangt
hierauf an E. v. w. vnd Gunst: mein Unterdenstlich biten, di wolten dis
mein wolgemein fürhaben mit hoher Gunst erkennen, vnd dem hiermit
vnterdenstlich praesentierten Exemplar ein stell in dero Bibliothec ver-
günnen, auch dero gelehrten anbefehlen dz sie vber verbesserung vnd
erweiterung der so ansehlichen Materien mier Ihre gutachten ertheilen
wollen, **dz Gereiht zur Ehre Gottes des Schöpfers zu mehrer
dessen erkentnus aus dem Buh der Natur, zu besserung des
Menschlihen Lebens zu vermehrung sehenlicher begiert
der Harmonia in Gemeinen wesen** bej jetziger schmertzlich vbel
klingender Dissonanz vnd entlich auch zu E. V. W. vnd Gunstigen gebür-
lichem rhuem zu dessen erweiterung ih mih iederzeit dankhbahrlih geflissen
zu sein schuldig erkenne, hiermit E. V. W. vnd Gunstigen zu dem vnvber-

---

*) Das Bisherige, wie auch den Schluss des Briefes scheint Kepler seiner
Tochter Susanna diktirt zu haben; nun folgt jedoch eine Einschiebung von ihm
selbst geschrieben, später aber wieder ausgestrichen:

„Und hab Ich mich gedunckhen lassen, dz es villeicht nit ausser dem weg sein
werde wan Ich mich an statt meines von Nürnberg abkommen geschlechts jnner
hundert Jahren einmahl dieser Gestalt anmeldete, vnd vnser verpraiten verwandt-
schafft meins Thails dise erzeigung thäte.“

windtlichen schutz des Almechtigen Herrens der Herrscharen vnd denselben
Nebens mich zu hohen Gunsten Unterdenstlich Ein befehlendt.

Datum Lintz den 30. Aprilis Anno 1620:

E. V. W. vnd Gunsten
vnterdenst geflissener
weilandt beider
Röm. kayss. Mt. Rudolphj
vnd Mathiae vnd jetzonoch
dero löblihen landschafft in
Osterreich ob der Ens Mathematicus

Johan Kepler.*)

(k. k. Hofbibliothek in Wien. Manuscr. Tom. II. 157.

N.

V°·

(Regesten des Königl. Archiv-Conservatorium in Nürnberg, mitgetheilt von Herrn
Archivrath Baader.)

F. Keppner, Lederer erhält um das Jahr 1378. die Bürger und Meister-
Aufnahme.

Bartholome Keppner wird 1399. als Bürger aufgenommen.

Cunz Keppner, Salwurch (Panzermacher), wird 1428. Meister und Burger.

Georg Keppner, Beutler und Nestler, erhält i. J. 1438. und 1439. die
Bürger- und Meisteraufnahme und zahlt dafür 2 fl.

Hannes Keppner »allerlei« d. h. der mehrere Handierungen trieb, wird
um Walburgis 1448. Bürger.

Jerg Keppler, Beutler, der auch *Keppner* genannt wird, erhält i. J. 1450.
und 1454. die Bürger- und Meister-Aufnahme. Er wohnte in der
Vorstadt, kaufte aber 1456. ein Haus in der innern Stadt, in das er
um Johannis desselben Jahres übersiedelte.

Fritz Keppner, Bürger zu Nürnberg, erhebt 1460. einige Forderungen
gegen den dortigen Gerichtsschreiber Antoni.

Hanns Keppner, Kürfner erhält um Georgii 1467. das Bürgerrecht und
zahlt dafür — 2 fl.

Hanns Keppner, Beutler, wird 1475. Bürger, und darf 2 Lohnknechte
und 1 Fahrknecht halten.

Michael Keppner wird um Galli 1507 Burger und zahlt — 4 fl. Steuer.

---

*) Kepler's Tochter lässt alle „c" bei „ch" weg. — Im Concept ist Vieles vom
Vater gestrichen und geändert worden.   **N.**

(Regesten des städtischen Archivs in Nürnberg: mitgetheilt von Herrn Archivar Rektor Dr. Lochner.)

1503 Sept. 15. Nachdem Jorg Keck mit Autorität Johann Kriechaimers, seines ihm von Gerichtswegen gegebnen Curators Conz Godle und *Hannsen Keppnern* seine Vormunde klagbar angegangen hat, ihm seinen gebürenden väterlichen Erbtheil zu seinen Handen zu überantworten, wogegen diese anfangs einwenden, dass der Kläger noch nicht sechzehen Jahre erreicht habe und zu besorgen sei, seine Brüder, die das ihrige verschwendet, möchten ihn um sein Erbtheil bringen, so wird, nachdem Jorg Keck eidlich versichert hat, er wolle sich keinerlei Hilfe des Rechtens gegen die Vormünder bedienen, noch Restitutionem in Integrum verlangen, von ihnen sein Vermögen ihm ausgehändigt und sie darüber von ihm quittirt.

1506 July 8. In Sachen Erhart Balbirers gegen *Aug. Keppner*, dem die Röhre vornen im linken Arm ganz abgehauen gewesen, ist zu Recht erkannt, der Antworter sei schuldig, dem Kläger die drei Gulden, die er mit Arzeneien abverdient habe, zu entrichten.

1507 July 9. *Michel Keppner* der Apotheker und Kungund seine Hausfrau bekennen, Hannsen Kratzenhauser 550 f. rh. für allerlei Compossta Simplicia Materialia, auch Corpus, mitsamt den Instrumenten und anders so in ein Apotheken gehörig, zu bezahlen schuldig worden zu seyn, wovon sie 150 f. auf nächste Aegidi, und hernach jeden St. Aegidientag 100 f. zalen wollen, bis die ganze Summe gezalt ist. Zeugen Hr. Marquart Mendel und Hr. Johannn Lochner Dr. med.

1507 July 26. Claus Mendel, *Heinrich Keppner* und Martin Glück, obrigkeitlich gegebne Vormund Margret Siventerin Kinder von ihrem Mann Jacob Siventer, bekennen von Jobst Haller 200 f. abgelösten jährlichen Zinses erhalten zu haben.

1509 Juny 22. In der Abrechnung Sebald Schreiers und Michel Wolgemuts, die Cronika Hartmann Schedels btr., erscheint auch *Heinrich Keppner* mit einem noch schuldigen Rest von 3 f. 1 Schillg. 9 Heller.

1510 Oct. 14. *Heinrich Keppner* bekennt Wolfgang Schwarzen 80 f. 17 Schill. 4 Heller Bürgschaft halben zu bezalen zu haben.

1517 Juny 26. Veit Lochner Apotheker zu Nürnberg und Elsbet sein eheliche Hausfrau bekennen, nachdem Jorg Ollinger und Adam Bischof, weiland *Michel Keppners* Apothekers seligen verlassen Söhnleins Michelein genannt Vormunde, ihnen das Corpus samt den Instrumenten auch den Materialia und Wasserm in der Apotheken unter Frauen Ursula Mendlin Behausung und im Keller darunter um 813 f. 5 Sch. 8 Hll. verkauft haben, 113 f. 5 Schill. 8 Heller sogleich zu bezahlen, worüber sie auch sofort quittirt werden, die übrigen 700 f. aber in jährigen Fristen, je zu Walburgis 60 f. bezalen zu wollen, wofür sie Hrn. Johann Lochner der Erzenei Doctor, Peter Stahel, Hannsen Richter Messerer, Erhart Prunner und Cristoffen Lochner, jeden um 140 f. zu Bürgen setzen.

1522 April 10. *Blasius Keppner* von Schmerbach bei Rotenburg, für sich und Margreth Gilgen Hermans Hausfrau seine Schwester, bekennt, dass ihm Wolfgang, Jorg und Cristoff, Ulrich Laurn verlassne Söhne, die er mit Kungund seiner Ehewirtin, die nachmals *Michel Keppner* ehelich gehabt, erzeugt, und mit ihnen Adam Bischof von wegen seiner zwei Kinder, die er mit Anna seiner Hausfrau, so Tods verschieden, ehelich überkommen hat, alle und jede *Michel Keppners* des jüngern, seines Bruders Sohn seligen (den er mit gemelter Kun-

---

NB. Bei Hannss, August, Michael und Heinrich ist das eine Mal Keppner, das andere Mal Kepner geschrieben.

gund in der andern Ehe erzeugt und der beder seiner Eltern Tod erlebt hat), verlassen Hab und Güter, die ihm von *Hannsen Keppner*, seinem Anherrn, erblich zugestanden sind, zugestellt und überantwortet haben, sagt sie deshalb los und verspricht sie gegen alle Anfechtung zu vertreten.

G.

———————

Diesem fügen wir noch weiter folgende aufgefundene Kepler-Namen bei, ohne bis jetzt einen Zusammenhang der Betreffenden mit den Obigen nachweisen zu können.

In Lindau:

Claus Keppler 1391 des Raths, besass 1382 ein Haus an der Korngasse, 1428 an der Ringmauer und verkauft 1429 seinen Torkel zu Reutin an Gerwig Blarer.

Bentz Keppler. 1402 hat Hans Breusing zu kaufen gegeben der Frau *Elisabeth* Kepplerin, *Bentzen Kepplers Hausfrau* an ein Vigili und Jahrzeit zu Sct. Stephan zu 4 und 5 Schilling seinen Wein-
garten zu Reutin.

Peter Keppler als Zeuge 1375.

Peter Keppler, Petri Sohn 1403 Burger zu Lindau worden, sonst von Wangen hatte einen Bruder Claus.

(Mittheilung des Herrn Hauptmann Würdinger in München.)

N.

In München starb im Kloster Sct. Clara am Anger (Heumarkt) am 22. Juni 1496 *Katharina Kepler;* „von der hat man 12 f."

(Mittheilungen des Herrn Reichsarchivbeamten Carl Primbs in München aus dem Todenbuch von Guardian Sack v. 1424 im Staatsarchiv.)

N.

Ein Adeliger „*Wilhalben Khepler, Ainspainiger zu Ensisham*". Derselbe bittet in einem Gesuch ohne Datum unter Berufung auf die von ihm und seinen „Vorfordern" dem Kaiser und seinem Ahnherrn Maximilian erwiesene Dienst um Genehmigung, die ihm auf ein Lehen in den vorderösterr. Landen ver-
willigten 500 fl. zur Ansiedlung im obern Elsass und Heirath einer Jungfrau von Adel verwenden zu dürfen.

Michael Kepler in einem Bescheid vom 15. Dezember 1629 wegen einer cedirten Proviantschuld.

(k. k. Hoffinanz-Archiv in Wien.)

G.

In Regensburg: Jungfrau *Dymut* die *Käpplerin*, Bürgerin zu Regensburg besass 1413 daselbst ein Haus „vor den Predigern."

(Zirngibel: Gesch. von Obermünster S. 81.)

N.

———————

VI.

„Mannrecht Hainrich Keppler's von Weil der Statt"

(1583.)

Wir Bürgermaister vnd Rath des Halligen Reichs Statt Weyll Bekhenen offentlich vnd thun kunth allermeniglichem mit disem Brieff das heut dato als wir In vorbotnem Rath versamlet bey einander gesessen, vor vnns erschinen Ist, dess Ernhafften, vnd Fürnemen Seboldt Keplers vnnsers alten Burgermaisters ehelicher Sohne Hainrich Kepler genant diser Brieffzaiger, vnd Angetzaigt, wie das er sich seiner gelegenheit nach an andere Orth vnd vsserhalb seines Vatterlands zu Thun vnd Nider zulassen willens, derowegen er seiner ehelich gepurt vnd Manrechtens, auch seiner Eltern, wie auch seines haltens vrkund vnd kundschaft die seiner glegenhait nach furzuzaigen vnd zu gebrauchen haben, noturfftig were, mit vleissiger Bitt Ime das mitzuthailn, so wie dan sein bit für zimlich geacht, die warhait auch ehr vnd erbarkait für vnss selbs zufurdern nit weniger genaigt dan schuldig, wirs Ime nit zuuersagen gehapt, Uhrkunden demnach In krafft diss Brieffs vnd so hoch vnss billich ein warhait zusagen vnd schreiben gepurt, das genanter Hainrich Kepler diser Brieffzaiger, von*) gemeltem Sebald Keplern vnd Catharina Müllerin seiner ehelichen Hausfrawen seinem Vatter vnd Mueter Beeden noch In leben, die ehelichen bey vnss zue Kirchen vnd strassen gangen, In ehelichem stand gesessen, ehelichen vss rechtem ehebeth erborn vnd vferzogen, auch gedachte zwey ehegemaehl die eltern, desgleichen er petent Ir sone sich Iro tag vnd dweil sie bey vnss gewont (Anderst vns nit wissend.) dan redlich, ehrlich, fromblich woll vnd dermassen gehalten vnd bewisen, das wan sie die Eltern oder er Hainrich Kepler Ir sone, fur vnss den Rath oder vnser Statgericht komen weren, oder noch Kemen wir Inen trew, ehr vnd Aid, alss andern redlichen vnd vnuerleumbten Biderleuten wol vertrawet heten, vnad Inen noch also vertraweten, so seyen alle vnser Burger Burgerin Burgers Söhn vnd Döchter auch diser Hainrich Kepler leibsfrey, Also das sie keinen andern nachuolgenden Herrn haben, One alle geuerd, dess zu wahrem vnd vestem vrkunth haben wir gemainer vnser Stat Secret Insigel (doch vnss vnsern nachkommen In anderweg on schaden,) offentlich hier angehangen

Der geben Ist, Dinstags den Neunten Aprilis nach Christi vnsers lieben Herrn vnd seeligmachers geburt Funfzehenhundert vnd In dem drey vnd Achtzigsten Jare.

(Siegel der Reichsstadt Weil, in grünem Wachs in Holzkapsel.)

G.

---

*) Hier steht im Original noch „weyland", ist jedoch mittels Punktirung als ungültig bezeichnet.

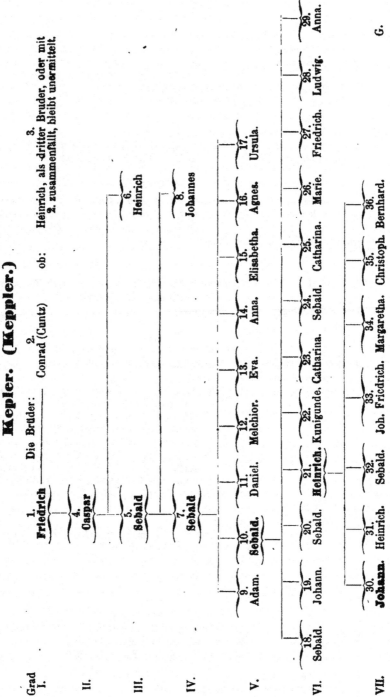

VII.

Grossväterlicher Stammbaum.

nach Keplers eigenen Angaben und den Forschungen des Herausgebers.

(Wo nichts anderes bemerkt ist, gilt der Name:)

Kepler. (Keppler.)

Erläuterungen.

I. Grad.

Grossvater von Keplers Ur-Urgrossvater.	1. **Friedrich**, mit seinem nachstehenden Bruder von Kaiser Sigismund bei seiner Krönung 1433 auf der Tiberbrücke zu Rom zum Ritter geschlagen.
Bruder (Brüder?) des Obigen.	{ 2. *Conrad (Cuntz)* } Beil. I. und 2. { 3. *Heinrich* (?) }

II. Grad.

Vater von Keplers Ur-Urgrossvater.	4. **Caspar**, kaiserl. Hofpoststallmeister in Worms um 1496. (s. Capitel 2: Abstammung.)

III. Grad.

Ur-Urgrossvater Keplers.	5. **Sebald**, Bürger und Buchbinder „in Nürnberg eine lange Zeit in guettem Leimutth heüsslich vnd häbig gesessen, vnd ehlich geporn." (Beilagen V*.)
Bruder des Obigen.	6. *Heinrich.* (Beil. V*.)

IV. Grad.

Urgrossvater Keplers.	7. **Sebald**, geboren in Nürnberg; nach Weilderstadt übersiedelt circa 1522. (Beil. V*.)
Bruder des Obigen.	8. *Johannes.*

V. Grad.
(Sämmtlich in Weilderstadt geboren.)

Bruder des Grossvaters Keplers.	9. *Adam;* Rathsmitglied in Weilderstadt.
Grossvater Keplers.	10. **Sebald**, geboren Juli 1519 (lebte noch 1594), Bürgermeister und Pfrundverwalter allda; vermählt 9. April 1540 mit Catharina Müller von Marbach; geb. am Elisabethstag (19. Nov.) 1522; lebte noch 1591*) (s. Grossmütterl. Stammbaum Beil. VIII. Nr. 6.)
	11. *Daniel;* Kaufmann, Rathsmitglied, Patricier in Weilderstadt. (Ueber ihn und seine Nachkommenschaft: Genealogischer Anhang zum IV. Buch.)
	12. *Melchior;* Rathsmitglied in Weilderstadt.
Geschwister des Grossvaters Keplers.	13. *Eva.*
	14. *Anna.*
	15. *Elisabetha;* vermählt mit *Georg Baer*, Bürger in Wildberg; Stiftspfleger.**)
	16. *Agnes.*
	17. *Ursula.*

VI. Grad.
(Sämmtlich in Weilderstadt geboren.)

Brüder von Keplers Vater.	18. *Sebald*, geb. 24. Juni 1542; † 10. November 1544.
	19. *Johann*, geb. 10. März 1544.
	20. *Sebald*, geb. um Fastnacht 1546.

---

*) Beilagen XVII.
**) S. Genealogischer Anhang zum IV. Buch.

Vater von Kepler.

21. **Heinrich**, geb. 19. Januar 1547, vermählt 15. Mai 1571 mit Catharina Guldenmann, geb. in Eltingen 8. November 1547, † in Leonberg 13. April 1622, Tochter des Melchior Guldenmann, Wirths und von 1567 bis 1587 Schultheiss in Eltingen; geb. 1514, † 7. Januar 1601 und seiner Frau Margaretha.

22. *Kunigunde*, geb. 23. Mai 1549, † 17. Juli 1581. Heirathete 11. Juli 1569 (1564?). Wurde Mutter vieler Kinder.

23. *Catharina*, geb. 30. Juli 1551. † bald.

24. *Sebald*, geb. 13. November 1552. Jesuite. Zauberer. † an der Wassersucht.

25. *Catharina*, geb. 5. August 1554. Machte eine glänzende Heirath, lebte aber verschwenderisch und wurde „bettelarm." † 1619 oder 1620.

26. *Maria*, geb. 25. August 1556.

Geschwister von Keplers Vater.

27. *Friedrich*, geb. 29. April 1558.*) Zog 1578 nach Esslingen, dann nach Cannstadt, woselbst er sich vermählte

    I. 4. Febr. 1584 mit Anna Ensinger;

    II. 3. Juni 1600 mit Margaretha Koch.

28. *Ludwig*, geb. 29. Sept. 1560. Gastwirth in Weilderstadt.*)

29. *Anna*, geb. im Februar 1563, † 1624; vermählt mit Markus *Hiller*, Keller in Weilderstadt; geb. Mittwoch nach Mart. 1565, Sohn des Marx Hiller, Bürgermeisters zu Herrenberg; (geb. am Samstag vor St. Galli 1538, † 25. Januar 1605) und seiner 1. Frau Regine, Tochter des Philipp Orth in Heilbronn, verm. 21. April 1564.*)

VII. Grad.

Der Gründer der Astronomie; unser Held.

30. **Johann**, geb. in Weilderstadt 27. December 1571, † in Regensburg 15. November 1630*) vermählt

    I. 27. April 1597 in Graz mit Barbara Müller von Mühleck (Mühlegg) geb. 1573, † Prag 3. Juli 1611.**)

    II. 30. Oktober 1613 in Efferdingen mit Susanna Reuttinger, geb. allda ca. 1595; † Regensburg 30. August 1636.

Keplers Geschwister.

31. *Heinrich*, geb. Weilderstadt 12. Juli 1573. Epileptisch von Jugend auf; hatte frühzeitig durch Krankheiten und Unglücksfälle zu leiden; kam 1587 in die Lehre zu einem Tuchscheerer; 1588 zu einem Bäcker; entfloh 1589 nach Oesterreich; 1591 in die Türkei; nach Wien zurück und 1592 wieder nach Weilderstadt; 1593 nach Mainz, Strasburg, Belgien und kam verarmt nach Hause (Leonberg). (Weiteres über sein Leben, Heirath, Nachkommen im genealogischen Anhang zum IV. Buch.)

32. *Sebald*, geb. in Leonberg 20. Mai 1577.   } Starben
33. *Johann Friedrich*, geb. in Leonb. 24. Juni 1579. } frühzeitig.

*) S. Genealogischer Anhang zum IV. Buch.
**) Beil. XVIII.

Keplers Geschwister.

34. *Margaretha*, geb. in Leonberg 26. Mai 1584,*) lebte noch 1623 bei der Theilung des mütterlichen Erbes; vermählt Leonberg 16. October 1608 mit M. Georg *Binder*, Präceptor in Leonberg 1607—8; Dornstetten 1608—9; Pfarrer in Heumaden**) 1609—1620; Rosswälden 1620—1634; geb. in Rosswälden 1582, Sohn des Pfarrers gleichen Namens daselbst.

35. *Christoph*, geb. in Leonberg 5. März 1587.*) Zinngiesser; Trillmeister, dann Lieutenant bei der Landmiliz; Gerichtsverwandter; Spitalmeister in Leonberg; vermählt Eltingen 3. März 1612 mit Catharina, Tochter des Kaspar Wendel, Schultheissen allda und der Catharina.

36. *Bernhard*, geb. in Leonberg 13. Juli 1589, † frühzeitig.

G.

VIII.
Grossmütterlicher Stammbaum.
nach sicheren Quellen vom Herausgeber zusammengetragen.
Müller.

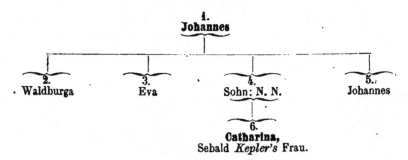

1.
Johannes

2.   **3.**   **4.**   **5.**
Waldburga   Eva   Sohn: N. N.   Johannes

6.
Catharina,
Sebald *Kepler's* Frau.

Erläuterungen.

Keplers mütterlicher
Ur-Urgrossvater.

1. *Johannes*, der Aeltere, in Marbach; der reiche Müller, auch Reichsmüller genannt; vermählt mit Magdalena, Tochter des Nikolaus Märklin von Donauwörth.

Schwester von Keplers
mütterl. Urgrossvater.

2. *Waldburga*, vermählt mit Hanns *Fickler* in Weilderstadt; † in Stuttgart 8. November 1581. (Sohn des Michael Fickler allda, gewesenen Amtmanns in Backnang und Enkel des Hans Fickler aus Memmingen.)
   Kinder:
   a) *Johann Michael Fickler*, Doctor der Rechte; Advokat und Procurator des kaiserl. Kammer-

---
*) S. Genealogischer Anhang zum IV. Buch.
**) Dies führte den Chronisten von Regensburg Gumpelzheimer auf den Irrweg, ihn „Pfannenbinder *Heumaden*“ zu nennen! Noch weitere Druckfehler in jenem Werke sind zu originell, um sie zu verschweigen: die Concordienformel ist „Comödienformel“ genannt; für Nativität steht „Naivität“.   N.

Gerichts zu Speyer; † allda 21. November 1586; vermählt

I. mit Maria Machtolf von Esslingen;

II. mit Catharina Wild von Stuttgart.

(Stifter des Fickler'schen Stipendiums in Tübingen. Daher haben die Kepler Ansprüche an dieses Stift.)

b) *Joseph Fickler*, katholisch; Prokurator am churfürstl. Hofe zu Heidelberg; liess sich dann auf seinen väterlichen Gütern in Weilderstadt nieder, war — besonders 1593 und 1594 — der Führer der kathol. Parthei gegen die Protestanten.

c) *Maria Fickler*, protestantisch; vermählt

I. mit Jörg Maier, Untervogt in Marbach a/N.;

II. mit Paul Huldenreich, Sekretär des Herzogs Christoph von Württemberg, in Stuttgart.

(Im Uebrigen s. Faber's württ. Familienstiftungen. Stuttg. 1853. III. §. 1 und 4.)

Ein Bruder dieses Hanns Fickler war der berühmte mit Kepler in Berührung gekommene Gelehrte:

Dr. Johann Baptist Fickler, Erzbischöflich-Salzburg'scher Hofrath; Erzieher des Kaisers Ferdinand II. und des Churfürsten Max I. von Baiern.

(Dessen Selbstbiographie befindet sich in der K. Hof- und Staatsbibliothek in München; Cod. Bavar. 3085.)

Schwester von Keplers mütterl. Urgrossvater.

3. *Eva*, vermählt mit Georg *Müller* in Marbach.

Keplers Urgrossvater mütterl. Seits.

4. *N. N.* (ein Sohn), vermählt mit Anna Hofer.

Bruder von Keplers mütterl. Urgrossvater.

5. *Johannes*, der Jüngere, Bürgermeister in Marbach; vermählt mit Catharina.

(Nachkommen s. Faber's württ. Familienstiftungen. Stuttg. 1853. III. §. 11.)

Unter dessen Nachkommen befinden sich in mütterlicher Linie die Ur-Enkel *Schiller's*, der Dichter Wilhelm *Hauff* u. s. f.

Keplers Grossmutter.

6. *Catharina*, geb. in Marbach 19. November 1522; vermählt 9. April 1540 mit Kepler's Grossvater, Sebald *Kepler*, Bürgermeister in Weilderstadt. (S. Grossväterlicher Stammbaum; Beilagen VII. Nr. 10.)

G.

IX.
Auszüge aus den Stadt- und Pfarr-Rechnungen von Weil, den Sebald Kepler, Bürgermeister betr.

Stadtrechnung
von Martini $15\frac{65}{66}$.

, Vf Freitag den 4. Febr. als Stattschreyber vnd Sebalt Kepler sind mit .... Nestler zue Stuogert gewest, habent sie auch geraittet vnd angehalten der nachbarlichen Spann halben, habent sie verzert 3. ß 6. β. 6. h.

Dieselben am Munnttag nach Judica in Stuttg. 21 ß

Vff. Freitag vnd Bartleme Abents als Sebald Keppler u. H. Stattschrbr sind gen Sindelfingen geritten, von wegen der zwo Schützen halber, die des Nachts gewacht haben, das sie sollen ein Guldyn geben, von wegen das sie nit habent den Hunden ein Bengel angehenkht, habent sie der Forstmaisterin geschinckt 1 Daller vnd darneben verzert 5 Bazen — 2 ß 1 β 6. P.

$15\frac{66}{67}$.

Vff Sonntag vor dem Christtag hat Sebald Kepler mit dem Forstmeister zu Sindelfingen in der Nussbaumen Haus verzert 65 H. 6. Pf.

$15\frac{67}{68}$.

Vff Freitag nach der Vffarth Christi*) als Sebald Keppler vnd der Söldner sind nach Esslingen geritten, hat er Sebalt Kepler dem Hatschier verert von wegen etlichen Schreiberei u. s. w. 2 ß 2 H.

Vff den Kraistag zu Ulm ist Herr Schulthaiss vnd Sebald Keppler hinaufgeritten, haben sie verzert mit dem Reitgelt etc. Sebald Kepler vnd Stattschreiber sind von wegen Sixten aus Bevel**) eines erbaren Raths zu den Vorstmaistern gen Syndelfingen geritten auf Sontag vor Lichtmess vnd verthuon sambt dem Reitgeld 1 ß 6. H. 6. k. wie Herr Burgermeister auch Herr Schultheis Sebald Keppler sind von Halbrund***) kumen, haben sie mit etlichen Herrn verzert 1 ß 61 H. 2 Pf.

Sebald Keppler hat sein Ross 64. Tag von Ulm geliehen. Drum geben 2 Pfund 2 Heller.

D. 12. Janr vor Sebald Kheplern die zu Regensburg verabschiedeten 4 Monat vnd dann die 3 Monat thut 7 Monat vff dem Reichs-Kraistag zu Erfurth bewilligte Hilf an den Kriegskosten jeden Monat 60 fl. thut 420 fl. == 588 ß

30 = 42.   15 = 21.   5 = 7.

---

*) Himmelfahrts-Fest.
**) auf Befehl.
***) Heilbronn.

Stadtrechnung
von Martini 15$^{67}_{68}$.

Als H. Bürgermaister Raitle vnd Sebalt Kepler sind gen Stutgart geritten vnd sie Herr D. Bartty hat zuo gast geladen, habent sie ein halb Kalb mit Inen genumen, hat golten 11 Bazen Münz — 1 ℔ 6 H.

Als ist Sebald Kepler v. Caspar Stein gen Besgenn *) geritten vor wegen andreas Speidel habent sie verzert 6 ℔ 5 β.

von 1570 (15$^{68}_{69}$.)

Vff Freyttag nach Estomihi als Herr Schulthais Sebald vnd Herr Statschreyber sind gen Stugart geritten von wegen der freyen Bürst halber vnd auch des Ausswaldes halber, habent sie mit dem ritgeld verzert u. s. w.

Vff Freytag nach Laetare als Sebalt Kepler Schulthais u. Herr Statschreyber auch Bernhard Grautart etc. sind gen Kalb **) geritten von wegen anhaltens der Wasserfallen habent sie verzeret u. s. w.

Als jüngst der H. Bürgermeister Seebald Keppler gen Stuttgart geritten des Hirschs halb, so im Mülbach funden worden, bey der fürstl. Jacht Verwüstnuss gethan, damal sind entricht worden u. s. w.

Pfarrrechnungen
von 1570.

Als Vff Martini huj. anni die HH. Statrechner u. H. Sebald Keppler Burgermeister, Verwalter der 15 Pfrunden u. s. w.

von 1571.

Von dem Seαalt Kepler Burgermaister von wegen der 15 Pfrunden empfangen 48. ℔ 13. β.

G.

X.
Die Häuser von Kepler's Eltern zu Leonberg betr.

A. **Erstes Haus von 1575—1579.** ***)

(Lagerbuch.)

Hainrich Keppler, Träger vnd Jacob Baisch zinssen järlich aus Iren beeden Heussern am Markht zwischen Michel Kochen Haus vnd der Zwerchgassen gelegen, stosst vornen an den Marckht vnd hinten an sein Jacob Baischen selbst scheuer: ein schilling drei Heller Herdtzinnss.

(Mich. Kochs Haus befand sich nach diesem Lagerbuch zwischen dem Universitäts-Kornhaus und Heinrich Keppler.)

---

*) Besigheim.
**) Calw.
***) Oben S. 47 illustrirt

Derzeit im Besiz des Budolf Wöhrle, Nadlers; steht auf dem Marktplaz in der Nähe des Rathhauses, zwischen Kaufmann Weiss und Seiler Keppler's Wohnhäuser. Geb. Nr. 109.

G.

(Güterbuch.)

Item Haus am Hoff zwischen Michael Kochen vnd Jacob Baischen gelegen, zinnsst.

(weiter sind als Besizthum angegeben »ain Viertail an einer Scheuren zwischen inen selbst etc.«, und 13 Grundstücke.)

(Kaufbuch.)

act. den 14. 7brs 79.

Heinrich Kepler   Stoffel Bensslin
Verkeuffer.   Keuffer.

Sin Haus am Markht zwischen Michel Kochen und Jakob Baischen; Zinnsst u. s. w. umb —⁖ 295 fl.

Nach den öffentlichen Büchern besassen die Eltern bezw. die Mutter Keplers auf kürzere oder längere Zeit:

B. Zweites Haus.

»Ain Haus*) zwischen Aberlin Hermann vnnd der Statt Waschhaus.«

beim untern Thor gelegen;

Am 24. November 1584 um —⁖ 350 fl. verkauft.

Zu diesem Haus besassen sie »Ain schcuren in der glaser-(Hafen-) Gasse, zwischen Martin herkhen Wittib u. s. w.«

C. Drittes Haus.

»Ein viertten theil Behaussung in der Klostergasse zwischen stoffel Riekher vnd der Allmand.«

Am 9. November 1598 an »Bastin Meyer« um
—⁖ 180 fl. verkauft.

D. Viertes Haus.

»Ain Haus in der Kirchgasse, zwischen Heinrich Stahels Scheuer und Bartlin Eberlins Haus.«

Am 11. Dezember 1598 erkauft von Heinrich Stahel um 330 fl., am 1. Februar 1619 verkauft an Ig. Melchior Wendmann um 360 ff.

Wie aber bei den Wohnhäusern, so fand auch im Besiz von ganzen und Theilen von Scheuern öfters ein Wechsel Statt.

(Aus den Güterbüchern Theil I u. IV v. 1575 v. seqbs.

Cameralamtl. Kellereilagerbuch II. 57.

Kauf- und Contraktbüchern

von $\frac{1556}{1608}$ und $\frac{1609}{1643}$

zu Leonberg.)

_____

*) Ist jezt das Gebäude Nr. 64 des Wilhelm Nast, Flaschners; zwischen dem Oberamtsgefängniss (an der Stelle des abgebrochenen Waschhauses) und dem Wirthshaus zum Löwen.   G.

XI.

Zu wissen das auf heut seinen Dato vor ein Ersamen Schulthais vnd Gericht erschienen ist M e l c h i o r G u l t i m a n anzeigendt das er zue besserer stattlicherer Vortbringung seiner Dochtersohn J o h a n n K e p l e r zue L e o n - b e r g s t u d i a Jr seiner Dochter C a t h a r i n a ein stuckh ausser der Ver- fangenschaft zu übergeben mit Pitten, was er Ir allso vbergeben, dasselbig zue Taxiren vnd anzuschlagen, damit wan es dermalen ains zuen fall komme, seine andere kinder auch darauf verglichen mögen werden. Demnach hat er Melchior Guldenmann seiner Tochter Katharina vbergeben Ein Viertel Wisen zue Mollenbach zwischen Klas Kurtzen vnd den graben gelegen, so zinssfrei ledig vnd aigen, das ist durch Ersamen schulthaiss vnd Gericht angeschlagen vnd gewürtigt worden für vnd vmb dreissig Gulden genehmer Landtswehrung, Sollches ist vff Ir beeder beger Inn dieses dess Fleckhen Buch eingeschrieben worden Vff den dreissigsten Octobris 89.

(Später geschrieben)

Melchior Gultiman hat diss Stücklin wissen witerumb zue sich zogen, vnd mit Gelt verglichen.

Actum Vff den 21. November A° 94. vor Schuldthais vndt Waisen- richtern.

(Aus dem unfolirten Inventur und Theilungsbuch von Eltingen von 1572 u. ff.)

G.

XII.

Fundation und Disposition zweyer Stipendiorum zu Weyl der Statt Anno 1494.

(Auszug.)

Das weiss alter halt nitt onuernünfftiglich bedacht, gesetzt vnnd ge- rhaten die Ding so künfftiglich in die beleiben sollen, vnndt zu wissen nottürfftig seindt, der geschrifft zu endtpfelhen, vmb das die durch lenge der Zeit nit hinschleichen in vergessung. Darumb war Johannes Beg, De- chan dess rurals Capittels zu Weil der Stadt vnd Pfarher zu Stamhaim Lau- rentz Rappfer von Flach, vnnd Conrad Merwer von Wysach, Burger der Statt zu Weyl allss Seelwerter, Wylandt Herr R u d o l p h e n **Rufen,** K i r c h - h e r n z u F l a c h t Seelig, desselben Herrn Rudolffs T e s t a m e n t zu uer- sreckhen vmb die Hochgelerten Erwürdigen den Rector der löblichen vnnd würdigen Hohenschul zu Tübingen vnnd gemainer Vniuersitet vmb v i e r - h u n d e r t guter vnnd gemainer remischer g u l d e n, dero wir sie mit zehen gulden gellts u. s. w. u. s. w. Also vnnd dergestallt das die Er- samen vnnd weisen B u r g e r m a i s t e r v n n d R a t h z u W e i l, Speyerer bistumbs Nun fürohin Ewiglich sollen z w e e n g e s c h i c k h t S c h u l e r v o n d e n D o r f f e r n W y s a c h v n n d F l a c h t, v n n d o b d i e d a s e l b s t n i t v o r h a n d e n w e r e n, w o v n n d w e l c h e s i e w ö l l e n e r w e l e n, vnnd dieselbige dem Rector vnnd seineu Zugewandten, der gemeldten Vniuersitet Presentieren, dieselbige schuler sollendt dan von luen Angenommen vnnd Järlich lr Jeden Zehen Gnldin zu den vier Fronfasten wie sie die andern Stipendia vsszurichten pflegen vnnd geraicht werden, So lang biss sie der siben freyen künsten Maister gemacht sindt, vnnd nit lenger, Es were dan das sie Also geschickht vnnd gutten Wesens sein wirden, dass sie von der Vniuersitet vnnd denen von Weil weitter zugelassen würden. U. s. w.

Montag, Nach dem Hailigen Sontag Allss man Singt letare. In der Fasten, Nach der geburt Christi Vierzehnhundt, Neuntzig vnnd Vier Jar.

(Registratur der Stadt Weil.)

G.

XIII.[*])

Edlen Eruesten Hoch vnd wolgelerten gunstige hern lnsonders lieben vnd guoten Freund, E. Her: Ern vnd gunsten seyen vnser ganzs geulissen willig vnd Freuntlich dienst zuuor, Demnach E. Her: Ern- vnd gunsten Vnss kurz uerschienen vmb presentirung eines knaben von hiraus zu dem bewussten Stipendio geschriben, vnd wir dermalen khainen darzu taugenlich alhie befinden mögen. Bericht vnss aber Jezund vnser alter Burgermaister Seebald kepler Es hab Ime diser tagen seines sons Hainrichen keplers son Johannes kepler genant der ein Stipendiat zu Tüwingen, Zugeschryben, wie das durch E. Her: Ern: vnd gunsten ain Zedel angeschlagen welcher deren Stifftung beger sich bey lren anzuzaigen und nnn sey ermelter seines Sonss son vorhabens bey E. Her. Ern: vnd gunsten darumben vnderdienstlich anzusuochen, vnd hat vnss dernhalb an E. Her: Ern: vnd gunsten vmb Fürschrifft ganzs Vleyssig gebetten, verhoffenlich derselben hoch zugeniessen. Dweyll den ermelten Jungen Johann keplers vatter vnser burger gewessen auch In solchem seinem burgerrechten gedachter Johannes alhie In vnser Statt geborn, gleichwol hernach solcher sein Vatter von vnss verruckht, vnd sidher sich In kriegsdinst begeben, sein hinderlassne hausfrawen disem lrem son In seinen studijs nit fürdersam noch beholffen sein khan, vnss aber der Jung zum studirn ganzs tangenlich beruempt wir Ine dernhalb dises gestifften Stipentij vöhig sein erachten also haben an E. Her: Ern: Vnd gunsten wir Ime diss fürschrift gern mitgethailt, Vnd Ist an E. Her: Ern: Vnd gunsten Vnser ganzs vleyssig vnd Freuntlich bit die wöllen solch Stipendium vnd souil Immer müglich vff disen Jungen Johannem kepler ordnen vnd verwenden, damit er in seinen angefangenen Studijs desto bass fürfarn vnd die continuirn möge ynd In dem der-

---

[*]) S. auch: Johannes Kepler's Geburtsort etc. von Diakonus Stark in Calw. in der Zeitschrift für histor. Theologie 1853. IV. S. 631.

massen verweissen alss vnser sonder vertrawen stet damit er disser vnser
Intercession fruchtbarlich genuss befind, wurdt on allen Zweyffel der Jung
petent solchs rüemlich vnd wol anlegen, Vnd wöllen vmb E. Her: Ern: vnd
gunsten wirs ganzs geulissen vnd Freuntlich verdhienen vnd beschulden,
Datum Freytags den **22.** Maij Anno 90. (**1590.**)

Burgermaister vnd Rath
Zu Weyll der Statt.

A u f s c h r i f t.

Den Edlen Ernuesten Hoch: Vnd wolgelerten hern Rectorj Vice Can-
cillario vnd Regenten algemainer hohen Schuoll zu Tüwingen vnsern gunstigen hern Insonders lieben vnd guoten Freunden.

(universitätsbibliothek in Tübingen.)
K. Fasc. 23.

G.

~~~~~~~~~~~~

XIV. *)

Hochpreisslicher Herr Rektor,
Sehr berühmter Herr Doktor.

Es soll zwar, wenn es sich um Empfang einer Wohlthat handelt, niemand so schnell bei der Hand oder so zudringlich sein, dass er, einer
kurzen Frist überdrüssig, sofort persönlich erscheint, um das zu heischen,
was er als Wohlthat hätte ansehen müssen — wie denn auch das gemeine
Volk sagt, dass, was recht gut, auch recht schnell gethan werde — so
trage ich doch, wenn ich bedenke, dass Amyclä durch Stillschweigen unter-
gegangen, keine Scheu mehr, wegen meiner Angelegenheiten Euer Magnificenz mich zu nähern, selbst auf die Gefahr hin, Nachsicht erbitten zu
müssen, damit nicht eine Gelegenheit, die Ihre Freundlichkeit mir zur
Wahrung meiner Interessen gewährt hat, später, während ich mich von
meiner Schüchternheit zurückhalten lasse, mir aus den Händen entschlüpfe.
Um aber nicht, während ich um Nachsicht bitte, eben durch weitschweifiges
Gerede dieselbe wieder zu verscherzen, so will ich Euerer Magnificenz den
Zweck meines Schreibens gleich darlegen.

Eure Magnificenz wissen, was ich wegen des Weiler Stüpendiums mit
Ihnen verhandelt habe; Sie haben das mich empfehlende Schreiben des
Magistrats jenes Orts, der meine Heimath ist, bei Handen und wissen genau,
was zu meinem Nutzen diene, und was zum Unfrommen. Da nun schon
ein Monat darüber vergangen, während welcher Zeit von einer Sitzung des
akademischen Senats nichts bekannt geworden ist, und da ich fürchte, Sie

---

*) Ein Abdruck des latein. Textes findet sich in: Johannes Kepler's Geburts-
ort etc. von Diakon. Stark in Calw; Zeitschrift für die histor. Theologie 1853. IV.
S. 632 u. ff.

möchten annehmen, als hätte ich mit der Bewerbung um jenes Geld auch die Hoffnung auf dasselbe abgegeben; so wendete ich mich an den ehrwürdigen Herrn Dr. Anastasius Demmler, der zu meinem Grossvater in sehr engen Beziehungen steht. Die Erinnerung an den alten Freund war denn auch so mächtig in ihm, dass er auch mir, dem Enkel, bereitwilligst alles was mein Wohl zu fördern im Stande ist, versprach, und in dieser Sache selbst mir den Rath gab, mich an Euer Magnificenz mit der Bitte zu wenden, die Angelegenheit zu beschleunigen, und, wenn dies ohne Belästigung des akademischen Senats möglich, sie demselben vorzulegen. Wenn ich nun, dem Rathe dieses Mannes gemäss, Eure Magnificenz, welche über wiehtigeren Geschäften diese unbedeutende Frage übersehen haben, wiederum angehe, so möge es sein Bewenden dabei haben, wenn ich unnöthiger Weise in Unruhe bin; möchten denn nur, sowohl in Betreff gegenwärtiger Zeilen, als auch wegen meiner Bewerbung überhaupt, Eure Magnificenz sich veranlasst finden, dieselben vor versammeltem Senate in meinem Namen vorzutragen. Denn, um von dem Fall des M. Samuel Ybermann zu geschweigen, der mit Rücksicht auf die Pfarrei zu Weissach, welche sein Vater inne hatte, jenes Stipendium erhielt: auch ich bin Zögling des durchlauchtigsten Fürsten und nun Magister, — ein Umstand, der in mir die Hoffnung wecken dürfte, dass, worauf alle Anspruch haben, auch mir zu Theil werde. Wenn man auf die Bedürftigkeit allein Rücksicht nehmen will, so darf ich gewiss nicht als unwürdig angesehen werden. Sind auch meine Verhältnisse nicht gerade in dem Masse zerrüttet, dass ich lediglich kein Erbe zu hoffen hätte, so sind sie doch nach allen Seiten hin so in Verwirrung und Trostlosigkeit gerathen, dass sämmtliche Einkünfte des Jahres nur auf ihre Erhaltung und Verbesserung verwendet werden müssen. Wäre es Gottes gnädiger Wille, dass sie sich von ihrer gegenwärtigen Bedrängniss wieder erholen dürften, so würde ich nicht säumen, zu Gunsten eines Anderen, der dürftiger wäre als ich, zurückzutreten. Diejenigen aber, die jetzt als meine Mitbewerber ihre Armuth vorschützen, sind meines Erachtens durchaus bisher nicht in der Lage gewesen, sich ohne die nöthigen Mittel zu unterhalten. Leben sie von fremder Unterstützung, so sind sie mit mir in einer Lage; leben sie aber von ihren eigenen Mitteln, ja dann sind sie weit wohlhabender als ich, der ich, wenn es mir möglich wäre, gerne auf fremdes verzichtete. Auch für den Fall, dass jenen es schwer würde, auf die eine oder die andere Weise ihre Studien fortzusetzen, wäre es mir darum nicht leicht, mich mit dem Stipendium Seiner Durchlaucht allein zu behelfen. Ich will nicht davon reden, wie wenige der Stipendiaten von ihrem Vermögen nichts zusetzen. Allerdings ist es eine überaus grosse Wohlthat Seiner Durchlaucht, welche für die Unterstützung und Nahrung so vieler junger Leute ungeheure Ausgaben machen; da aber im gegenwärtigen Augenblick meine Armuth gleichwohl noch viel grösser ist, so nehme ich doch, nach Art hartnäckiger Bettler keinen Anstand, die

Sache zu schildern, wie sie sich verhält. Für jeden Einzelnen werden
jährlich sechs Gulden aus der Kasse des Herzogs entrichtet; ich wollte
nun darauf schwören, dass diese Summe, so gross sie sein mag, alljährlich
nur der Schuster, (mit Verlaub zu reden,) der Flickschneider und die
Wäscherinnen wegnehmen — es müsste denn einer mit dem Rechnen
ganz besonders umgehen können. Woher kommt dann ein neuer Sonn-
tags- oder ein ordentlicher Alltagsanzug? Woher die Bücher, die ein Studiosus der Philosophie haben muss? Woher die Mittel zur Erlangung der
akademischen Grade? Woher das Geld für die andern täglichen Bedürfnisse,
die niemanden besser bekannt sein können als dem, der in gegenwärtiger
Zeit studirt? Wenn es nun Zweck und Absicht aller Stifter ist, mit diesen
ihren Mitteln den Leuten unter die Arme zu greifen — nicht solchen,
die schlechten Gebrauch davon machen, sondern solchen, die der Ehre
Gottes Vorschub zu leisten vermögen, so hoffe ich mit Gottes Hilfe, wenn
ich in irgend einer Weise minder bedürftig als andere in den Genuss des
Stipendiums gelange, dies durch meinen Fleiss vollkommen wieder auszugleichen und nicht einen Heller davon in lüderlicher Weise zu verschleudern. Doch mögen Eure Magnificenz sich lieber aus den Zeugnissen meiner
Lehrer überzeugen, als meinen Versprechungen ohne Beweise Glauben
schenken.

Ich schliesse hiemit, indem ich nichts anmassend fordere und keinerlei
Vorrecht in Anspruch nehme. Gott- möge Eure Magnificenz so lange ge-
sund erhalten, bis Sie Sich überzeugen können, dass Sie weder Ihre Güte
einem Undankbaren, noch einem Unwürdigen dieses Beneficium zugewen-
det haben.

Euer Magnificenz

gehorsamster
Johannes Kepler, Studiosus der
Philosophie und Stipendiat Seiner Durchlaucht.

Aufschrift (von anderer Hand):

Bittschrift
Johann Kepler's, M.
Juni Anno 90. (1590.)
um das Weiler Stipendium.

(Universitätsbibliothek in Tübingen. K. Fasc. 23.)
Uebersetzung aus dem Latein von Präc. Fischer in Ulm.
G.

XV.*)

Vierteljährige Prüfungs-Zeugnisse von Joh. Kepler

im evangelischen Stift in Tübingen.

„Examen angariale"

auf Luze 1589 (in einem Zettel)

Joannes Keplerus Leomontanus (neben 4 anderen)

als noviter recepti **) bezeichnet.

NB. Sebastiani: 20. Januar; Georgii: 23. April; Magdalena: 22. Juli; Luze: 18. Oktober.)

Joannes Keppler, Leonberg, $18^{1}/_{4}$ J. alt

unter Baccalaurii publici.

	E. (Ethik.)	**D.** (Dialektik.)	**G.** (Griechisch.)	**H.** (Hebräisch.)	**S.** (Sphära oder Astronomie.)	**P.** (Physik.)	**M.**
I. Sebastiany 1590	a.	A.	A.	A.	A.	A.	
II. Georgii 1590 ($18^{1}/_{2}$ Jahr alt)	A.	A.	A.	A.	a.	A.	
III. Magdalena 1590 ($18^{3}/_{4}$ Jahr alt)	A.	A.	A.	A.	A.	A.	
IV. Luze 1590 (19 Jahr alt) .	a.	—	A.	a.	—	A.	A.

V. Sebastiani 1591 (das betr. Heft fehlt).

VI. Georgii 1591 (mit $19^{1}/_{2}$ Jahren; steht zwar im Verzeichniss, aber ohne Zeugniss).

VII. Magdalena 1591 (mit $19^{3}/_{4}$ Jahren. Ebenso).

VIII. Luze 1591 unter **Vulgares magistri:**

›Con.***) — — ›a‹.

IX. Sebastiany 1592. ›Con: A.‹ Ex. (Examen) A.

X. Georgii 1592. ›Con: a., Ex. A.

XI. Magdalena 1592. ›Con: a., Stud. (Studia) A.

XII. Luze 1592. ›Con: a., Ex. A.

XIII. Sebastiany 1593. Con: A. Stud. A.

XIV. Georgii 1593. Con: a. Stud. A.

XV. Magdalena 1593. Con: A. Stud. a. + (plus). .

XVI. Luze 1593. Con. a. Stud. A. Mores A. Hebr. A.

(Registratur des evangelischen Stifts in Tübingen.)

G.

---

*) Durch die freundlichen Bemühungen des Herrn Ephorus Dr. Oehler erlangt.

**) Neu aufgenommen.

***) Concio, Predigt.

XVI. *)

Vnnssere freundtliche willige dienst zuuor, Ehrenuesste, Fürsichtige, Ersame, Weisse, insonders günstige Liebe Herrn vnnd freundt Ewre vnderm Dato den 15. Octobris wegen Joachim Hörnlins Pfarherns zu Weyssach Sohns Christianj an Vnnss abgangen fürbittlich schreiben, schliesslich inhallts, das wir herrn Rudolph Ruffen gewessenen Kirchherrn vnnd Pfarhers zu Flacht seeligen Stipendium (so bissher Jung Johann Kepler ingehabt vnd albereitt vacierendt worden) vf obgedachten Christian Hörnlin (wegen seines vatters vnuermögligkeit) vcrwenden wollten: haben Wir empfangen, Bürgen Eüch daruff widerantwurttlich zuuernemmen, Ob wir wol Eüch hier Innen alle freündliche Willfahr Zuerzeigen gants geneigt weren: Yedoch dieweil obgemelter Kepler (so erst newlich in Magistrum promouiret worden) dermassen eines fürtrefflichen vnnd herrlichen ingenij, das seinethalben etwas sonderlichs Zuhoffen, Er auch Bey Vnnss angehalten, Ime zu besserer fortsetzung seiner wolangefangenen Studien solches Stipendium lenger gedeyen Zulassen, Vnnd dann die Ordination gemelts Stipendij ausstruckhenlich mit sich bringt, das mit dergleichen ingenijs wol dispensiert vnd Ihnen Ihr Stipendium prorogirt werden möge Zu dem auch vnss nit wissend wie sich obberürter Hörnlin, in ansehung Er nie besonders lang alhie gewesen, an lassen möchte: Wollten wir vnsers theils Ime Keplern vff sein bittlich an halten dasselbig auch gern seiner sondern doctrin vnd geschikligkeit halben lenger erstreckhen. Dieweil aber solches ohn ewer, alss mit Interessenten einwilligen nit geschehen kan, So ist an Euch vnser fr. ersuchen vnnd bitt, Ihr wöllet Euch selbiges auss angeregten Vrsachen auch nit Zuwider sein lassen.

Das begern wir vmb Eüch neben sein Kepler schuldiger Danckbarkeit, in anderweg, freündtlich Zuerwidern, Datum den 4. November Anno 91. (1591.)

Rector, Cancellarius
Dt. vnd Regenten
Hoherschul zu Tübingen.

Aufschrift:

Den Ehrenuessten Fürsichtigen Ersamen vnd weysen Burgermeister vnd Raht dess H. Reichs Statt Weyl, vnsern Insonders günstigen lieben hern vnd freünden.

Auf der letzten Seite steht:

Schreiben an die Statt
Weyl.
wegen prorogation M.
J. Kepler's Stipendij.
(Universitätsbibliothek in Tübingen. K. Fasc. 23.)

---

*) S. auch: Johannes Kepler's Geburtsort etc. von Diakon. Stark in Calw in der Zeitschrift für die histor. Theologie. 1853. IV. S. 634.   G.

XVII.*)

Erwürdigen, Edlen, Ernuesten, Hoch- vnd wolgelerten grossgünstige Hern, Insonders liebe vnd gute freundt E. Er. Her. Ern. vnd gunsten seyen vnser sonders vleyss willig, vnd freüntlich dinst zuuor, deren widerantwurtlich schreyben vss vnser von wegen dess Pfarhers zu Weyssacht sohns Christian Hörnlins, da wir begert denselben zu Hern Ruodolff Ruoffen seligen Stipendio (so bissher Jung Johan Keppler ingehabt) zuuerordnen haben wir mit vermelden, welchermassen gedachter Jung Kepler Qualificirt, mit was trefflichen, herrlichen Ingenio er von Got begabt, vnd dernhalb e. er. her. ern, vnd gunsten gedachten, Ime solches Stipendium Lenger gedeyen Zulassen v. zu dem begern vnsers thaills auch darin Zubewilligen, vernern Inhalts vernomen, Hören vorderst mit besondern frayden gern, das angedeuter Jung Kepler (alss der one das alhie noch woll befreündet seine voreltern altvatter, und altmutter noch bey unss In leben) sein fürtrefflich vnd herlich Ingenium also woll vnd Rhüemblich das seinethalb etwas sonderlichs Zuuerhoffen, anlegen thuet, Darzu wir Ime den von Got dem Almechtigen glückh, heyl vnd alle wolfarth wünschen, Wir haben gleichwol bericht empfangen, das er Keppler selbs resignirt. Dieweil aber von e. er. her. ern. vnd gunsten wir anderst vnd wie oberzelt vernemen Mögen wir mehrgemeltem Keppler vor andern woll gunden alss wir auch hiemit wöllen bewilligt haben, Das solch Stipendium verner, vnd so lang e. er. her. ern. vnd gunsten für guot vnd Rathsamblich ansehn, vff Ine gewendt werde, vnd Haben e. er. her. ern. vnd gunsten diss vnser wol mainung berichten sollen, seyen Inen auch sonsten sonders vleyssige, vnd freüntliche Dinst Zu erweysen, Jeder Zeit vorder gemaint. Datum Freytags den 17. Decembris Anno 91. (1591.)

Burgermaister vnd Rath
Zu Weyll der Statt.

Aufschrift:

DEn Erwürdigen, Edlen, Ernuesten, Hoch- vnd Wolgelerten Hern Rectorj, Cancellario, Doctoribus vnd Regenten Hoher Schul Zu Tüwingen, vnsern grossgünstigen Hern, Insonders lieben vnd guten freunden.

(Universitätsbibliothek in Tübingen.)
K. Fasc. 23.

---

*) S. auch: Johannes Kepler's Geburtsort etc. von Diakon. Stark in Calw in der Zeitschrift für die histor. Theologie. 1853. IV. S. 635.

G.

XVIII. *)
Von Gottes Gnaden Friederich,
Herzog zu Württemberg etc. etc.

Vnnsern grues zuvor, Hochgelerter Ersamer, Lieber getrewer. Wir haben Vnsers Stipendiarji, M. Johann Kepplers von Lewenberg Vnderthänig Supplicieren, beneben Ewerem Vnderschreiben, auch D. Wilhelmen Zimmermanns Superintendenten und Euangelischen Predigers zu Grätz in Steur eingelegten Zedel, die erledigte professionem Mathematices daselbst betreffend, abgelesen, vnnd ist vnns nit zuwider, das Ir Im: Kepplern hineinzuziehen, vnnd nach erlernter gelegenheit, solche conditionem vergonnen, wolten wir euch zu gnediger resolution nit pergen.

Datum Stutgardten den 5ten Martii Anno 94. (1594.)

                                      Balt. Eisengrein etc.

Dem Hochgelerten auch Ersamen,
vnnserm Lieben getrewen, N. N.
Supperattendenten vnd Magistro
Domo vnnsers Stipendii
                 zu Tüwingen.

                       (Registratur des evangel. Stifts in Tübingen.)
                                             G.

XIX.

Edle Gestrenge, Hochgelertte, Gepüettende Herrn, Kürchen vnd Schuel Inspectoren Gnaden vnd Gunsten Kann vnd soll Ich nicht pergen, dass Ich auff vorhergehende Vocation hinfüro, Allss Ich mich auff die Rayss vonn Tübingen auss begeben wöllen, bej der Uniuersitet, Auch Anderen guten freunden daselbsten Fünffzig guldin Zur Nottwendigen Zehrung enntlehnen habe, mit Versprechung solches gelt bei meinem Vettern, der mich hiehero belaitet, Trewlich Widerumb hinaussh zuschickhen, Wann Ich dann dess Vermögens nit bin, dass Ich solichen Raisscosten auss meinem beuttel erstatten könndte, vnnd aber vorgemelter mein Vetter nun mehr wegferttig, Allso pitte Ew. R. vnnd Gnd. Ich gehorsamlich mich bej denn Herrn Verordnetten Allso zu comentiren, damit mir Auss Einer Ersamen Landschafftl. Einnemer Ampt sollch gellt erstattet werde. Wil ob Gott wil solches mit meinen getreuwen geflissenen vnnd künfftigen Diennsten, Sonnderlichen Aber mit meinen Armen gebett gegen Gott für Einer Ers. Land. Zeittliche vnnd Ewige Wolfarth gehorsamblich verdienen Thue mich hiemit Er. R. vnnd Gnd. gehorsamblich beuehlen.

Wilfahriger Anntwurt warttend Ew. R. vnnd Gnd.
            Gehorsamer
                          M. Johann Kepler
                        von Löwenberg zu Würtemberg

---

*) Durch die freundl. Bemühungen des Hrn. Ephor. Dr. Oehler erlangt.

Adresse.

Denn Edlen Gestrenngen Hochgelertten N. N. Einer Ersamen Landschafft Inn Steur Kürchen- vnnd Schuel Inspectoribus Meinen Gnd. vnnd Gestr. Herrn.

N.

XX.

Ver Zaichnus des von 24. Martiy bis dato mir sampt meinem geferten Auffgelauffenen Reisscostens·

Von Tübingen auss biss allhero vor Zehrung, Wechsel, Fuhrlohn vnd andere notturfft Zusamme gerechnet . . . . 31½ fl.

Allhie bey Galle Kalhowern *) zu 4 Tagen verzehrt . . . 4½ fl.

Ferners bey Steffen Kirsnern seidhero in die cost eingestanden.

Demnach aber mir vnbewusst, wie lang mein vetter allhie notwendigen bericht meiner Sachen zu erlehrnen vnnd daheim zu referiren Auffzuhalten: Alss will Ew. Gestrn. vnnd Gnd. guetbedunkhen Wie auch meines biss heim reissenden Vettern nottdürfftige Zeerung Ichs gehorsamlich heimgestellt haben. Actum 8. Aprilis.

M. Johann Kepler.

N.

- XXI.

Wolgeb. Edl. Gestreng. Gnedig gebiettende Herrn: Auf Eur. Gnd. Guethaissen haben mir diesen Mag. Johannem Keplerum Mathematicum professionem von Tübingen her vocirt, welcher verschienene wochen herkhommen, vnd nit allain seine ehrliche Testimonia mitbracht, sondern mir haben auch mit Ime nach notturfft conversirt vnd dahin befunden, das mir gänzlich verhoffen, Er werde dem Mag. Stadio seligen, digné succediren khönnen. Doch wöllen wir ain Monat Zway mit Ime versuechen, wo dan Er mit gwisse Besoldung bestelt wirdt. Interim aber, wie Eur. Gnd. aus seinem Supliciren hieneben vernemen, weil Er mit einem Geferten herkhomen, khönnten mir nit erachten, dass Ime sein begern billichen sollte abgeschlagen werden: Sondern bitten Ew. Gnd. die wöllen Ime ain Sechzig Gulden aus dem Einnemmerambt gegen Quittung zu geben, mit Gnaden verordnen dero vns beynebens beuelhend.

Ew. Gnd.   gehorsame, willige

Mathes Amman von Ammansegg zu Krottenhof

Christoff Gäbelkhowen.

Wilhelm Zimmermann d. Pastor.

Adam Wenedis.**)

---

*) Absteigquartier in Graz.

**) Venediger.

Adresse.

Einer Ersamen löblichen Landschafft in Steyr Herrn Verordneten in gehorsam zu übergeben
Herrn Inspectores
nom: Mathematicum.
19. 4. 94. *)

Bescheid.

Lieber Herr Einnemer Wollet hierinuermelten M. Joanni Keplero Mathematico diese gerattene Sechzig Guld. reinisch gegen Quitung erlegen vnnd begeben.

Gräz den 19. April 94.

Georg v. Stubenberg.
N.

~~~~~~~~~~~~~~~~~~

XXII.

Ich Mag. Johannes Kheppler, Einer Ers. Land. bestellter Schuel Professor Bekhenne hiemit, das der Edl vnnd Gestreng Herr Georg von Eybesswald znm Purkhstall, Wolgedachter Einer Ersamen La. **) in Steyr Einemer auf meiner gnedigen vñd geb. Herrn, der Herren Verordneten Ratschlag mir heut dato erlegt und bezalt hat; benänntlich Sechzig gulden reinisch, die Ich zu meinen sicheren Handen empfangen vnnd eingenomen, Quitier derowegen wolernennten Herrn Einnemmer, In Vrkhundt meiner hier untergestelten Handschrift vnnd Petschafft, ohn alles gevärde. Beschehen Zu Gräz den Zwainzigisten Tag Aprilis Anno Vier vnnd neunzigisten.

(L. S.) ***)

M. Johann Kepler
von Löwenberg
in Wirtemberg.
m/p.
N.

~~~~~~~~~~~~~~~~~~

XXIII.

Wolgeborn auch Edl vnd Gestreng Gnedig gebiettunde Herrn Eur Gnd: und Herr: begeren auf beyligunt M. Joannis Kepleri gehorsames Anbringen Zu berichten, ob Er auch seiner profession nach, die Jenigen Lectiones darzue Er bestelt, Immassen sein Antecessor M. Georgius Stadius

---

*) 19. April 1594.
**) Landschaft.
***) Das Siegel zeigt das alte einfache Kepler'sche Wappen mit dem getheilten Schilde, dem Engel im oberen Felde, auf dem Stechhelme die Krone und den mit sechs Federn besteckten Stulphut; ferner die Buchstabon J. K.   N.

seliger ordentlich verrichte, damit seine calendaria vnd prognostica nit all Zutheur ergezt wurden. Hierauf erindern Ew. Gnd. vnd Frd. wir gehorsamlich das bemeldter M. Keplerus vor Zwayn Jarn auf Eur Gnd. vnd Hrl. guethaissen von Tybingen hieher vocirt worden, der sich auch anfangs perrorando, Hernach docendo vnd dann auch disputando dermassen erwisen, was wir anders nit indiciren khönen, dann dz Er bey seiner Jugent ein gelehrter vnnd in moribus ein beschaidener vnd dieser Einer Ersamen Landschafft Schuell allhie ein wolanstehund Magister vnd professor wie nit ohn ist, das Er das erste Jar wie auch M. Stadius seliger, wenig Auditores gehabt, diss Jar hero aber mehren Thaill gar khaine Auditores Zu seiner profession gehaben mügen, welches unsers wissens nit Ime, sondern denen Auditoribus (weil Mathematicum studium nit Jedermans thuen ist) Zu imputiren, die wir sonsten an diesem Jungen man niches billich zu culpiren wissen. Damit Er aber dennoch sein Besoldung nit vmbsonst einneme, haben wir Ime auf guethaissen Domini Rectoris Arithmeticam wie auch Virgilium vnd Rhetoricam sechs stund in der wochen in superioribus classibus Zu dociren anbeuolhen, dem Er auch gehorsamlich thuet nachkhomen, biss etwo Auch in Mathematicis publice zu profitiren mehre Gelegenheit fürfelt, wäre derowegen unser gehorsames guetachten Eur Gnd. vnd Hrl. hetten mehrermelten Mag. Keplerum in seiner Vocation auch füro erhalten Ime sein Jarsbsoldung der 150 fl. wie auch für beschreibung der calendarien Järliche 20 fl. (weil M. Stadius seliger in ainer vnd andern ein mehrers gehabt) mit gnaden eruolgen lassen, dan man gelerter leuth bey diser Schuell wol bedarff vnd nit alzeit zu belohnen auch gar selten verbessert werden, haben Eur Gnd. vnd Frd. gehorsamlich berichten sollen. Dero vns beynebens beuelhend.

Evr Gnd. vnd Hr.

gehorsam willige
Mathes Aman von
Amansegg zu Krottenhof,
Wilhelm Zimmermann.
Anam Wenedig (Venediger).
Johannes Oberndorfer.
Johannes Regius Rekt.
N.

XXIV.
Besoldungs-Quittung.

Ich M. Johan Kepler, Einer Ersamen Landtschafft dess Hertzog-Tumbs Steyr Mathematicum Professor bekhene das der Edl vnd Veste Her Sebastian Speidl zu Walterstorf, Wolgedachten E. Ers. Landt. Einemer mir meine quatemberliche Besoldung von dem Ersten Januarij an biss zu end des

Ablauffenden Martij benanntlich Achthalben vnd dreyssig gulden heutt dato zu meinep Handen entrichtet. Darumben Wolgedachter Her Einnemer mitt gegenwärtiger meiner Handtschrift vnnd beygedrukten petschaft quitirt ist. Actum 20. Martij des 97sten.

N.

XXV.

N. den Herrn einer Ersamen La.*) des Herzogdhums Steir verordneten wolgedacht. La.*) bei dero Euangelischen Kirchen vnnd Schuelen alhie verordneten Herrn Inspectoribus anzuzaigen, Nachdem M. Joannes Kepler, Mathematicus mit inligunten Suppliciren, Wegen eines auf iezt eingehentes 96. Jar gestellten vnnt in Druckh verfertigten Calenders Einkhommen, Also wollen ermeldte Herren Inspectores, Sy die Herrn verordnete erindern, Ob auch Berürter Kepler die Lectura wie seine vorfordern, Weilant M. Stadius seeliger verrichte, dann sole man Im allein des Calendermacbenshalb Järlich ein solche bsoldung, vnnt darzu noch auf iede Hereingebung etlicher Exemplar ein sonderbares Extra Deputat raichen, So Hies es gar Zu teuer erkhaufft, vnnd sein beineben Sy Herrn verordnete, Im mehrernannten Herrn Inspectoribus mit gnaden vnnt freundl. wolgenaiget.

Gräz den 18. Xbris 95.

verordnete.

(Aufschrift.)

Die Herrn Inspectores sollen die Herrn Verordneten berichten ob d. Mathematikus Johannes Khepler auch seines vorfordern Lectura verrechnen, dz Ime nicht die Bsoldung allain wegen des Calendermachens geraicht werde.

18. Xbr. 95.

N.

XXVI.

Von den Herrn Einer Ersamen La. des Herzogthums Steir Verordneten wolgedachten Land. bei dero Kirchen- vnnd Schuelen geordneten Herrn Inspektoribus vnd dem Rektor auf Ir gsambtes wegen Mag. Joannis Kepleri einer Ers. La. derzeit weesenden Mathematici beschehen schriftlich anbringen vnd gethanen Bericht freundlich vnnd mit Gnd. anzuzaigen Sy Herrn Verordneten haben sich gleichwol entschlossen das ernenten Kepler noch dismalen seines auf heuer verfertigten Calenders vnd praktikh halb die Zwainzig guelden aus gmeiner La. Einnemmerambt sollen geraicht werden, Nachdem aber weilandt M. Stadius seeliger, so Er allein Mathematicus

---

*) Landschaft.

gewesen, Järlich darfür mehres nit gehabt, dann Zwei vnd dreissig Guelden vnd do Im die ibrige Bsoldung ausgmacht worden, Er auch professionem Juris vnd Hystoriarum vnd was mehr darzu vnd zu mathematischen Lectur gehört mit lob vnnd nicht geringen nuzen verrichtet hat, wie nicht minder sonnst in denen classibus preceptores unterhalten werden, welche den Knaben vorstehen, vnnd gar Zuuil wär, weil etwan dieser M. Keplerus Joannis zu dociren hilfft, das Im derohalb die 150 fl. Bsoldung Jarlich solten gegeben werden, vnnd etwan vnter den Stipendiaten oder pronatis preceptoribus sollten verhanden sein, die zum nottfall dergleichen vmb vil ein ringers vnt schlechtes khunten vnd gar gern wurden leisten, Also wellen die Herrn Inspectores vnd Rector vmbschwärt vnd vnuermeidenlich dahin Bedacht sein, das obberürten vnnd andern seer notwendigen publicis professionibus widerum ehist auf die füess geholfen werden. Inmassen vnzweifenlich bei so richtigen guten Bsoldungen gnugsam taugliche Leut wol zu bekhommen sein, damit auch iberflüssiger vnkhosten, weilen M. Stadius seeliger zugleich Jura docirt hat, möchte erspart, dieser einer Er. La. Schuelverweser in desto ersprisslichen aufnehmen erhalten, gepflanzt vnnd die Herrn vnd Lantleut sambt andern bewegt werden, Ire Kinder vnd befreundte nicht ferner ausser Landts deren studiys nachzuschickhen sonndern dieselben alher zu verordnen, vnnt wissen hierüber wolermelte Herrn Inspectores dem sachen allenthalben, dem in Sy gestelten besonnders Hohen vnd grossen Vertrauen auch Iren ohne das Zur wolfart diser Kirchen vnnd Schuelen erkhennten vnendlichen eifer nach, Zum bessern rechts Zu thuen, als denen Hiebeineben wolernannte Herrn Verordnete in namen gmeiner La. vnnd Ire Personen Frd. vnnd mit gd. wolgenaigt verbleiben.

Gräz den 4. January 96.

Verordnete.

N.

~~~~~~~~~~~~~~~~~~~~

XXVII.

Wolgeborne Edl vnd Gestrennge Gnedige vnd gebietunde Herrn Eur Gnd. vnd Frnd. berichten mir über beyligunt M. Keplery Suppliciren gehorsamlich, das Er ia mit vnsern vnd auch Herrn Mathesen Ammanss vorwissen vnd erlaubnus, die ersten Zway monat abwesent gewest, welches mir Ime auch aus denen damalss fürgewendten vnd an iezo widerholten merhafften vrsachen nit weigern haben sollen, vmb das Er aber noch fünf monat darüber aussenblaiben, weil Er sich hinzwischen bey vns mehrmal schrifftlich entschuldigt vnd an ietzo seine begründeten Kundschafften Eur Gnd. u. Frdl. auch fürbringet. kunten wier nicht erachten, dz Ime solcher fünf monat wegen an seiner Bsoldung (welche des Jars 150 fl. hringt) Ichtes solte abziehe, In bedenken, das Er in seiner profession für andere sehr gelert vnd erfarn, diesen verschinenen Summer so gar vil nit verabsaumt, vnd

über seinen willen von Herzogen Zu wirttenberg seinen Landfürsten aufgehalten worden, In sonderer erwegung, das auch seine Fürstlich Gnaden,
wie auch derselben Hochlöb. vorfordern bey diser Einer Er. La.*) Kirchen
vnd Schuellen alhie vnd im ganzen Land mit deme das Gelerte Leuth
dannenher befürdert worden, vil guettes gethan, Also wann Ir fürst. Gnd,
hernach erkundigen solten, das Ime Keplero diser fünf monat halber so Er
sich zu Stuetgart aufgehalten, an seiner Bsoldung was abgezogn wär worden,
wurde es Irer fürst. Gnd. Zweifls ohne Zu nit geringer Befrembdung be-
khumen. Dem allen nach wär vnser gehorsames guetachten, Eur Gnd.
hetten Ime an Herrn Einemmer ein Ratschlag mit gnaden erthailt das Er
Ime seine Ordinäry Besoldung, souil Ime austendig gegen Quittung völlig
eruolgen liess, solches wierd Er in seiner profession (deren Er gar wol
ansteth) neues fleiss Zu uerdinen vnuergessen sein. Dero wir vns gehorsamblich thuen beuelhen

gehorsame, treuwillige
Wilhelm Zimmermann
Pastor.
Adam Wenedig (Venediger)
Missar.

(Ohne Datum.)

N.

XXVIII.
(Familie von Keplers erster Frau.)

Eltern:

Der »»Ehrsame und fürnembê Maister **Jobst Müller**, Müllermaister
zu Gössendorf sesshaft;««***) Besizer von Mühleck 1589 **) vermählt am Sct.
Veitstag 15. Juni 1572 mit **Margaretha von Hemettern.**

Kinder:***)**

1) **Barbara**, geb. 1573.

    Vermählt mit

    I. **Lorenz**, einem angesehenen und reichen Mann. Derselbe
    starb bald nach der Geburt der einzigen in dieser Ehe er-
    zeugten Tochter

        Regine, geb. 1590. † 1617. vermählt an Philipp (v.)
        Ehem (Ehen) zu Pfaffenhofen in der Oberpfalz.

---

*) Landschaft.

**) Aus den «Besitzbüchern von landschaftlichen und freien Gütern» in Steier-
mark entnommen.

***) Die Geburtsjahre derselben sind einer eigenhändigen Aufzeichnung Keplers
in Pulkowa entnommen.

II. Marx Müller, landschaftlich-steiermärk'scher Bauzahlmei-
    ster in Gräz.
    (Mit diesem lebte sie auch nur in kurzer, aber unglücklicher
    und kinderloser Ehe.)
III. Kepler, am 27. April 1597.*)
2) Rosine, geb. 1575.
3) Veronika, geb. 1580.
4) Michael, geb. 1583. Vermählt mit Salome N.; 1616. Besitzer
   von Mühleck.
5) Simion, geb. 1589. Erhielt 1616. von seinem Vater die Besitzung Mühleck, überliess sie aber seinem Bruder Michael und
   dessen Hausfrau Salome.

. N.

XXIX.

„Müller von Mühlegg."

•Nobilitation vnd Verbesserungs Wappen sambt der denomination sich von
vnd zu Mühlegg zu schreiben, vnd mit Rotten Wax zu siegeln für
Michael Müller 27. Febr. 1623.

»So haben wir sein bissher gefüertes Wappen vnd Clainodt nachfol-
gender massen verendert geziert und gebessert vnd Ime auch seinen Ehelichen Leibs Erben vnd derselben Erbens Erben Man vnd Weibspersonen
hinfüro in ewig Zeit also zufüren vnd zugebrauchen gnediglich gegont vnd
erlaubt namblich ein quartirten Schildt dessen hinter: vnter: vnd vorder
ober Veldung schwarz: in einer yeden fürwerts über sich ein gelb oder
goltfarber Lew mit offnen Rachen, über sich geworffnen Schwanz vnd Rott
aussgeschlagner Zungen, vorder, vnter vnd hinter ober Veldung, weiss oder
Silberfarb, in mitte dardurch gehent ein praiter Rotter Palckhen oder
Strassen, darinnen ein halbes weisses Kamprath auf den Schilt ein freyer off-
ner adelicher Turniers Helm, zu linken mit Rott vnd weisser, rechten seiten
aber gelb: vnd schwarzer helmdeckhen vnd darob goltfarben Königlichen
Cron geziert, darauf zwischen zwen mit den Sachsen einwerts gekehrten
aussgebreiten Adlersflügeln, deren die hinter Rott: vnd forder schwarz sein,
durch ein yeden in mitte Vberzwerch gehendt ein Preitter Palckhen, hintern weiss: vnd fordern gelb ist erscheint aufrechts eine doppelte Lilien
mit Irem Punde, welche der leng nach in zwey gleiche thail also abge-
thailt, dass Sie hinten gelb vnd vorn weiss ist.
    Dienst. Auch die getrewen gehorsamen willig Dienst so nit allein
seine Voreltern Vnsern höchstgeehrten Vorfahren am Reich vnd löblichen

---

*) Oben Beil. VII. Erläut. 30.

Hauss Oesterreich gehorsamst erzaigt vnd bewisen, Er auch nit weniger alss ein getrewer Vasall vnd Vnderthan vnss vnd Vnserem löblichen Hauss Österreich möglichstes Vleiss zu laisten vnderthenigst erpittig ist, auch wol thuen mag vnd solle, So haben wir demnach etc. etc.

— Privilegium sich von vnd zu Mühleckh zuschreiben vnd mit Rotten Wax zu siglen u. s. w.

— Datum zu Regenspurg den 27. Febr. 1623.

(K. K. Staatsministerium Wien. Adelsregistratur. Fasc. „Müller von und zu Mühlegk," Michael, Rittermässiger Adelstand. Regensburg 27. Febr. 1623. V. B. 8077.)

N.

XXX.

Edle Gestrenge hochgelährte Grossgünstige vnd Gebiettende Hern. Eur Gnd. vnd Frd. Werden vnterthönig von mir erindert: demnach mir von Einer Er. Landt. in meiner Bsoldung freye Wonung zugesagt, Ich auch diselbe in der Stifft biss zu verschinen Aprilen sampt der Beholzung gehabtt, Aber von ermelter Zeitt hero in eine andere meiner Haussfrau Zuständig Zimmer, Wöllches Jährlichen vmb 52 fl. aussgelassen Worden, eingezogen, darumben dan mir die Haussbesserung vnd Was der obrigkheitt davon gebüret, sampt Vnderhaltung meines Stiefftöchterls auffliget.

Also gelangt an E. Gd. vnd Excl. mein gehorsames bitten, die Wollen durch dero Intercession bei den Herrn Verordneten mir meine Järliche mitt nechstverschinenen Aprilen vnd meiner Hochzeitt angegangene Besoldung bey gegenwärtiger meiner mehrer notdurfft Wo nicht Zuverbessern, doch bey biss hieher gepflegter Summa vnd Wesen ferner zu prorogiren, vnd Weil Eine Er. Landt. sonsten mitt Zimmern nit Wol gelangt, mir für denselben puncten vnd die Beholtzung eine gewisse Summe Gelt zu meinem bessern Auskhomen Jährlichen zuuerordnen, vnd hierinen mich andern, so sich in Einer Ers. Landt. Diensten ordentlich verheüralhet gleichzuhallten, so grossgünstig gesinnet sein, Als Ich mit allem müglichem Vleiss E. Er. Landt. so wohl in Schuel als andern sachen Auff fürfallende glegenheitt getrewlich zu dienen mich gehorsamlich erbitte vnd hiemitt Gott befehlend.

Act. 30. Juny 97.

E. Gnd. vnd. Exc.

vnderthönig
gehorsamer
M. Johan Kepler
E. Er. Landt. Ma.
thematikus.

N.

XXXI.

Wolgeborn Edl vnd Gestreng Gnedige gebietund Herrn. Welchermassen Mag. Johannes Keplerus Einer Ersamen Landschafft Schuelbestelter Mathematikus vnd professor bey vns angelangt, haben Eur Gnaden beinebens gnedig zuuernemen, Wiewoll wir um Beschaffenhait disen geferlichen Zeiten dahin erwegen, das Eur gnaden wir mit dergleichen intercessionen gern uerschonen wollten, yedoch weil M. Keplerus dennoch dise Jar her so Trew, willig vnd fleissig sich verhalten vnd mit anderen seinen guetten Qualiteten seinen in officio antecessori M. Stadio seligen (welcher bei meniglichen ein guetes lob vnter Ime verlassen) nichtes beuor gibt, gemelten M. Stadius auch bald anfangs seines Diensts 200 fl. järlichen Besoldung vnd die leztern Jar noch ainhundert gulden Zuebuess gelt gehabt, in erwägung disen Mag. Kepler mit seinem heyrathen an seinem habenden officio nichts verabsaumt, sondern dardurch stettes und immer nüzlicher alhir zu continuiren gleichsam verbunden bisshero aber mehres den jarlichen 150 fl. nicht gehabt, demnach an Eur gnaden vnser gehorsames anlangen, die wöllen gemelten M. Keplerum mit gnaden dahin bedenkhen, damit Ime hinfüro sein Besoldung mit 50 fl. (welche für ein Habitation vnd Holzgelt oder sunsten für eine Zuebuess gerechnet) vermehrt werde, dan in warheit dergleichen Glerte Leüth die auch sonsten bon. morib. sein, nicht leicht Zubekhommen, davon Erweisen Eur Gnd. Ime ein sunder Gratiam Ein. Er. La. wierdet hierdurch nicht beschwärt, Er wierdet es auch treues Fleiss zuuerdienen vnuergessen sein. Dero wier vns gehorsamlich thuen beuelhen.

    Eur Gnaden
Dieser Mainung sein
auch baid Herrn Aman
mit welchen wier hie-
uon deswegen conferirt
haben vnd sonderlich weil
sich M. Kepler nit allein
in seiner profession
sondern auch extra
ordinem in classibus
zur not öfftern vnd
nuzlich gebrauchen lassen.

                      gehorsame
                      willige
            Wilh. Zimmermann,
                  Pastor.
        Adam Wenedig (Venediger).
        Johannes Oberndorfer.
                    N.

XXXII.

Die Herrn N. Einer Er. Land. des herzogthums Steyr Verordnete lassen wolermelte La. über derselben Kirchen und Schuelwesen geordneten Inspectoribus auf Ir dem Mag. Johanni Keplero Mathematico wegen Bösserung seiner Vnterhaltung eingewente wolmainente Intercession vnd angeheftes rätliches gvetachten, zu frd. bschaid hiemit anzaigen. Dieweilen ermelter M. Keplerus vor seiner Verehlichung im Stifft Collegio mit Wohnung vnd Holz frey gehalten worden, Allsol wollen Sy Herr Verordnete, sonderlich auff der Herrn Inspektores so starkhe Commendation vnd Berüemung seines Fleiss nicht zu wider, sondern erachten es selbst für billich sein, das gedachten Keplero für Zimmer vnd Holzgelt in bedenkhen seiner ohne das habenden geringen Bsoldung von der Zeit an, als Er sich aus den Collegio in das andere Losament Vberzogen dessen Sy Herrn Verordnete aigentliche nachrichtung begeren jährlich die funfzig gulden aus wolgfallen geraicht werden.

Gräz den 10. Juli 97.

Verordnete.

N.

~~~~~~~~~~~~~~~~~~~~~~~~

XXXIII.

An Johann Kepler, Magister der freyen Künste und Mathematiker der steirischen Stände entbietet Fickler seinen Gruss.

Es berichtete mir der hochansehnliche Herr Johann Georg Herwart, unseres erlauchtesten Fürsten oberster Kanzler, dass Du meiner in Deinem an ihn gerichteten Briefe in Liebe gedachtest und mich freundschaftlich grüssen liessest. Ich freue mich, dass Du, der Du aus einer Familie stammst, welche mir sowohl wegen der Verschwägerung Deines Grossvaters guten Angedenkens, als auch wegen der näheren Beziehung zu Bruder Sebald*) besonders theuer ist, Dich in so ansehnlicher Stellung befindest; wäre mir dies früher bekannt gewesen, so würde ich mich bemüht haben, Dir durch ein Schreiben von meiner Seite zuvorzukommen. Nun danke ich Dir aber, dass Du bei Gelegenheit Deines Schreibens an jenen hochge-

---

*) Dieser Sebald Kepler — als Jesuit Ordensbruder von Fickler — war ein Bruder von Keplers Vater, im Jahr 1574 Studirender der Theologie zu Rom im Seminar und stand mit Fickler, welcher damals als bischöflicher Rath in Salzburg lebte, in freundschaftlichem Briefwechsel. (Siehe die am Schluss angegebene Quelle.)

<div align="right">N.</div>

stellten Mann so freundlich warst, auch meiner eingedenk zu sein und mit Deinem übersandten Grusse zugleich mir über Deine Stellung und Aufenthalt Aufschluss zu geben. Kann ich Dir in irgend etwas einmal zu Diensten sein, so werde ich, darauf aufmerksam gemacht, wissentlich und mit Vorbedacht nichts unterlassen, und fühlst Du einmal Neigung mir zu schreiben, so wird es mir willkommen sein, wenn Du mir mittheilst, in welchen Verhältnissen sich Bruder Sebald befindet und an welchem Orte er weilt. Lebe wohl im Namen Christi, verehrter Verwandter.

München, 4. November 1597.

(Hof- und Staats-Bibliothek München, Cod. Bavar. Aus den gesammelten Briefen von Dr. Joh. Bapt. Fickler, Magister der freien Künste, Geheim-Rath Maximilians I., Herzogs und Churfürsten von Baiern.)

N.

Berichtigungen.

Seite	4	Zeile	5	von	unten	lies	veranlaßten	statt	veranlaßte
"	25	"	18	"	oben	"	zweiten	"	Dritten
"	30	"	2	"	"	"	Nürnberg	"	Nürnberg
"	39	"	20	"	"	"	Zufluchtsort	"	Zufluchtsorte
"	49	"	9	"	"	"	rechter	"	linker
"	53	"	9	"	unten	"	Ellmenbingen	"	Ellmenbigen
"	67	"	10	"	"	"	entwickelter	"	entwickelnder
"	84	"	18	"	oben	"	Rudolph	"	Christoph
"	88	"	6	"	"	"	poetisch	"	praktisch
"	172	"	6	"	unten Note †	"	kam	"	kann

polyhedra!   133

CPSIA information can be obtained
at www.ICGtesting.com
Printed in the USA
LVOW13s1556260618
581949LV00029B/795/P